駿河湾の形成

島弧の大規模隆起と海水準上昇

柴 正博著

東海大学出版部

Formation of Suruga Bay

Large-scale uplift of arc and sea level rise

by Masahiro Sʜɪʙᴀ

Tokai University Press, 2017
Printed in Japan
ISBN978-4-486-03737-8

まえがき

　今，私たちが見ている大地と海の姿は，町の姿がつねに変化しているように変化していて，この現在という瞬間のものである．私は 40 年以上，静岡県静岡市に住み，毎日まわりの山々や富士山と，太平洋につながる駿河湾をながめて過ごしてきた．それらはいつも変らないように見えるが，海岸侵食や砂礫の堆積により海岸線は変化し，山や丘陵は開発や崖くずれなどによってその姿を少しずつ変えている．

　本書は，私の住む駿河湾沿岸の大地と駿河湾の地形がどのようなものでできていて，それらがどのように形成されてきたかということを例に，大地と海の姿の変化を現在から過去にさかのぼっていくものである．駿河湾とその周辺の山地がどのように形成されたかということは，駿河湾だけの話ではなく，日本列島という島弧全体の形成過程にかかわることであり，ひいては地球全体の大陸と海洋底がどのように形成してきたかということにつながる．

　日本列島は，台風や暴風雨による土砂災害や洪水災害などが多く，地震や火山噴火による甚大な被害もある．しかし，日本の学校教育では高等学校で地学が学べる機会が少なく，多くの人にとって，大地や海についての基礎的な知識は中学校までに教わったわずかな内容しかあたえられていない．私は，人々が社会生活をおこなうために，その生活の基盤をなす大地のことについて，学ぶ機会がもっと多くあたえられるべきであり，さらに一人ひとりがきちんとそれら地学的な知識を知らなくてはならないと考えている．

　さいわいに私は高等学校で必修科目として地学を学ぶことができ，私たちが立つこの大地のことを知る重要性や，地球の成り立ちに興味をもつことができた．そして，大学で地質学を学んだことから，私はこれまで 40 年以上にわたり，私の住む身近な駿河湾周辺の大地の地形と地質の成り立ちについて，自ら仲間とともに地質調査をおこない，その成り立ちをあきらかにしてきた．本書ではその成果を知ってもらうとともに，私が考えている駿河湾とその周辺の地形がどのように形成されてきたかということの，全容をあきらかにする．そして，島弧や海溝などの日本列島や太平洋の地形が，どのように形成されてきたかという私の考えをのべる．

　それは，これまでの教科書やテレビなどで解説されている駿河湾や日本列島の地

形のできかたとは，多くの点で異なるものが含まれる．しかし，大地がどのような
ものでできていて，それがどのように形成されたかということや，それについてい
ろいろな考えかたがあることを知ることは，私たちの住む大地の成り立ちについて
の情報として，とても有意義であると思う．

　現在，私たちが見ている大地や海底の地形は，地質学的にみるとごく最近にでき
たものであり，現在と同じ地形が過去の地球表面にありつづけたわけではない．私
たちは，海底に堆積した地層や地下深くで形成された花崗岩や変成岩を陸上で見る
ことができるが，これはそれらを含む大地，すなわち地球の表層を形成する地殻そ
のものが大規模に隆起しているためである．それに対して海底には，過去のサンゴ
礁や河川の堆積物，陸上で噴出した火山が沈んでいるところがあり，これらは陸地
が海水準に対して沈んだことをしめしている．

　現在の地形は，今から約 2300 万年前から地球上に起こった大規模な隆起運動と
海水準の上昇によって形成されたと，私は考えている．その大規模な隆起運動は，
日本列島も含めた環太平洋などの島弧やヒマラヤ山脈などの大山脈，世界各地の高
原台地，それと大陸と島々，海底の山脈（海嶺），深海底も含むもので，そのうち
の海底の隆起とそこでの火山活動により海水準が上昇した．

　そして，今から約 1100 万年前と約 180 万年前にさらに大規模な隆起運動が起こ
り，最終的には今から約 40 万年以降に起こった急激な隆起運動と，約 1,000 m に
およぶ海水準の上昇によって，現在の地形がほぼ完成された．このような過程で陸
地になったところと海底になったところがあり，駿河湾とそれをとりまく大地が形
成された．そして，その活動は現在でもつづいている．

目 次

第1章

駿河湾という湾

―湾の地形と海水準―

駿河湾とその周辺の静岡県の地形（衛星画像）.
Landsat7号 ETM+, ETOPO2（画像提供：東海大学情報技術センター）.

富士山と駿河湾

　私の慣れ親しんだ富士山は，三保半島の先端の真崎から見る富士山である（図1-1）．富士山は雄大で，日本を代表する名山として，万葉の歌人はもちろん，多くの人たちから愛されている．三保の松原から見る富士山の手前にひろがる海，それが，本書でその成り立ちをひもといていく駿河湾である．

　富士山の高さは3,776 m，もちろん日本一高い山である．一方，その南側にひろがる駿河湾は日本一深い湾であり，その最大水深は湾口（湾の入口となる部分）で約 2,500 m である．三保半島から東を見ると，伊豆半島が見える．その距離は約20 km で，その中間点で水深はすでに 1,500 m もある．三保半島からながめる海面の下に，平均斜度約 10 度の急傾斜な峡谷が横たわっている．海面があるために，私たちはそれを見ることができないが，もし海水がなければ，私たちはその急峻な峡谷の上にいることに気づき，さぞおどろくにちがいない．

　駿河湾のまわりをとりまく山々は，富士山や南アルプスの高山帯をのぞいて美し

図1-1　三保の真崎から見る富士山（2016 年 2 月 10 日）．手前の山地は庵原丘陵．

い緑におおわれ，駿河湾は青い海水に満たされている．緑の山には渓流の水の流れや植生と，そこに棲む動物のいとなみがある．また，紺碧の海を縁どる海岸には白い波がよせて，その海中にはさまざまな生命の躍動がある．

　しかし，私が本書で著したことの多くは，これらの山々と駿河湾の海底の姿，すなわち地形とそれを構成する地質の成り立ちの歴史である．そして，それらがどのようにして現在の姿になったかを，現在からさかのぼって順にのべていきたい．

日本一深い湾

　駿河湾は日本一深い湾であるとのべたが，深さが 2,000 m を超えるものは，世界でも珍しい．世界で 2,000 m を超える深い湾をいくつかあげると，ヨーロッパの北西に大西洋に面してスペイン沖にあるビスケー湾と，北アメリカのフロリダ半島の西にあるメキシコ湾は，水深が 4,000 m を超える．しかし，それらの規模は駿河湾よりはるかに大きく，湾口の幅もひろい．北アメリカ西岸のカリフォルニア湾は細長く，湾口の幅が 270 km で奥行が 1,500 km，最大水深が湾口で 3,700 m と大きい．それに比べると，駿河湾は湾口の幅も奥行も約 60 km と小規模であるが，そのわりに最大水深が 2,500 m と深い湾である．

　日本で深さが駿河湾につぐものとしては，相模湾の 1,300 m，富山湾の 900 m，鹿児島湾の 200 m があるが，ほかの湾で深さ 200 m を超すものはない．

　駿河湾は，深さが日本一ということだけが重要ではなく，その位置が日本列島の本州中央を縦断するフォッサマグナの西縁部にあり，東側に伊豆半島，北側に富士山，北西側に日本最大の隆起量をほこる赤石山脈（南アルプス）がひかえている．そして，その位置は同時に西南日本弧と東北日本弧，および伊豆—小笠原弧という三つの島弧の接合点でもあり（図 1-2），一般的にはいわゆるフィリピン海プレートとユーラシアプレートの境界であるといわれる．そして，駿河湾がどのようにできたかを解明することは，地質学の第一級の研究テーマとなっている．

　駿河湾の周辺の陸地や海底には，それがどのようにできたかということにまつわる謎が，たくさん隠されている．駿河湾のこれらの謎を解きあかしていくことは，日本列島とそのまわりの海底，ひいては世界の陸地と海底がどのように形成されたか，という謎を解くことにつながる．

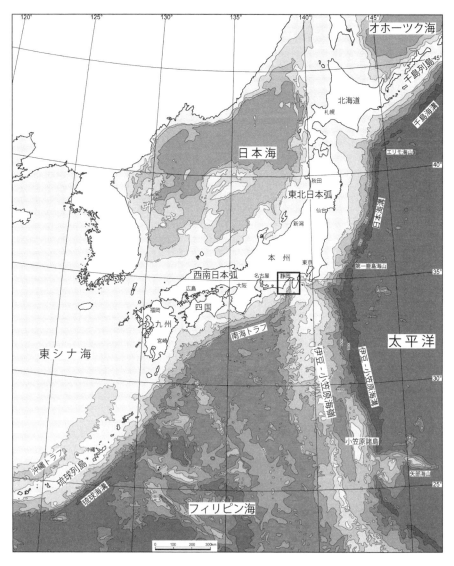

図1-2　日本列島とその周辺の海底地形（地質調査所，1982）．□は駿河湾の位置．日本列島は北西太平洋
　　　の西側にある島弧で南側には伊豆―小笠原弧が接続している．

4

駿河湾とは

　ウィキペディアで「駿河湾」とひくと,「駿河湾は伊豆半島先端にある石廊崎と御前崎をむすぶ線より北側の海域. 最深部は水深2,500 mに達し, 日本でもっとも深い湾である. 駿河湾は湾口幅が56 km, 奥行が約60 kmあり, 表面積は約2,300 km². 約60万年前にフィリピン海プレートにのった火山島であった伊豆半島が本州に衝突して駿河湾ができた. 湾はフィリピン海プレートとユーラシアプレートの境界, その北端部である駿河トラフが湾の南北に通るために深度が深い. 富士川河口部にあたる湾の最奥部では, 海岸からわずか2 km地点で水深500 mに達する」と記されている.

　駿河湾の位置や大きさについての地形的な記載は問題ないが,「約60万年前にフィリピン海プレートにのった火山島であった伊豆半島が本州に衝突して」ということと,「フィリピン海プレートとユーラシアプレートの境界」ということは, あくまで仮説である. 伊豆半島が本当に本州に衝突したから, 駿河湾ができたのか. なぜ駿河湾は深いのか. また, プレートの境界とされる駿河トラフの陸上への延長はどうなっているのか. これらの疑問を検討しながら, 駿河湾の地形がどのように形成されたかについて, 本書で順をおって説明していく.

　湾とは, 海や湖の一部が陸に入りこんだ水域のことである. 国連海洋法条約の規定によれば, 湾とは, 湾口の幅に比べ奥行が十分に深く, 湾口に引いた直線を直径とする半円の面積よりも湾入部の水域がひろいもの, とされる. しかし,「奥行が十分にあり, 半円よりひろい」という定義を満たさなくても, 土佐湾, 若狭湾, 仙台湾のように古くから湾と認められているものもある.

　英語では, メキシコ湾やカリフォルニア湾など規模の大きなものをガルフ (Gulf：海湾) とよび, 小さなものをベイ (Bay：湾) とよんでいる. しかし, これもあまり厳密なものではない. 先にしめしたスペイン沖のビスケー湾は, 湾口の幅と奥行ともに600 kmに近い大きな海湾であるが, ベイである.

　湾は, 海や湖の一部が陸に入りこんだ水域であるため, そのおいたちにはさまざまなものがある. 火山の活動によってできたもの, 海面の上昇によって谷が沈水したもの, 地殻の変動によって沈降してできたものなどである.

火口起源の湾

　火山活動によってできた湾には, 火口がそのまま湾になったものと, 火口が陥没, すなわちカルデラが湾になったものがある.

　火口が湾になったものとしては, 都はるみの「アンコ椿は恋の花」で歌われる「波浮港（はぶみなと）」がある, 伊豆大島の波浮湾がある. この湾は, 三原山の側火山の火口がそのまま湾になったもので, 湾口の深さが 4 m しかないが, 直径 300 m ほどで, 湾中央の深さは 17 m もある. 他の例として, 秋田県男鹿半島の戸賀湾（とが）があり, 外国の例ではハワイ島の西側のクアラキクア湾がある.

　カルデラが湾になったものの代表には, 鹿児島湾がある. 鹿児島湾は二つのカルデラからできていて, 北部のものを始良（あいら）カルデラとよび, 南部のものを阿多（あた）カルデラとよぶ. 始良カルデラは, 直径約 20 km のくぼ地でその南縁付近に桜島が形成されている. 阿多カルデラは, 鹿児島湾の湾口部にあり, 南北約 14 km, 東西約 24 km の楕円形のくぼ地で, その西縁に池田湖や開聞岳（かいもんだけ）がある.

　このうち阿多カルデラは約 11 万年前にでき, 始良カルデラは 2 万 5000 年前の大噴火によってできたとされる. 始良カルデラの大噴火では, 噴出物は巨大な火砕流（かさいりゅう）となって地表をはしり九州南部にひろがり, 空中に吹き上げられた火山灰は偏西風に流されて北東へひろがり, 日本列島各地に降り積もった. この火山灰層は, 始良—丹沢 (AT) 火山灰層とよばれ, 地層の時代を決めることができる重要な広域火山灰層とされている. すなわち, ある地層にこの火山灰層がはさまれていると, その地層の年代を 2 万 5000 年前ということが決定できる.

　火口起源の湾の特徴は, 湾口がしきいのように浅くなっていて, 湾の中央が深くなっている. そのため, 湾の中央では海水の停滞が起こり, 海底に堆積した有機物は分解されない. そして, この有機物を培地とした硫酸還元菌のはたらきで硫化水素が発生して, 底生生物が棲めない環境になっている場合が多い. 鹿児島湾では, 桜島の北側の水深 200 m を超す深みに, 腐乱臭のある黒い泥がたまっている.

リアス式海岸

　日本列島は, まわりを海に囲まれている. 海と接する陸の部分を海岸とよぶ. 現在, その海岸のほとんどが人工の海岸になっているが, もともと海岸は海に対して弧状をえがく砂浜や砂嘴の海岸か, 海側に張り出した岩石からなる海岸からなる.

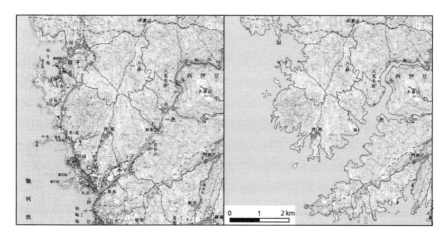

図 1-3　左図は伊豆半島西岸の田子から松崎にかけてのリアス式海岸の地形（この地図は国土地理院
　　　　発行の 5 万分の 1 地形図下田を使用したものである）．右図は海面が 100m 上昇したときの海
　　　　岸地形で，さらに奥まったリアス式海岸の地形があらわれる．

岩石海岸の地域では，海岸を刻む出入りのはげしい湾があり，そのほとんどが陸上の谷の末端が海に沈んだものである．このような海岸をリアス式海岸という．

　スペイン北西部の大西洋岸のガリシア地方では，海岸線と直角な方向に入江が連続する地形がみられる．ガルシア地方では，入江を「リア」とよび，入江の多い場所の地名に「リアス」とよぶものがある．リアス式海岸とは，この地域を模式として名づけられた．

　日本でリアス式海岸というと，陸中海岸や志摩半島などがあり，駿河湾でいえば伊豆半島の西岸がそれにあたる（図 1-3）．これらの地域は，大きな河川がなく，硬い岩盤の険しい山地が海にせまったところにあり，交通の便も悪く，大規模な開発からとり残されたところが多い．そのために，美しい自然の海岸がそのまま保存されている．

　リアス式海岸の湾のおいたちは，氷河時代の海面変動と深い関連がある．私たちの生きている現在の気候は，地球の長い歴史の中でもとくに寒い時期，すなわち大陸に氷床が発達している氷河時代にあたる．46 億年といわれる地球の歴史の間には，少なくとも 4 回の氷河時代が知られている．そして，その最後の氷河時代は，おお

よそ100万年前からはじまり，3万年前から1万5000年前に最盛期をむかえる第四紀の氷河時代である．この氷河時代で最近のもっとも寒かった時期を，ヨーロッパアルプスで名づけられた名をとって，ウルム氷期とよんでいる．

ウルム氷期の海岸線

氷河時代には，海面から蒸発した水分は雪となって陸上に降り積もり，万年雪となり氷河となって，世界中の高緯度地域に今よりもひろくひろがり，ふたたび海にもどらなかった．そのため，海水は減少し，海面はしだいに低くなり，ウルム氷期のもっとも寒かったときには，海面は今よりおよそ100 m低くなった．海面が低くなるにしたがって，海に注ぐ川は，谷を削りながら沖へのびていった．そして，現在の水深100 m付近が，その当時の海岸線となった．

海岸から沖合にかけての海底には，大陸棚という水深が0 mから約100 mまでゆるい傾斜の平らな地形がある（図1-4）．大陸棚の地形は，ウルム氷期に海面が今より約100 m低くなったときの海岸平野だったところであり，大陸棚外縁はそのときの海岸線にあたる．海面は世界中で同時に上下するため，大陸棚は世界中の大陸や島の沖合に分布する地形である．

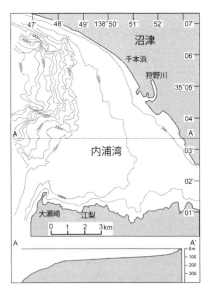

ウルム氷期のもっとも寒かったときは，旧石器時代の最後の時期である．海面が低くなったために，日本列島はロシアの沿海州とサハリンを通じて北海道で陸つづきになり，津軽海峡は凍りついていた．旧石器時代の狩猟の民は，マンモスやオオツノジカ，バイソンを追って，大陸から北海道に渡来した．

図1-4　内浦湾の地形と大陸棚の地形断面．

ウルム氷期後の海水準変動

　ウルム氷期の最盛期をすぎた1万2000年前ころから，気候は温暖化しはじめ，地球上の氷河はその範囲が小さくなり，海に水がもどり，海面の位置，すなわち海水準が上昇しはじめた．海水準の上昇とともに，川が刻んだ谷は海水におぼれて，湾となった．

　1万5000年前に100mも低かった海水準は，1万年前には現在に比べて40m低いところで，8000年前ころには10数m低いところで，しばらく停滞した．そして，その後にさらに上昇した海水準は，6000年前に現在に比べて数m高いところにあった．図1-5にウルム氷期以後の海水準曲線をしめす．

　この海水準が高かった時代は，考古学では縄文時代中期にあたり，海が低地にひろがった．海が陸域に侵入することを海進とよび，この時期に起こった海進を「縄文海進」とよぶ．関東地方でいえば，縄文海進は群馬県や栃木県の南部までひろがっていた．このことは，この時期の貝塚遺跡の分布からあきらかにされている．貝塚とは，縄文時代の人々が海辺に住んで貝をとって食べて捨てた遺跡であることから，その付近に海岸線が推定される．駿河湾の奥部にあたる沼津や富士，清水や静

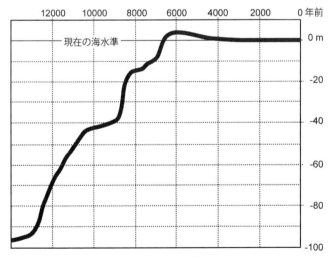

図1-5　日本列島のウルム氷期以後の海水準曲線．松島（1987）と
　　　　Saito（1994）の曲線を合成して作成した．

岡でも，そのときには現在の平野である場所のほとんどに海がひろがっていたと考えられている．

　6000 年前から現在にかけては，海水準は低下した．海水準が低下すると，陸から海がしりぞき，海岸線は沖合に移動する．このことを海退とよぶ．海水準の低下により，大きな川の河口では運びだされた土砂が扇状地をつくり，海を埋めて平野をひろげていく．ひろがった平野に人々がおりて，狩猟から農耕の生活をはじめ，やがてその糧を保存し共有する集落社会を形成した．そして，現在にいたる人の歴史が，平野の拡大とともに展開されていった．

おぼれ谷

　「リアス式海岸」の節で，リアス式海岸は陸上の谷の末端が海に沈んでできたとのべた．谷の末端が沈んだといっても，これは大地が沈んだものでなく，ウルム氷期の最盛期以降の海水準上昇のために，結果として谷が海に沈んだものである．

　リアス式海岸がある場所は，古くて硬い岩石が露出していて，大きな河川がないところである．そのため，削られた谷の地形がそのまま残されて，入りくんだ湾になる．新しくてやわらかい岩石からなる海岸であれば，波が岬を削り，湾は削られた土砂に埋め立てられて，もともとの谷が残らない．

　新潟や秋田の海岸のように，直線状の海岸になっているところでは，周囲より隆起の小さかったところが海岸付近にあり，信濃川や雄物川から運ばれて大量の土砂が海岸付近に堆積して，氷河時代の河谷の跡を埋めつくしてしまった．そのために，湾という地形をつくっていない．

　東京湾や伊勢湾は，湾よりも陸側の関東平野や濃尾平野の中に，地盤が相対的に沈降している部分があったために，河川から運ばれた土砂はそこに堆積し，平野の海側にある湾は埋め立てられずに残された．そのため，東京湾の大陸棚上は堆積物が薄く，海底の薄い堆積物の下にウルム氷期の海岸線に河口をもつ埋積された旧河道を認めることができる．

　また，大陸棚上の埋積された旧河口の位置は，現在の河口付近の海岸線が海側に張り出しているように，大陸棚上でも張り出した等深線としてあらわれる．駿河湾では大井川の前面の大陸棚でそれがみられる．

　地形学の教科書では，かつてリアス式海岸のことを沈降海岸とし，海岸平野のこ

とを隆起海岸として説明していた．しかし，沈降と隆起を，海水準を固定したまま
で考えると，大きな間違いを起こす．実際にリアス式海岸は，隆起地域の小河川の
末端の谷がウルム氷期後の海水準上昇により沈水したものであり，海岸平野は相対
的な沈降地域が大河川からの堆積物により埋積されて形成された地形である．した
がって，実際には，リアス式海岸は隆起している海岸であり，海岸平野は相対的に
沈降している海岸である．

海水準とは

　海面は陸地と海をわける境界面であり，海岸線はその境界線である．海水準とは
海面の垂直的な位置であり，海水準を基準に陸上の高さや海底の深さが測られてい
る．日本列島の高さの基準は，100年以上前に測定された東京湾での検潮記録の平
均値（東京湾中等潮位）が基準となっている．それに対して海の深さは，干潮時に
船が座礁する危険をさけるために，最低低潮位が基準となっている．

　また，海水準は陸地にとって，ここまでは侵食されるという侵食基準面である．
このように，海水準は地球上での現在の重要な基準面である．しかし，海水準は上
下に変動することがある．すでにのべたが，海水準が上昇すると海面が陸地に侵入
することからこれを海進といい，反対に海水準が低下すると海面が沖合にしりぞく
ことからこれを海退という．

　最近の気候温暖化によって海水準上昇が危惧されている．それは，気候が暖かく
なり南極や北極圏地域の氷床がとけることにより，海水の量が増加して海水準が上
がるためである．現在の世界の海はひとつづきになっているので，海水量が増加す
れば，海水準はどこでも同じだけ上昇する．

　南太平洋に位置する小さな島国ツバルは，九つの環礁などの島々からなり，最大
標高が3ｍ程度のとても低平な土地である．そのため，近年の地球温暖化にともな
う海水準上昇により，水没の危機にひんしていると懸念されている．しかし，ツバ
ルが海水準上昇により沈むということは，同じ地球上のどこの海岸線でも海水準が
上昇するということである．したがって，日本でも海水準が上がってもよいわけだ
が，そのようなことは聞かない．なぜ，ツバルの海面だけが上がって，ツバルだけ
が沈むのだろうか．

　海面が上昇する現象には，ほかに高潮や地盤沈下などの原因がある．高潮は，低

気圧や海流，湧昇流の陸地への接近などにより，陸側の海面が上昇することによって起こる．また，地下水などのくみ上げで海岸の低地で起こる地盤沈下も，陸地が低くなるため，海面が陸地に対して見かけ上昇する現象をひき起こす．

海水準は不動か

　海水準について，私たちは現在の生活の範囲の中で考えて，つい不動なものと考えてしまう．海水準は富士山など山や私たちの住む地面の高さの基準であり，地質学的にも侵食がおよぶ最低レベル，すなわち侵食基準面である．しかし，海水準は，氷河時代には海水の量の増減で上下に変化したし，堆積物や海底火山の溶岩噴出などによる海底の埋積作用や，地表や海底の形の変化によっても大きく上下に変化することが考えられる．

　地球表層を構成する地殻は，46億年という長い地球の歴史の間に，大きく活動し，その表面の形も大きく変化してきた．その間に，海面と私たちが立つ陸地の位置が今と同じ，すなわち地球の中心から現在と同じ距離に，つねにありつづけただろうか．地球の長い歴史の中で起こったさまざまな地殻変動を学んだ私にとって，現在の私たちの立つ位置や海水準が不動で不変だったということは，とても考えられないことである．

　しかし，地球科学や海洋学の研究者も含めて，ほとんどの人が自分の生きる時代の海水準が，地球の歴史の中でほとんど変化していないという幻想をいだいている人は，自らの生活や考えかたを基準に，ものごとを見たり考えたりする傾向にある．したがって，過去の時代のことを議論するときでさえ，過去も現在のような地形があり，現在の位置に海面があったということを前提に，仮説を組み立てる．しかし，現在の地形と海面の位置は，地質学的にはごく最近の時代にその地形が形成され，海面も現在の位置になったもので，今現在でもそれらは変化しつづけている．過去の地殻の歴史を語るときには，海水準も含めて無意識に前提としている現在の地形的要素は，十分に検討する必要がある．

　私がこれからのべる過去の時代の話では，地形も海水準も，そして地殻変動のようすも現在とは異なっていたし，それらは時代によって変化していた．そして，それぞれの時代の地殻変動と海水準の変動が，地形を変化させ，地層を形成して現在にいたっている．したがって，地層を調べることにより過去を知ることができる．

地球科学の仮説とは

　駿河湾の形成にまつわる伊豆半島の衝突やプレート境界の考えかたは，いわゆるプレートテクトニクスという仮説をもとにしている．これらの考えかたは，多くの研究者がいくつかの事実をもとに，プレートテクトニクスの仮説に，さらに仮説を積み重ねてつくった仮説であり，これらは事実ではない．これらの仮説は，東海地震の発生の可能性などとともに現在の学界や一般社会でも流布し，ほぼ常識となっている．しかし，それはあくまでも仮説であり，これらの仮説には多くの問題点が含まれている．

　私が本書でのべることは，私自身が実際に自分の足で山を歩いて，地層や岩石を手にとって調べた事実と，これまで多くの研究者があきらかにした事実や考えかたを参考にして，私自身で組み上げた仮説である．それらは，一般に流布していている仮説，皆さんの多くにとって常識となっているような知識とは，相当に異なるものが多い．

　しかし，自然科学の分野，とくに地球の発展や生物の進化をさぐる地球科学のような歴史科学の分野では，過去のようすを実際に誰も見たことがないため，まだまだ未知のことや謎が多い．そのために，より多くの事実を調べて，それらをもとに仮説をつくり，それを検証して理論に発展させて，実証していかなくてはならない．

　現在の地球科学という学問は，まだまだはじまったばかりの学問である．地球科学は，地球が誕生して46億年といわれる過去から現在までの想像もできない長い時間と，半径が6,400 kmもある巨大な地球を相手にしている学問である．そのため，現在の物質現象を対象にして実験で事象を再現できる物理学や化学などの現在科学に比べて，まだ理論化が試行されている段階にある．

　したがって，プレートテクトニクスやそれによる地震発生のメカニズムでさえも，あくまでも試行の段階の一つの仮説であり，科学的にさらに検討されるべきものである．そのため，地殻変動のすべてを「プレートテクトニクスありき」で考えるのではなく，フィールドからの事実をもとにして発想されたさまざまな考えかたや仮説がもっと提案されるべきであると，私は考えている．

第2章

駿河湾の地形と海水

―日本一深い湾の自然―

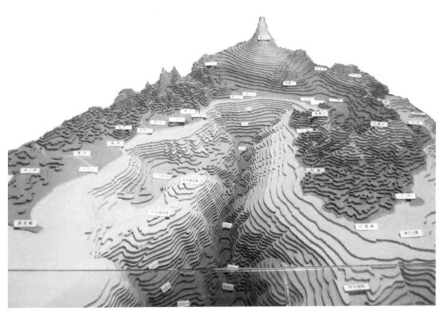

1984年に私と岡 有作氏で製作した駿河湾とその周辺地域の5万分の1の木製の立体地形模型. 水平距離に対して垂直方向の距離が5倍に誇張されている（写真提供：東海大学海洋科学博物館）.

駿河湾の海岸

　駿河湾の海岸は，伊豆半島側と中央奥部から御前崎にいたる西岸では大きく異なっている．伊豆半島側のほとんどは，岩石が海崖をつくる岩石海岸である．それに対して中央奥部から西岸の海岸は，一部に岩石海岸があるが，急流大河川の河口にひろがった扇状地と，そこから北東側に発達した砂嘴の堆積海岸からなる．

　伊豆半島の海岸には，湾奥東部に大きく湾入した内浦湾がある．それ以外は妻良や田子，宇久須，戸田などに小規模な湾があるだけであり，それらはリアス式海岸にあたる．また，大瀬崎や戸田など湾奥では，海蝕崖からの礫によって北側に張り出す砂嘴が形成され，その内側に入江ができている．

　伊豆半島は，駿河湾側からみると東側が高く西側に傾いた南北方向の大規模な隆起地帯である．湾奥東部の沼津に河口をもつ狩野川が半島北部の中央にある以外，大きな河川がないこともあり，伊豆半島の海岸には小規模な砂嘴や湾内の砂浜以外に堆積海岸が形成されていない．

　駿河湾の中央奥部から西岸では，富士川や安倍川，大井川などの河口に扇状地がひろがり，その河川が運んだ砂礫が河口から北東に運ばれて砂嘴を形成している．そして，その砂嘴の内側には背後の山地との間に，入江や低湿地がある．この例として，富士川では河口の東側にある千本松原とその内側の浮島原，安倍川では三保半島とその内側の折戸湾，大井川では焼津の石津浜とその北西側の高草山前面の低地がある．

　また，岩石海岸は，富士川の西側の蒲原から由比にかけての庵原丘陵と，薩埵峠で海に面する浜石岳山地，興津清見寺を南端とする興津山地，静岡市の南部の有度丘陵，静岡市と焼津市の間の大崩海岸を南端とする高草山山地，牧之原市の相良付近の牧ノ原台地，そして御前崎に分布する．これらの地域は隆起しているところであり，そのため岬のように海に張り出している．そして，その地域の大陸棚の海底でもそれらの山地や丘陵の地層や岩石が露出していて，堆積物がその上をほとんどおおっていない．これらの岬の間の地域は相対的に沈降していて，弧状に湾入した海浜と，河口扇状地および砂嘴からなる海側に弧状に張り出した堆積海岸が発達している．

　このようなことは駿河湾全体でも同様で，現在海底のところは相対的に沈降している（隆起量の小さい）ところであり，陸上は隆起している部分である．したがっ

て，駿河湾は東西両側に隆起している大地があり，その間が隆起からとり残された
ために現在深い湾を形成している．海岸線ぞいにおこなわれた地盤変動の測量の結
果でも，駿河湾湾奥は隆起量が小さい傾向にある．

駿河トラフ

　駿河湾の海底地形を図 2-1 に，駿河湾周辺の赤色立体地図（カラー版は表紙カバ
ーを参照）を図 2-2 にしめす．駿河湾の海底には，その中央に南北方向に直線的に
深く幅のせまい溝地形があり，それは「駿河トラフ」とよばれる（海上保安庁, 1994）．
この溝地形は，富士川河口沖まで入りこんでいて，南の延長は南海トラフの北東端
に連続する．ちなみに，「トラフ」とは英語の飼葉桶という意味で，桶状すなわち
バスタブのような舟底形のものをさす．その意味からすると，すでに星野ほか
(1982) が指摘したように，南側に桶の壁がない駿河湾の溝状の地形に，「トラフ」
という名前を使用することは適切ではない．

　「トラフ」とよばれる海底地形の典型的な例として，沖縄トラフ（舟状海盆）が
ある．沖縄トラフは，東シナ海の大陸棚の東縁と琉球列島との間に位置する，長さ
約 1,000 km で幅約 200 km の細長い，平らな舟底形をした水深約 1,000〜2,000 m
の海底のくぼみである．沖縄トラフは，約 180 万年前から，西側の東シナ海の陸地
と琉球列島が隆起するのに対して，そこが相対的に沈降したためにとり残されて形
成された．

　駿河湾の中央に南北方向にある溝状の地形は，「駿河トラフ」とよばれる前に「駿
河湾中央水道」という名前があった（星野, 1973）．そこで本書では，この溝地形の
名前を「駿河湾中央水道」という名前でをよぶことにする．なお，南海トラフにも
以前，「西南日本海溝」という名前があった．しかし，海溝は水深 5,000 m より深
い溝状の地形ということと，海溝にともなう火山帯が明確でないという理由で，海
溝ではなく「トラフ」という地名用語が使われるようになった．

　しかし，南海トラフは，海溝底が堆積物で埋まったために浅いだけで，南側の琉
球海溝とほぼ同様の，りっぱな海溝と考えられる．プレートテクトニクスでも，南
海トラフはプレートの沈みこむ典型的な島弧—海溝系の一つの海溝として位置づ
けられている．

　一般に，海岸から海溝までの海底地形は，陸側から大陸棚，大陸斜面，海溝と区

分され，大陸斜面には深海平坦面があり，海溝陸側斜面にはベンチとよばれる地形がある（図 2-3）．深海平坦面は島弧（弧状の島列など隆起帯）の前面にあることから前弧海盆ともよばれ，その海溝側には外縁隆起帯がある．外縁隆起帯は，前弧海盆に堆積物をせき止めたダムのような地形の高まりで，海溝や島弧の方向にそってのびている．南海トラフの場合，外縁隆起帯は九州の沖から駿河湾まで途切れなが

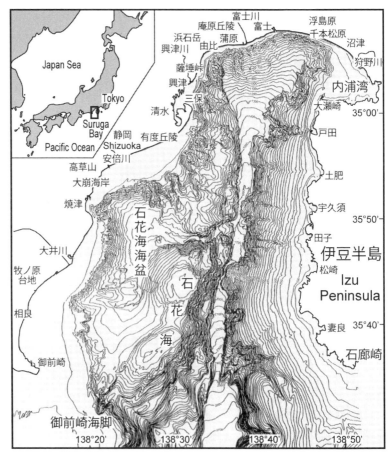

図2-1　駿河湾の海底地形．大陸棚の海の基本図（20万分の1）駿河湾南方（海上保安庁，1994）に地名を加筆．駿河湾の中央にある溝を駿河湾中央水道とよぶ．

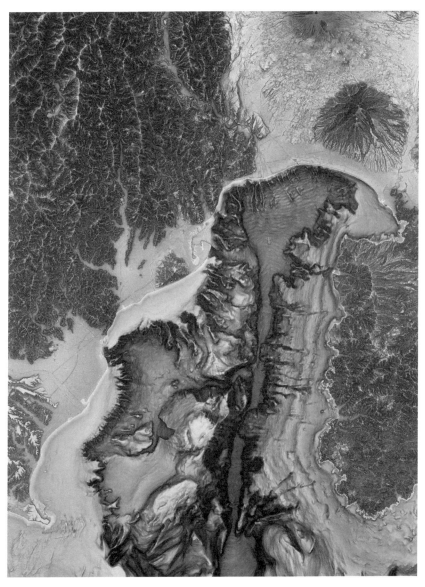

図2-2　駿河湾とその周辺地域の赤色立体地図（画像提供：アジア航測株式会社）．富士山山頂か
　　　 ら駿河湾湾口の海底まで．カラー版は表紙カバーを参照．

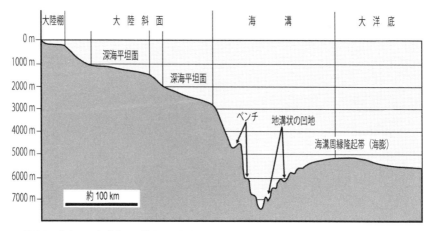

図2-3　海岸から海溝までの模式的な海底地形断面（岩淵，1970）.

ら連続し，その島弧側に前弧海盆が深海平坦面を形成して分布している（図2-4）.その他の海底の地形として，沖合の陸地から離れた浅瀬や高まりを堆とよび，海の中の山は海山，その連なりは海山列，規模の大きな海の中の台地は海台，ゆるやかな高まりを海膨，山脈のように幅がひろく直線的な隆起帯を海嶺とよぶ.

駿河湾の海底と石花海堆

　駿河湾の伊豆側の海底は，内浦湾をのぞいて駿河湾中央水道に向って傾斜するほぼ一様の陸側斜面からなるが，水深600～1,000 m付近を境にそれより深い斜面では傾斜が急になり，その傾斜のかわり目は，湾口部に近づくほど深くなる.　なお，大陸斜面上部は，図2-2で見ると何段かの明瞭な段丘状の地形が認められる.

　湾奥東部の内浦湾は，大陸棚の幅が約5 kmあり，その外縁水深は120 m付近にある.　その西側の富士川河口までの湾奥部には，大陸棚がみられず，大陸斜面は駿河湾中央水道の北端の水深約1,500 mに向って急傾斜している.

　三保沖から安倍川河口沖にかけての湾西岸は，大陸棚はあるが幅1～5 kmとせまく，大陸斜面は急で水深500 m付近からゆるやかな傾斜になるが，水深1,000 m付近から駿河湾中央水道に向って急斜面となる.

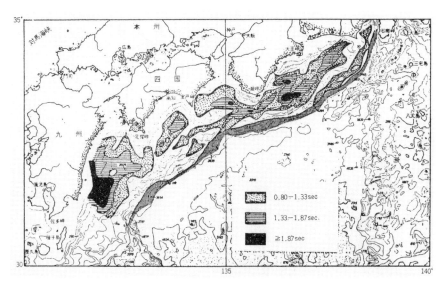

図 2-4　南海トラフ（西南日本海溝）の大陸斜面における堆積層の厚さをしめした図（奥田ほか，
　　　　1976）．堆積層の厚い部分は前弧海盆にあたり，その間の白い部分は外縁隆起帯にあたる．南
　　　　海トラフ北側の縦線の部分は音響基盤が大陸斜面下に確認できる範囲がしめされている．層
　　　　厚の単位は音波速度（秒）であらわされている．

　安倍川河口の南側の大陸斜面と駿河湾中央水道との間には，その頂上水深が 37
m の浅瀬があり，それは石花海とよばれる．石花海は，北と南の二つの高まりがあ
り，北のものが北堆，南のものが南堆とよばれる．北堆と南堆をあわせて，石花海
の浅瀬だけでなくその斜面も含めた地形全体を石花海堆とよぶ．

　石花海堆の東側は，水深 2,000 m の駿河湾中央水道の海底に向って急傾斜に落ち
こむ斜面で，その傾斜は 20〜30 度である．世界のほとんどの大陸斜面の傾斜は 4
度くらいなので，石花海堆の東斜面の傾斜がとくに急なことがわかる．

　「せのうみ」とはもともと「瀬の海」という意味で，浅瀬をあらわした名前と思
われる．また，「石花」とはサンゴのことで，「サンゴの海」という意味もあったか
と思うが，石花海堆の頂上に現在サンゴはなく，おそらく山頂の礫についた石灰藻
や海綿を「石花」としたと思われる．石花海堆付近は，駿河湾の深海の栄養に富む
海水が湧昇しているところで，よい漁場となっている．

　石花海北堆の西側斜面には，大きな海底地すべりの跡がある．その大きさはおよ

そ 7 km²で，100 mの厚さの表面の地層がすべって馬蹄形のくぼみをつくっている．このくぼみの海底から，採集された柱状の試料の分析から，海底地すべりは中世以降の最近に起こったことがわかった．

1858 年の安政地震では，地震の直後に石花海付近に巨大な水柱が上がり，水輪となってひろがったことが目撃され，翌日には深海魚など多数の魚が打ち上げられていたことが古文書に記されている．このことから，石花海北堆の西側斜面にみられる海底地すべりの跡は，安政地震によって引き起こされたものと考えられている（根元, 1992）．

この石花海堆の西側には，駿河湾の西岸との間に水深約 800 mの南北にのびた舟状海盆（トラフ）がある．これは，石花海海盆とよばれる．石花海海盆でもっとも深い部分は水深 939 mある．石花海海盆の西側の焼津から御前崎までの駿河湾西岸は，御前崎に向って大陸棚がひろがる．陸棚斜面は，水深 500 mから南側で 400 mまでで，それ以深は石花海海盆底となる．

黒潮が運ぶもの

三保半島の海岸は砂と礫からなり，海岸を散策するとそこには砂と礫だけでなく，漂着物も含めていろいろなものがみつかる．海岸の漂着物などを集めることをビーチコーミング（Beach combing）といい，博物館などでも自然観察や環境学習としておこなっている．コーミングとは髪をすく櫛（Comb）からきた言葉で，海岸に落ちているさまざまなものを手の櫛ですくいとることからそうよばれる．

漂着物には，海岸や海に生きていた海藻や，貝の殻，魚などの生物の死骸，嵐のときに近くの河川から押し出されて流れついた樹木の破片や，人々のさまざまな生活雑貨などがある．生活雑貨には，100 円ライターやペットボトルなど，いわゆるゴミがある．また，それらとともに，遠い南の島々から黒潮や沿岸流によって運ばれた，ヤシの実や軽石なども発見できる．

黒潮が運んだものの中には，伝説もある．羽衣の松の海岸では，20 年以上前から，毎年 10 月に羽衣の松の近くに特設される能舞台で，「羽衣の松」の能が演じられている．その伝説は，三保の漁師の柏梁が，松にかけられた美しい衣をみつけて持ち帰ろうとすると，天女があらわれて，その羽衣がなければ天にもどれなくなるので返してほしいと懇願する．柏梁は衣を返すかわりに，天女の舞いをみせてもらい，

天女は天にもどっていくというものである.

　この話に似たような羽衣の伝説は，南太平洋のポリネシアにもあり，東南アジアから中国，日本にかけて竹取や七夕の物語と関連しながら，ひろい地域に伝承されている．ただし，ポリネシアの伝説は少し内容が違っていて，羽衣を隠されて妻となった天女が，羽衣をみつけて天にもどるが，漁師は天まで矢をつないで橋をかけ，天にのぼって天女を連れもどすという，海洋民族らしい執念深い話である.

　羽衣の松の北側に御穂神社があり，御穂神社から羽衣の松にかけての松原の道は「神の道」とよばれ，最近では木道で整備されている．この「神の道」の方向を南にたどれば，それは駿河湾の湾口に向ってのびている．この道は，かつて黒潮にのって三保半島に漂着した人々の，たどってきた道をしめしているのかもしれない.

駿河湾の沿岸流と表層水

　黒潮の本流は，沖縄の西の東シナ海を通り，屋久島の南側のトカラ海峡を通って日本列島の南岸の太平洋に流れこみ，九州—四国—紀伊半島から駿河湾の湾口のすぐ外側を流れて，房総半島の南側へ流れている．黒潮の西側の縁が伊豆半島の先端にあたったときには，駿河湾にその一部が流れこんでくる．その流れこんだ黒潮の支流は，時計の針とは反対の方向にまわって，伊豆半島の西岸沖を北上し，湾奥や湾西岸に注ぐ河川水を上にのせて湾の西岸を湾口に向って流れ出る．これが，駿河湾の海流，すなわち表層流のあらましである（図2-5）.

　湾内で，外洋水が反時計まわりに流れるのは，地球の自転の偏向力のためである．自転の偏向力とは，「コリオリの力」とよばれ，地球の自転により生じた見かけの力で，地球上を運動す

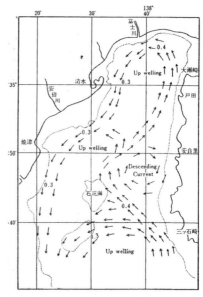

図2-5　駿河湾の表層推定海流．1944年6月（渡辺，1972）.

る物体は，北半球では右に，南半球では左にそれる．したがって，北半球の湾内に南側から外洋水が流れこむときは，湾の東側の岸に寄って外洋水が湾奥に向って入りこみ，河川水が混じった沿岸水は湾の西側の岸に寄って湾口に向って流れ出すことになる．

　黒潮の支流が駿河湾の東側を北へ進むことは，海水の透明度にもあらわれる．透明度の測定は，直径 30 cm の白い円板にロープをつけて，海中に下し，それが見えなくなったときの深さが透明度である．世界一透明な海域は，大西洋中部のサルガッソー海で，その透明度は 66 m におよび，海水が透明すぎて船がまるで浮いているように見えるという．

　駿河湾の湾口から伊豆半島の西側では，透明度は 20〜25 m である．しかし，湾奥から湾の西側の沿岸では，透明度は 5 m 以下になる．伊豆半島の西岸には，海に注ぐ大きな河川がなく，海に流れこむ土砂も少ない．そのため，黒潮の支流の透き通った水が，湾奥までひろがることができる．伊豆半島の西岸には，小規模であるが沖縄のような造礁サンゴの群落や，そのような環境に熱帯性の魚も棲んでいる．

　一方，駿河湾の湾奥から西岸では，富士川や安倍川，大井川など，急峻な山地からそのまま大量の土砂を海に流しこむ大河川がある．また，河川水は，天然の無機と有機の栄養分を海に運ぶだけではなく，人工的な汚染物質も海に排出する．駿河湾の湾奥から西岸には，都市や港湾，工場地帯も海岸に隣接してあり，沿岸水の透明度は低くなる．

　海水の色は，太陽の光の散乱と反射によって決まる．海水は，深くなるにしたがって，波長の長い赤い色の光から吸収され，波長の短い青い色の光は深いところまで通っていく．この青い光は，海水の水の分子によって散乱され，水面にもどってくる．このため，澄んだ水の色は青く見える．

　プランクトンが多く透明度の低い親潮の海水の色は，やや緑がかった色をしている．表層をただようプランクトンに，海水に吸収されない黄色や緑色の光が反射して，海の色がつくられる．プランクトンが少なく，透明度のよい黒潮の水は，水の分子による光の散乱の結果，藍（あい）にも似た濃紺の色になる．青い海は，水が澄んでいる反面，プランクトンなどの栄養分の少ない海水であり，極端なことをいえば，不毛な海，陸地でいえば砂漠のような環境ともいえる．

駿河湾の海水

　駿河湾は，陸地に深く入りこんだ湾のために，そのひろい陸域の中央の水面は気温の変化をやわらげて，巨大なエアコンとしての役割をはたしている．海水の比熱（1gのものの温度を1℃高めるのに必要な熱量）は，岩石や土壌の比熱に比べると3〜4倍もある．海では太陽の熱の大部分は海水に吸収され，波や流れで海水が移動することで，海では陸上のようにその表面だけが暖められることはない．

　海に面している地域では，一日の中でも昼間は陸地が暖められて海から陸に向かう「海風」が吹き，夜になると陸地が冷えて海に向かう「陸風」が吹く．また，温度変化の少ない海が近くにせまっているため，夏は涼しく，冬は暖かい．さらに，私の住む静岡市は，北西側にある赤石山脈が壁となって，浜松など遠州地域や伊豆半島の西岸などと比べて，冬の寒い西風，いわゆる「からっ風」の吹く日が少なく，積雪もほとんどない．しかし，冬の風の強い晴天の日にはたまに，静岡市街で雪が舞うことがある．これは赤石山脈に積もった雪が強風にのって舞い降りてきたもので，「風花」といって静岡市の冬の風物詩である．

　駿河湾を満たしている海水は，どこでもどの深さでも同じ性質のものではない．駿河湾の海水は，深さによっておおまかに浅いほうから表層水，中層水，深層水の三つにわけられる（図2-6）．水深200mまでの海の表層でも，沿岸水と表層水，外洋水に大きく区別される．また，水深200〜1,200mまでの海水は駿河湾中層水と

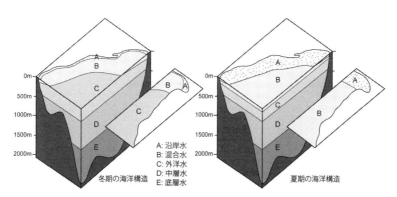

図2-6　駿河湾の冬期と夏期の海水構造（稲葉，1972を一部修正）．冬期には沿岸水の分布がせまくなり，外洋水が表面にひろく分布する．

よばれ，年間を通じて水温と塩分がほとんど変化しない海水が分布する．この中層水は，表層水に比べて塩分が低い特徴がある．これは，蒸発が少ないために塩分が低い高緯度のオホーツク海から流出する海水と北太平洋の西部亜寒帯水との混合水と考えられる北太平洋中層水が，南下して暖流の下に潜ってひろがり，駿河湾の中層に侵入して駿河湾独特の中層水をつくったものと考えられている．

海洋深層水

　最近よく聞く「海洋深層水（深層水）」とは，深度が 200 m より深い海水のことで，表層の水よりもきれいで雑菌が少なく，栄養塩が豊富で温度が一定である．そのため，飲料など食品加工や養殖などに利用されている．駿河湾では，栄養に富む北太平洋中層水に起源をもつ駿河湾中層水が海洋深層水にあたる．駿河湾の海底は陸地から急激に深くなるため，取水管の設置距離が短くて初期投資の面でも有利であることから，焼津市などで深層水利用がさかんである．

　駿河湾中層水の下，およそ深度が 1,200 m よりも深い海底の海水は，水温が 3℃以下で，わずかに溶存酸素量が多い海水がある．これは，北大西洋グリーンランド沖を起源として，大西洋の大洋底の上を南下して南極周極流となり，2000 年以上かけて太平洋にたどりついて形成された下部北太平洋深層水が，駿河湾の底層に侵入していると考えられている．

　海洋学でいう「深層水（底層水）」とは，大洋の深層，すなわち水深 5,000 m 付近の大洋底の上にある海水で，このような冷たく密度が高い海水は北大西洋のグリーンランド沖の北大西洋深層水と南極海で形成された南極底層水のことをさす．

　海水中の酸素は，波や流れによって大気中の酸素がとりこまれ，植物プランクトンの光合成による酸素の放出によって，海の表層で供給される．この酸素や栄養の豊富な海水が，南極海や北極圏の海において大規模に深海に沈みこむ．このような冷たい海水は，密度が高い．また，海水が凍るときに，塩類を海水中に残して水だけが凍るので，海水の密度はさらに高くなる．

　この密度の高い海水は，海の底に沈みこむ．北極海の海底は陸地にとざされているが，アイスランドとスコットランドの間にあるフェローズ―シェットランド水道から大西洋の深海底に流出して北大西洋深層水となって南下する．南極海の海底は大西洋，インド洋，太平洋の三つの大洋底とつながっていて，北大西洋深層水は大

西洋から太平洋に向かう南極周極流という深層水の流れと合流して太平洋に向かい下部北太平洋深層水となり，太平洋の深海底を北上する．また，南極海で沈みこんだ深層水（底層水）は，上部北太平洋深層水となって赤道を越えて北半球までひろがる．そして，それらの海水は，駿河湾の底にも来ていて，1,200 m より深い海水の起源となっている．

豊かな漁場

　駿河湾は外洋に口を開いていることから，カツオやマグロなどの外洋の魚も入りこんで来て，ゆうゆうと泳ぎ，黒潮にのってやって来たサンゴ礁の魚が伊豆半島の岩礁で遊び，深海にはチョウチンアンコウやハダカイワシ，深海の珍しいサメのなかまも生息している．駿河湾は，これまでのべてきたように海岸や海底の地形もさまざまで，それを満たす海水もいくつかにわかれている．このことから，駿河湾には多くの種類の魚類が生息している．その種数は，淡水魚を含めた日本の魚類の約3分の1にあたる 1,400 種以上といわれている．

　そのため，駿河湾では漁業がさかんで，日本の沿岸漁業の平均漁獲量の3倍以上の生産性にすぐれた漁場とされる．内浦湾を含む沼津市の漁獲量は静岡県全体の4割をしめ，イワシ，アジ，サバ，カツオ，タチウオ，シラス，メダイ，ムツ，ヒラメ，ソコダラ類がおもに水揚げされ，ハマチやタイ，シマアジ，ヒラメなどの養殖もおこなっている．また，湾奥から西岸にかけては，シラスとサクラエビがその水揚げ量のほとんどをしめている．

　沿岸の魚類などの生物の生育にとって，河川から運ばれる有機物や栄養塩は重要である．駿河湾の周辺の森林におおわれた山地を流れる河川は急流が多く，降雨時には大量の河川水と土砂を沿岸に流出させる．流出した河川水と土砂に含まれる有機物や栄養塩は，そこに生息する生物に豊かな栄養をあたえる．このように，駿河湾は海からと山地からのさまざまな栄養に富む水がまじわる場所であり，そのため多くの生物が生息し，豊かな漁場となっている．

　ちなみに，駿河湾の名前の由来はどのようなものだろうか．駿河湾は，静岡県の中東部に奥深く入りこんだ湾で，「駿河」という名は現在の静岡県中東部の旧国名に由来する．その国名は，7世紀に朝廷が現在の静岡県東部の珠流河国 造と静岡県中部の廬原国 造の領域をあわせて，「駿河国」としたといわれる．

それでは，静岡県東部がなぜ「するが」とよばれたかというと，一説にはアイヌ語でトリカブトをあらわす「スルク」が語源であるともいわれている．トリカブトは，現在でも富士川東岸の天子山地や，箱根，天城山地にひろく自生する植物で，その根を乾かすと草鳥頭という猛毒になり，古代には狩猟の矢先に塗って使用されたという．すなわち，「するが」は「トリカブトの国」という意味だという説である．

　他の説として，「するが」は古代インドのサンスクリット語で「天国」という意味であるというものがある．しかし，これは仏教伝来前に，すでに静岡県東部が珠流河国造とよばれていたとすると，信頼できない説となる．地名については興味あるものの，それは本書の目的でないので，この議論はこの程度にとどめておく．

コラム 2　　　　深海魚と生きている化石

　駿河湾は，急深な湾であることから，表面の海水温が低下する冬から春にかけて，西風が吹き荒れたあとに，沼津や三保の海岸にはミズウオなど深海魚が打ち上げられることがある．また，湾内での刺網や定置網では，ラブカなどの深海魚やリュウグウノツカイ，メガマウスザメなど珍しい魚がとれることがある．

　深海魚とは，一般的には水深 200 m より深い海に棲む魚のことであるが，はっきりした定義はない．駿河湾の場合，水深200mに表層水と中層水の境界があり，海水の境界には栄養がたまる．また，動物プランクトンは魚の補食をさけるため，日中は表層水と中層水の境界まで沈み，暗くなると浮上して植物プランクトンを補食する．そのため，それを餌とする魚が，水深 200 m 付近の深さに生息していたり，海面から潜ってきたりする．また，これより深い海は，温度などの環境条件が安定していることと，天敵となる魚が少ないことから，そこに適応した種類にとっては，餌は少ないが危険性の少ないところとなっている．

　駿河湾の深海魚や深海の生きものの中には，「生きている化石」とよばれるものが多い．「生きている化石」とは，遺存種（レリック）ともいい，大昔に栄えていたが現在では衰えてわずかに生きのびている生物である．駿河湾では，遺存種が深海魚などとして数多く生息している．

　駿河湾でもっとも有名な遺存種は，ラブカである（図 2-7）．ラブカは，相模湾でも発見されるが，深海に棲むサメの一種で，現在の生物分類では類縁種がなく，ラブカ目ラブカ科ラブカ属にただ一種のラブカというサメである．ふつうサメには背ビレが 2 基あるが，ラブカには体の後ろに 1 基しかなく，口が頭の先端に開き，蓋のない鰓孔が 6 対，歯は船のいかりのような三つ叉の歯をたくさんもっている．ラブカの形の特徴は，古生代デボン紀に生きたクラドセラケというサメとよく似ていることから，ラブカは古生代のサメの遺存種といわれる．

　白亜紀のスカパノリンクスというサメによく似たミツクリザメも，駿河湾で発見される遺存種の深海魚である．ミツクリザメは，顔の先端がヘラ状に突き出していて，両顎を大きく前へ押し出すことができる．

駿河湾でよくとれるハダカイワシも遺存種である．ハダカイワシは，体の表面に発光器をもち，沖合の中層から海底近くの深い海を遊泳する．長野県の別所層（大江・小池，1998）や愛知県知多半島の師崎層群（東海化石研究会，1993），鳥取県の鳥取層群（浅野ほか，2012）など今から約1600万年前の中新世の地層から発見されている．

　両側の脚の先端から先端までの長さが数 m にもなるタカアシガニは，世界でも最大の節足動物であり，これもまた駿河湾の深海に棲む遺存種である．タカアシガニのなかまは，埼玉県の秩父町層群や長野県の富草層などのハダカイワシと同じ約1600万年前の中新世の地層から発見されている．

　深海魚の中には，最近になって進化した魚の仲間があまりいない．また，真骨魚という新生代になって進化した魚の中でも，より原始的なグループが深海魚となっている．そのため，深海魚の起源や進化について，浅い海での生存競争に遅れをとった古い魚類が深海に逃げこんだという考えや，海水準上昇のためにもともと棲んでいた海底が深くなったために深海魚となったなどの考えがある．しかし，海底に棲む魚類などをのぞいて，最近ではハダカイワシなどの外洋性の深海魚は，出現初期から深海に進出したと考えられている．

図2-7　古生代のサメの遺存種ラブカのメス（上）と　オス（下）．スケールは30 cm
　　　（写真提供：久保田 正氏・佐藤 武氏）．

第3章

三保半島の形成

―安倍川の礫と駿河湾の波がつくった砂嘴―

三保半島と富士山．三保半島の内側には折戸湾があり，そこは清水港となっている
（写真提供：佐藤 武氏）．

駿河湾の海岸は礫の浜

　駿河湾の西側の牧之原市から御前崎にいたる海岸をのぞいて，駿河湾のほとんどの海岸は礫からなる浜である．礫の浜が分布する地域は，日本の湾の中では駿河湾以外に，北アルプスを源流とする神通川や黒部川が注ぐ富山湾でみられる．

　礫とは小石のことで，直径が 2 mm 以上の砕屑物の粒子をいう．それ以下の大きさで一般に肉眼で粒を区別できる粒子は砂（2 〜1/16 mm）で，粒子を確認できないそれより小さい粒子を泥という．砂礫や泥は岩石が砕けたもので，砕屑物とよばれ，図 3-1 のようにそれぞれの粒子は大きさにより細分される．

　駿河湾をとりまく山地は，中央の富士川から西側の地域には，赤石山脈（南アルプス）につづく険しい山岳地帯があり，東側は富士山から伊豆半島と火山などからなる山地がある．これらの山地，とくに西側の山地は 1 年間に 4 mm の隆起量がある（檀原, 1971）．その隆起量は日本でもっとも大きく，そこを流れる河川は勾配がとても大きい急流河川である．

　これらの河川の上流から中流にかけては典型的なV字谷となっていて，多少蛇行するものの直線的に海に向って流れている．そして，河川が山地から平野に出たところで，川から押し出された砕屑物が扇状地をつくり，扇状地がそのまま海につっこみ，河口の海底では急傾斜な扇状地三角州（ファンデルタ）を形成している．

礫 Gravel	巨礫	Boulder gravel	256 mm
	大礫	Cobble gravel	64 mm
	中礫	Pebble gravel	4 mm
	細礫	Granule gravel	2 mm
砂 Sand	極粗粒砂	Very coarse sand	1 mm
	粗粒砂	Coarse sand	1/2 mm
	中粒砂	Medium sand	1/4 mm
	細粒砂	Fine sand	1/8 mm
	極細粒砂	Very fine sand	1/16 mm
泥 Mud	シルト	Silt	1/256 mm
	粘土	Clay	

図 3-1　砕屑物の分類．泥，砂，礫はそれぞれの粒度によって区別される．

駿河湾に流れこむ河川は，東から，中伊豆を北上し沼津の内浦湾に注ぐ狩野川，甲府盆地から南へ下り駿河湾の奥に注ぐ富士川，赤石山脈の東縁を南北に直線的に下り静岡で駿河湾に注ぐ安倍川，赤石山脈の中央奥深くから島田へ出て，駿河湾西岸に注ぐ大井川がある．また，その西側には，諏訪湖から赤石山脈の西縁を下り二俣へ出て，浜松の東を流れて遠州灘に注ぐ天竜川がある．天竜川の河口の海岸は砂浜で，駿河湾湾口西側の御前崎の砂浜の砂は，天竜川から供給されている．

五つの河川の砂礫

　これら五つの河川の礫の種類と含まれる割合を，私は調べたことがある．とくに駿河湾の西岸では，御前崎から興津まで，1 km ごとに海岸の波打ちぎわで礫を 200 個採集して，その礫の種類と大きさや形などを測定し，その礫の供給地や供給過程を推定した (柴ほか, 1994a)．

　河川が運ぶ礫は，その後背地，すなわちその河川の流域に露出する地質や岩石を反映する．それぞれ川の流域の地質は，みな同じではなく，とくに駿河湾周辺の河川は，日本列島を構成する地質構造帯に対して斜交して流れているためそれぞれ異なっている．

　山が侵食され，土砂が川に流され，流れとともに砂礫が下流に運ばれる．そのため，河原の礫の種類と含まれる割合は，その川の下流から河口ではどこでもほぼ同じになる．そして，ひとつの川では，ほかの川とは違う特徴的な礫の種類の割合をしめすため，海岸の礫がどこの河川から運ばれて来たものかを推定することができる (図 3-2)．

　狩野川の礫は，ほとんどが安山岩などの火山岩で，火山灰が固まった凝灰岩（ぎょうかいがん）も少し含まれている．これは，狩野川流域には湯ヶ島層群や白浜層群など火山岩や凝灰岩からなる地層と，天城山や達磨山などの火山があるためである．

　富士川の礫は，砂岩や泥岩などの堆積岩が約 70%をしめ，火山岩や凝灰岩が約 25%で，あとは閃緑岩などの深成岩がみられる．富士川は流域がひろく，その支流はいろいろな地質の山地を流れてくるため，さまざまな種類の岩石がみられる．

　安倍川の礫は，96%が砂岩や泥岩などの堆積岩で，残りは安倍川の東側にある竜（りゅう）爪や真富士山地の特徴的なアルカリ火山岩が含まれる．安倍川の流域には，今から5000 万〜3000 万年前に海底で堆積した砂岩と泥岩の地層からなる瀬戸川層群がひ

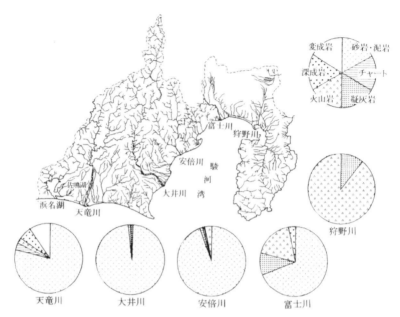

図3-2　静岡県の河川系図と大きな川の河口の礫の礫種組成（柴・北垣，2005）. それぞれ
　　　の川によって礫種組成は異なり，そこから運ばれる海岸の範囲の礫種組成は共通して
　　　いる.

ろく分布しているため，礫は砂岩や泥岩がほとんどをしめる.

　大井川の礫は99%以上が砂岩と泥岩の礫からなり，たまにチャートや火山岩がみ
られる. 大井川の流域には，今から1億年前〜3000万年前までの白亜紀後期〜古
第三紀の海底で堆積した砂岩や泥岩の地層からなる四万十累層群がひろく分布し
ていて，その中にはチャートや火山岩の地層も少し含まれているためである. チャ
ートとは硬い珪質な泥岩のことである.

　それに対して，天竜川は砂岩と泥岩の礫が約75%で，それ以外は花崗岩や石英は
ん岩などの深成岩と，片麻岩や片岩などの変成岩からなり，それに火山岩が少し含
まれる. 天竜川の佐久間以北には，深成岩や片麻岩，火山岩が分布し，その南には
片岩と古生代や中生代，新生代の堆積岩の地層が分布していることから，礫の種類
にそれが反映されている.

　天竜川の砂は黄灰色〜白灰色で，石英や黒雲母という鉱物が含まれている. 黒雲
母は，黒くて金色にかがやき，砂粒の中でもよく目だつ. 石英や黒雲母は，花崗岩

に含まれる鉱物で，花崗岩が流域に分布しない安倍川や大井川の砂には，石英や黒雲母がほとんど含まれない．安倍川や大井川の砂は，黒灰色をしていて，ほとんどの砂粒が砂岩や泥岩の岩片からなる．牧之原市の静波海岸は，北東側から運ばれた大井川の黒い砂と南西側から運ばれた天竜川の白い砂が出会うところで，ときおり海岸に直交して黒と白の砂のしま模様ができることがある．

海岸の堆積物

　三保半島や御前崎のように，外洋に面した波浪の影響の強い砂や礫の海岸では，海岸から沖合の外浜にかけて，礫から砂，泥といった一連の浅い海の堆積物がその水深によって特徴的に分布する．とくに海底の砂と泥の分布は，海底での波の力の大きさで決まる．海底に波の力がおよばなくなる深い海底では，砂を動かし泥を巻き上げる水の動きがないので泥が堆積する．その砂と泥の分布の境界を泥線という．

　三保海岸から沖合にかけて，船を出して海底表層の堆積物を鉄のバケツで採集してみると，前浜から水深約 6 m までの海底には礫があり，水深 20 m までは砂の海底で，水深が 20〜80 m までは砂を含む泥の底質がひろがり，それ以深ではまったく砂を含まない泥になる．

　このような外洋に面して波浪の影響の強い大陸棚域の底質（海底の砂泥など）の分布は，水深によって図 3-3 のように，後浜，前浜，上部外浜，下部外浜，内側陸棚，外側陸棚に区分され，それぞれが次のような特徴をもつ．

　高潮位より上の海浜である後浜には，台風などによる大きな波のときに，打ち上げられた礫や炭化物が砂礫に含まれ，淘汰の悪い堆積物が分布する．三保の海岸では，海岸線に平行して砂と礫，それと流れついた木やゴミの帯が何列か見られることがある．これらは嵐のときに大きな波が海岸の奥まで打ち寄せた証拠であり，波により海水がかからないところにはハマユウなどの海岸植物の緑のじゅうたんがひろがる．

　低潮位から高潮位までの間の前浜は，砕波（海岸に打ちつけ砕ける波）のエネルギーが堆積物に強くはたらき泥質堆積物をまったく含まず，波の寄せかえしで砂礫が往復運動をすることにより，砂と礫は分級されて淘汰がとてもよい．礫はとくに円磨度がよく，それらが集まり「岩おこし」のように見える．前浜では，海側に傾いた厚さは 1〜2 m の水平またはくさび型層理が形成される．

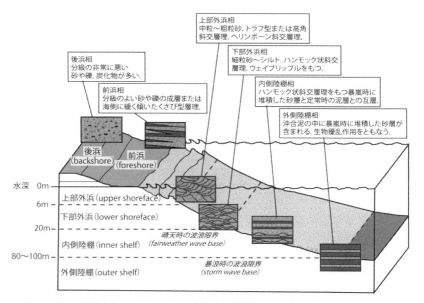

後浜相
分級の非常に悪い
砂や礫. 炭化物が多い.

前浜相
分級のよい砂や礫の成層または
海側に緩く傾いたくさび型層理.

上部外浜相
中粒〜粗粒砂. トラフ型または高角
斜交層理. ヘリンボーン斜交層理.

下部外浜相
細粒砂〜シルト. ハンモック状斜交
層理. ウェイブリップルをもつ.

内側陸棚相
ハンモック状斜交層理をもつ暴嵐時に
堆積した砂層と定常時の泥層との互層.

外側陸棚相
沖合泥の中に暴嵐時に堆積した砂層が
含まれる. 生物擾乱作用をともなう.

後浜
(backshore)
前浜
(foreshore)

水深 0m
上部外浜 (upper shoreface)
6m
下部外浜 (lower shoreface)
20m
内側陸棚 (inner shelf)
80〜100m
外側陸棚 (outer shelf)

晴天時の波浪限界
(fairweather wave base)

暴浪時の波浪限界
(storm wave base)

図3-3　波浪の影響をうける外洋に面した海岸から大陸棚までの地形と海底の地層
　　　　(西村ほか, 1993).

　海岸にある礫の大きさは, 河口からの距離にもよるが, 波の大きなところでは大きな礫が分布する. また, 前浜の海側への傾斜は波が強ければ傾斜も急になる.

大陸棚の堆積物

　外洋に面した波浪の影響の強い水深0〜6 mまでの上部外浜では, 沿岸砂州とその陸側の水路からなり, 沿岸砂州で砕けた波が流れをつくり, それがもどるときに海岸と平行な海浜漂流と沖に向かう離岸流など, たがいに直交する一方向流が生じる. 沿岸砂州とは, 砂浜の遠浅な海水浴場で沖合に泳いでゆくと背がたたなくなった深みの先で足がつく砂地があるが, それが沿岸砂州 (沖合の砂州) である. 大井川の河口の南にある静波や相良の海岸などでみられる. この沿岸砂州は, 砕けた波が海底の砂を巻き上げてつくったもので, この砂州の沖合にも砂の海底はつづいている. そのような上部外浜では, 礫を含むザラザラした粗い砂が平板状もしくはトラフ型の斜交層理をつくる.

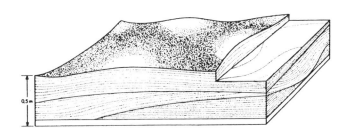

図3-4　下部外浜や内側陸棚で嵐のときに形成されるハンモック状斜交層理
(Harms et al., 1982).

　台風などの大きな波が打ち寄せるときをのぞいて，波の動きの影響が海底におよ
ぶ範囲は水深20 m付近までで，水深6〜20 m付近までのサラサラした細粒の海砂
の海底を下部外浜とよぶ．この下部外浜の範囲では，海底の砂は波で動かされ細粒
の砂は淘汰がよく，波紋（ウェーブリップル）などが見られる．泥は海水の動きで
浮遊して流れ去り，海底に堆積しない．嵐のときには，大波の影響が海底までとど
き波長の長いハンモック状の凸凹した海底になり，それが地層として残るとハンモ
ック状斜交層理が積み重なったものになる（図3-4）.

　水深20 mより深い海底では，波の静かなときには海底付近の海水がほとんど動
かないために泥が堆積する．この砂と泥の分布の境界が泥線であるが，波高の小さ
な東京湾や伊勢湾では，泥線の深さが5 mほどである．水深20 mより深いところ
でも，嵐などで波が大きいときには水深約80 mの海底まで波の影響があり，砂が
堆積する．この範囲は，内側陸棚とよばれる．内側陸棚では，嵐のときに砂が大き
な波浪による振動流で堆積する．そのため，海底には砂と泥が交互に堆積した砂泥
互層や，ハンモック状の斜交層理がつくられる．

　それより深い水深約80 mから水深約200 mまでの大陸棚縁辺から大陸斜面にか
かる海底は，外側陸棚とよばれる．外側陸棚の海底は，嵐のときでも波による振動
流の影響をうけることがなく，海底は泥の堆積物からなる．ただし，嵐などのとき
に，とても細かな砂を含む懸濁流が沖合に流出することがあり，そのような薄い砂
層が泥の中に見られることがある．外側陸棚の海底では，生物活動がとても活発で，
生物の棲み跡（生痕）やはい跡によって海底の泥の層が攪乱されていることがある．

三保半島と三保の松原

　富士山が見え，三保の松原の景勝地として知られる三保半島は，折戸湾を包みこむように駿河湾に張り出した 嘴 状の地形，すなわち砂嘴を形成している．この砂嘴は，三つの砂嘴が重なっている複合砂嘴で，その形を稲穂にたとえて三保（穂）とよばれたといわれる．

　三保半島は，外洋側に高く内湾側に低い地形で，その外洋側の沖には水深105 mに大陸棚外縁があるが，三つの海底谷があり大陸棚の発達はよくない．海底谷は，南から南駒越海底谷，北駒越海底谷，羽衣海底谷で，南ほど谷のはじまりの水深が深い．それらの海底谷の間には，南から駒越海脚と羽衣海脚と，羽衣海底谷の北に吹合ノ岬海脚という三つの東側に張り出した地形がある（図3-5）．

　2013年6月に富士山が世界文化遺産に登録され，その構成資産の一つとして三保の松原も含まれた．三保の松原とは，三保半島の駿河湾側の松林全体をさす地名で，その範囲は三保半島のつけ根の駒越から折戸，三保，真崎にいたる約6 kmにわたる海岸にそって連続する松林にあたる．テレビ報道などでは，三保の松原に含まれる「羽衣の松」付近が「三保の松原」と紹介され，「羽衣の松」付近の松原だけが「三保の松原」と誤解されている．

　三保の松原は，「青松白砂の景勝地」とされる．しかし，三保の海岸は砂浜ではなく，小石と砂，すなわち砂礫の海岸である．そして，その砂礫のほとんどは灰色から黒色をしている．三保海岸の礫の約96％は硬い砂岩や泥岩からなり，それらは安倍川右岸に分布する瀬戸川層群の堆積岩層から由来する．残りの礫は，安倍川左岸の竜爪—真富士山地のアルカリ火山岩と凝灰岩の礫からなる．竜爪—真富士山地には，今から約1600万年前に海底で噴火した玄武岩質〜流紋岩質の火山岩と凝灰岩からなる．この火山岩は太平洋側にはほとんど分布しないアルカリ岩質（ナトリウムとカリウムを多く含む）のもので，この礫が含まれることが安倍川の礫種組成の特徴になっている．

　また，それ以外に蛇紋岩の礫も含まれる．暗緑色でツヤツヤした蛇紋岩の礫は安倍川流域の瀬戸川層群中に蛇紋岩の岩脈があり，そこから由来する．これらの礫とその組成の特徴は，三保半島から安倍川河口までの海岸のどこでも同じである．このことから，三保半島の海岸の礫は安倍川河口から来たといえる．

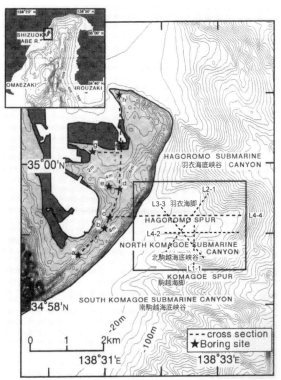

図3-5 三保半島の地形（依田ほか，1998）．三保半島の東側の大
陸斜面には三つの海底峡谷がある．

礫はどのように運ばれるか

　三保半島のおいたちに関して，かつて静岡大学の土（1967）は，「（縄文時代の海
進は，）有度山南側の海蝕崖を現在の位置まで後退させ，沿岸流で東へ運ばれた砂礫
は，まず分岐砂嘴のもっとも内側の鉤をつくり，ついで順に外側の二つの鉤をつく
っていった」と説明した．この説は，現在でも三保半島のおいたちを説明するもの
とされているが，いくつかの問題点を含んでいる．

　まず，「土砂が沿岸流で東へ運ばれた」としているが，三保沖の沿岸流は沖合を
北東から南西に流れていて（23 頁の図 2-5 参照），礫が運搬される方向とは正反対

である．そして，そもそもふつう礫は水に浮かない．そのため，沖合の表層を流れる沿岸流で運ばれることはない．三保半島や久能海岸付近の海底では，礫はふつう水深6mより深い海底に分布しない．

それでは，礫はどのように運ばれるのか．駿河湾は，北に奥まる南北に細長い湾のため，外洋から湾内に入る波は進行方向をほぼ北向きにそろえられる．さらに駿河湾が急深なために，波はその力と方向を変えずに，直接海岸に打ちつける．日によって，波の進む向きと強さは変わるが，平均すると駿河湾の波の向きは北向きで，久能海岸や三保海岸では波はほとんど海岸に対して斜めに打ちつけている．

駿河湾西岸の海岸は北東—南西方向の海岸線がつづき，南から直進してきた北向きの波は多くの場合，海岸に対して斜めに打ちつける．そのため，海岸の礫は海岸に打ちつける砕波の力によって，波打ちぎわを転がりながら北東に移動する．安倍川の河口から三保半島までの海岸は，東北東—西南西から北東—南西方向の海岸線のために波は海岸に対して斜めに打ちつけ，礫は三保半島の海岸に運ばれる．海岸に対して約45度で斜めに打ちつける砕波は，海岸での礫の移動にもっとも効果を発揮する．三保半島のつけ根の駒越から羽衣の松までの三保海岸は，北進する波頭に対して北から約45度東に向いているため，礫の運搬速度が早く，西からの礫の供給が追いつかないと海岸での侵食速度も早くなる．

駿河湾のほかの海岸，たとえば大井川の河口から石津浜にのびる焼津市の海岸や，伊豆半島の戸田と大瀬崎の海岸でも，礫が北東や北に移動して砂嘴を形成している．これらも南からきて海岸に斜めに打ち寄せる砕波による礫の移動のためである．

土（1967）は，三保半島を形成した砂礫がどこから供給されたかを，その文章できちんとしめしていないが，その文脈と図から有度山の南側の海蝕崖の後退と砂礫の供給を強く関連づけている．しかし，三保半島を形成した堆積物のほとんどは，有度山の南側斜面の海岸侵食で供給されたものではなく，現在と同じように安倍川の河口から海岸にそって運ばれてきたものである．

海底を調べる

東海大学海洋学部は，三保半島の折戸にあり，三保半島の海岸や海底，また半島のおいたちについて調査をおこなっている．海底の調査では，海底に何があるかを調べるために，船を停めて，鉄のバケツ（ドレッジャー）を海底におろして海底の

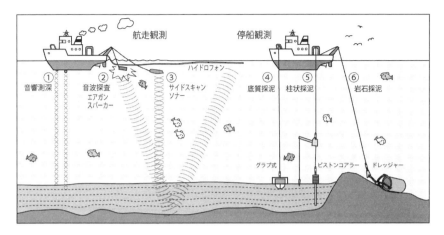

図3-6　調査船による海底調査の方法．航走観測ではおもに音波を使い海底の地形や地層を調べ，停船観測では採泥などをおこなう．

堆積物を引っぱり上げて採集（ドレッジ）したり，鉄やアルミのパイプを海底につきさして連続した海底堆積物の柱状資料（コア）を採集したりする．また，船を走らせながら，音波を使って海底の深さやその下の地層を調べる（図3-6）．

　水中では電波は伝わらないが，音波は伝わる．そのため，海底の深さや魚群，潜水艦の位置を知るのも，音波を船から発射して，その反射音，すなわちコダマをとらえて調べる．

　音の速さは，水中で秒速約1,500mである．調査船の底から音を発射して，海底で反射した音が1秒でもどってくれば，往復に1,500mかかったことから，海底までの深さはその半分のほぼ750mとなる．船を走らせながら，連続して音を海底に向って発射して，その反射音を受信して連続的に記録すると，海底の深さの断面（海底地形断面）が描ける．このようにして，海底の深さや地形を測量する．このような音波を使って海底の深さを調べることを音響測深といい，音波を使う海底調査を総称して音波探査という．

　音は低いほど響いて遠くまで聞こえる．これは低い音が，高い音に比べて物質の中で減衰が少ないためである．低い音を海底に向けて発射すると，海底の下の地層の中にまで伝わり，地層の境界など密度の違う境界面で反射して来る．そのため，

海底の深さの測量と同じように，圧縮空気（エアガン）や電気スパーク（スパーカー）を利用して低い音を連続して海底に発射して，その反射音をハイドロホンで受信して連続して記録すると，海底下の地層の重なりが描かれた地質断面がえられる

三保半島のおいたち

　今から30年ほど前から，東海大学海洋学部の根元謙次教授の研究室では，三保半島とその沖合の海底地形と海底下の地層を，海底の音波探査によりくわしく調査してきた．その中心となって研究した一人に，私たちの野外調査にもよく参加していた依田美行さんがいた．

　彼女たちの研究では，三保半島の駿河湾側の大陸棚の基盤の上に，ウルム氷期以後に堆積した，下位からB層，A2層，A1層，A0層の四つの砂礫層が重なっていることをあきらかにした（図3-7）．そして，それらの砂礫層はその地層内部の層の重なりから海水準停滞期に堆積したことがわかり，それらの地層はウルム氷期以後の海水準上昇期の停滞期と約6000年前以降の海水準低下期に形成されたとした（依田ほか，1998, 2000）．

　ウルム氷期以後の海水準上昇のようすについては，すでに9頁の図1-5でしめしたが，その上昇の過程における海水準停滞期に三保半島を形成した地層が堆積したすなわち，最下位のB層は，水深40mまで分布し，これは約1万年前に水深40mに海水準が停滞した時期に形成された．次のA2層とA1層はそれぞれ水深15mと10mまでに分布し，それらは約8000年前と約7000年前の海水準停滞期に形成された．そして，もっとも上位のA0層は最後の海進後から現在にかけて形成したものである．そして，それらの地層は，西側から順に三保半島の海底谷を埋めて三つの砂嘴を形成した（図3-8）．

　このように，三保半島は，ウルム氷期後の海水準上昇とその停滞期に密接に関連して，安倍川から運ばれた礫が砕波によって海岸ぞいに北東側に運ばれて形成されたものである．海水準上昇期（海進期）には，河口は静岡平野の奥側に後退して安倍川の礫はそこに堆積したために，有度丘陵が障壁になって外洋に面した海岸での北東側への礫の大きな移動は起こらなかった．しかし，海水準停滞期には，扇状地の発達によって河口が海側に押し出してくると，現在のように有度丘陵の南側を通って礫が三保半島に運ばれたと考えられる．そして，三保半島に運ばれた礫は，西

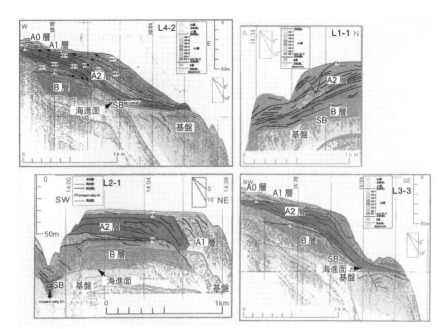

図3-7　三保半島沖の海底の地層の重なり（依田ほか，1998）．各測線は図3-5参照．

側の海底谷から順次埋積していき，現在の複合砂嘴を形成した．

　有度丘陵の南側海蝕崖の後退は海進期，すなわち海水準上昇期におこなわれるが，三保の砂嘴は海水準上昇期の停滞期または海水準下降期に形成されている．このことから，三保半島は，有度丘陵が侵食されて運ばれた堆積物によって海進期に形成されたのではなく，現在と同じく海水準停滞期に安倍川の礫が河口から海岸ぞいに，海岸に打ちつける砕波によって北東に運ばれて形成されたものと考えられる．

　約6000年前の縄文時代には，気候が暖かく海水準が現在より数m高くなった．この海水準が高くなった縄文海進のときに，現在の静岡平野と清水平野のほとんどが海となった．そして，その後の海水準低下とともに，安倍川の扇状地として静岡平野が形成され，安倍川河口が有度丘陵より南側に押し出して三保半島に礫が運ばれ，その礫は羽衣海底谷を埋めて北東に張り出し，三保から真崎におよぶ最後の砂嘴を形成した．

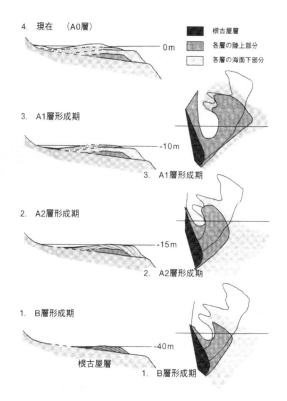

図 3-8　三保半島の形成過程（依田ほか，1998）.

　2013 年に産業総合研究機構が三保半島の真崎でボーリング（掘削）調査をおこない，全長 70 m のコア試料を採集した．このコア試料は四つの地層に区分でき，深度 0〜26 m までは砂礫層，深度 26〜58 m までは砂泥層，深度 58〜66 m までは砂層，最下部の深度 66〜70 m は砂礫層であった．このコア試料については，年代測定がおこなわれ，中部の砂泥層の基底が約 1 万 2300 年前で，砂泥層の上部が約 1300 年前という値がだされている（石原ほか，2013）.

　私は 2015 年に学生だった永澤広紀くんとともに，この試料の砂泥層から微小な海の生物である有孔虫化石の分析をおこない，砂泥層が堆積した海底の環境を推測して真崎の砂嘴がどのように形成したかを推定した．この研究の結果は，依田ほか

(1998, 2000) の三保の複合砂嘴の形成を裏づけるものとなり，最終的には今から約1300 年前から水深約 26 m の海底が急激に砂礫によって埋め立てられて，現在の真崎の大地がつくられたことがあきらかになった．すなわち、私のはたらく東海大学海洋学部博物館のある真崎の地は，平安時代には海だったところで，それ以後に急速に砂礫で埋積されて形成されたことがわかった．

海岸侵食とその原因

　1977 年（昭和 52 年）3 月の低気圧の波浪により，静岡市の大浜海岸付近で海岸侵食が激しくはじまった．その 5 年後の 1982 年には，海岸侵食は久能海岸までおよび，さらに久能海岸ぞいの国道 150 号線が東側へつぎつぎと寸断されていった．現在では，海岸侵食はすでに三保半島の羽衣の松の海岸まで進んでいる（図 3-9）.

　海岸が侵食される以前の久能海岸や三保海岸は，海岸の幅が 100 m 以上あり，私は学生時代に，波打ちぎわまでひろい三保や久能の海岸で，野球やアスレティック，バーベキューにコンパと，楽しい時間をすごした想い出がある．

図 3-9　海岸侵食が進む三保海岸（羽衣の松の西側の海岸）.

海岸侵食の原因は，海岸を北東へ運ばれる砂礫の量が安倍川から供給される量を上まわったために，幅100 m以上あった海岸を維持するバランスが崩れたためと考えられる．すなわち，安倍川から運ばれる礫の量が急激に減少したことが原因である．では，なぜ礫の量が減少したのか．

　その原因について一般には，昭和30年代の高度経済成長期に，建築資材として安倍川から大量の砂礫が採集された結果であるという説明がおこなわれる．しかし海岸侵食の開始は河川礫の大量採集の時期から20年以上もあとに開始したことから，その影響が直接の原因ではないと私は考える．私は，侵食の原因を，海岸侵食がはじまる直前の昭和40年代後半におこなわれた，安倍川の支流で多数の砂防提が建設されたことであろうと考えている．

　駿河湾に流れる川はどれも急流で，かつては大量の土砂を河口に運び，それによって河口にひろい氾濫原や砂嘴などをつくり，人々の住む大地を生みだしてきた．と同時にこれらの川は，氾濫や洪水などの災害ももたらした．今，人々は，災害を克服するために川に砂防提やダムを築き，大地を育てためぐみを自ら捨てて，海岸で大地が失われていくのにおののいている．そして，波によって砕けて消失してしまう離岸堤群に巨額の財をついやしている．

　三保から久能海岸には，1基が数10万円もするテトラポットが無数に組まれた離岸堤が，海岸にそって10数kmもの距離に連続的におかれている．それを見た，私のモンゴルの友人は，「日本人は金持ちだ．1万円札の束を海に投げ捨てている」といった．この札束はすべて税金である．

　安倍川の管理をする国土交通省中部地方整備局静岡河川事務所は，安倍川の礫が運ばれて形成されている静岡海岸と清水海岸の管理をしていない．川や海といった自然環境の側からみれば，河川とその河口の海岸は一体のものである．人には英知と工夫があり，人は自然とも長い間共存してきた．しかし，知恵と財力の過信は，砕波に崩れる離岸堤のように，まさに砂上の楼閣のごとく哀れである．人の真の英知で，もっと安価でバランスのとれた自然改造をおこなうことができないものであろうか．

清水平野のおいたち

　三保半島の内側にある清水平野の話をしよう．静岡市清水区の市街地は，庵原山<ruby>庵原<rt>いはら</rt></ruby>山

地と有度丘陵にはさまれて，東側にひろがる清水平野があり，三保半島との間に折戸湾がある．

　清水平野は，巴川下流とその河口に発達した平野で，もともとは巴川ぞいの北側のひろい低地と，有度丘陵北東麓の扇状地，西久保と岡など河口の南北にある台地，それとその東側に南北にのびる数列の砂洲と，その内側の潟からなる複雑な地形をしている．図3-10は，ボーリング試料などによる軟弱粘土層の分布などから作成した清水平野の地盤図である．

　西久保台地の南端の江尻と，岡台地の北端の二の丸の間には，巴川の旧河道がある．そこはとてもせまくなっていて，川の水は下流に流出しにくく，その西側の庵

図3-10　清水平野の地盤図．

原山地と有度丘陵との間の低地にはかつて湿地がひろがっていた. そのため, 平安時代ころまで東海道の旅人は江尻台の天神と追分の間を船で渡っていた. 旧河口の南東側の「入江」や, 西久保台地の西側の「下野」, 岡台地の西側の「船原」などは, その名がかつての地形をあらわしたもので, 清水にはそのような地名が多くある.

　江戸時代以前は, 安倍川は現在の駿府城の南側から南東を流れていた. その当時の洪水のときには, 安倍川の水は静岡平野の扇状地にあふれるとともに, 巴川流域に流入して清水平野の巴川ぞいの湿地を深く水没させた. ちょうど, 1974年7月7日に静岡市をおそった大洪水, いわゆる「七夕豪雨」では, 清水平野の巴川ぞいの低地がすべて水没して, 江戸時代以前の清水平野が再現された.

　徳川家康が1604年 (慶長9年) に, 駿府城の西側に島津氏に堤防 (薩摩土手) を築かせて, 安倍川をその西を流れる藁科川と合流させて, 南に流れる直線的な流路にかえて海に直結させた. それにより, 駿府城の南側は洪水の危機から脱して城下町が整備され, 扇状地の南部は安定した耕作地となった.

　その江戸時代初期の安倍川の南流改修と巴川の河口部の河道改修などの結果, 清水平野の北部の湿地は干あがり, 新田がひろく開発され, 現在のような清水平野が誕生した. そして, 海岸の砂州が干あがり, 巴川河口の入江 (現在の港橋付近) に港が整備されて清水の町は港町として発展した. なお, 現在の清水港は, 江戸時代の港が土砂の埋積と安政地震のときの隆起で海底が浅くなり, 明治時代になって対岸の向島の折戸湾側に波止場を新設したものから発展した.

　徳川家康は, 江戸に幕府を開いて, それまで他の領地をうばって領地を増やす戦国時代を終結させた. そして, 各大名が戦いによって領地を増やすのではなく, 領地の河川の治水工事によりそれぞれの領地の中で耕作地を増やし, 町が整備できるようにさせた. それは, 人々の生産性を飛躍的に高め, 今でいうイノベーションに相当する国家的施策であった. そして, それは徳川氏による江戸幕府を265年間も維持させ, 現在の日本各地の海岸平野にある大都市の発展の基礎を築いた.

　ところで, 「清水」という地名の由来はどこにあるのだろうか. 岡台地にある上清水町の東側の麓にそって, かつて多くの淡水の井戸があり, この井戸の水が清水の地名の由来といわれている. この水を使って江戸時代には染物業が繁栄したそうで, この水源は下清水町付近に30年前まであった「小池」だと思われる. しかし,

現在では清水の名となった井戸も「小池」も見られない.

静岡平野のおいたち

　静岡平野は安倍川の大きな扇状地で，清水平野とは有度丘陵に境されてその西側にある．静岡平野をくわしくみると，安倍川と藁科川の扇状地と旧河道の自然堤防にそった微高地と，扇状地と山地の間の低湿地，それと海岸ぞいの沿岸砂礫州と砂丘，そしてその沿岸砂礫州と扇状地の間の低湿地からなる（大塚, 1996）.

　静岡平野も清水平野も，三保半島と同じように今から1万5000年前のウルム氷期最盛期からの海水準上昇とその停滞期，とくに縄文海進以降に海水準が低下したときからの河川と海岸での堆積作用によって原型がつくられ，江戸時代以降の河川改修によって現在の地形となった.

　ウルム氷期最盛期の海水準は約100 m低かったことから，安倍川は現在の海岸線より10 km以上も沖合の現在の大陸棚外縁にその河口があった．そのとき，安倍川と藁科川は現在の平野の地下約100 m付近に深い侵食谷をつくっていたことがボーリング試料から推定されている．図3-11に静岡平野の地形変遷をしめす.

　今から1万2000年前からの海水準上昇によって，海水が現在の平野の中に侵入し，今から約6000年前の縄文海進期には現在の山地のふもとは海岸線となり，谷津山や八幡山，有東山，有度丘陵は島となり，静岡平野全体がリアス式海岸の入江となった.

　縄文海進後の海水準低下により，安倍川と藁科川，また長尾川や周辺山地や有度丘陵からの小河川の河口に扇状地が発達したが，安倍川の河口は賤機山の南端，現在の駿府城公園付近にあり，そこから扇状地を南東側に発達させた．藁科川の河口は高草山山地の東南麓にあり，南側に扇状地をひろげて東側にのびる海岸砂礫州を形成させた．清水平野ではその東側を区切る南側にのびる砂州が形成された.

　扇状地群と山地および海側の砂礫州の間には低湿地や潟湖（ラグーン）が形成され，そこには腐食性の粘土が厚く堆積した．そして，安倍川の扇状地は大きくひろがり，南から南東側，さらに有度丘陵の北側の低湿地に，その分流が自然堤防をつくりながら砂礫州との間の潟湖や低湿地を埋積していった．今から約2000年前には自然堤防の上の微高地には有東や登呂の遺跡で知られる弥生時代の集落が形成されて，付近の低湿地を水田にした耕作がおこなわれるようになった.

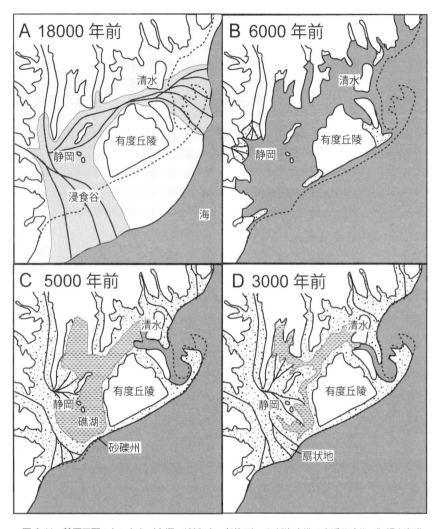

図 3-11 静岡平野のおいたち（大塚，1996 を一部修正）．A：低海水準の大渓谷時代，B：縄文海進でリアス式海岸時代，C：砂礫州と礁湖（ラグーン）の時代，D：扇状地と砂礫州発達の時代（現在にいたる）．

岩石の見かたと名前

　岩石は「赤石」や「青石」などその色でよばれたり，「大谷石」や「御影石」など産地の名でよばれたりする．しかし，科学的に岩石を見るときには，その色や形も見るが，岩石をつくる粒子や鉱物に注目して，そのでき方や成分をもとにそれぞれを区分して名前をつける．そのため岩石の表面が汚れていたり，さびていると岩石の粒子などが見えないので，岩石をハンマーで割ってできるだけ新鮮な部分を出して観察する．

　岩石が砂粒からなっていたら，それは砂が固まった岩石で「砂岩」とよぶ．砂粒のように岩石や鉱物の破片などからなる粒子には，大きさにより礫，砂，泥というよび名がある（図3-1参照）．このように，もともとあった岩石が砕かれて川などで運ばれて，堆積して固まってできた岩石を「堆積岩」とよぶ．

　堆積岩には砂岩や泥岩，礫岩のほかに，火山噴火によって噴出した火山灰や火山岩の角礫などが堆積して固まった凝灰岩や凝灰角礫岩などの火山砕屑岩がある．また，サンゴ礁などに棲む生物の石灰質の殻が集まって固まった石灰岩と，珪藻や放散虫などの珪質なプランクトンが集まって固まった珪藻土やチャートなどの岩石があり，海水が蒸発して堆積した岩塩や石膏などの蒸発岩とよばれる岩石もある．

　岩石をつくる粒子が堆積岩のように岩石や鉱物の破片ではなく，ほぼ完全な鉱物の自形結晶からなる岩石がある．これらの岩石は，マグマが冷えて固まった「火成岩」と，もともとあった岩石が熱や圧力で変化して鉱物が新たにつくられた「変成岩」にわけられる．

　火成岩には，火山噴火で流れ出した溶岩のように地上で固まった「火山岩」と，地上には出ずに地下の深いところで固まった「深成岩」がある．火成岩は岩石がとけているマグマ（900℃以上の温度がある岩石の溶融物）が冷えて固まったもので，マグマが冷却するときに鉱物の結晶が生じて，岩石はほぼ鉱物の結晶から構成されている．ほぼと書いたのは，マグマが急冷すると結晶ができずにガラスなど非晶質の物質も岩石に生じるからである．

　火山岩は，すべての鉱物結晶が大きく成長しないまま固まるので，大きな四角い結晶

のまわりを小さな結晶やガラスなどの非晶質の物質がうめて基質（石基）を構成している．一方，深成岩は，マグマがゆっくりと冷えて固まったために，すべての鉱物結晶が大きく成長して結晶どうしが組みあわさって構成されている．半深成岩は深成岩ほど結晶が大きくなく，火山岩のように石基が発達しない組織をもつ（図3-12）．

　火成岩は，含まれる珪酸（SiO_2）の量でさらに細かく分類され，珪酸分の多いものほど白っぽく，少ないものほど黒っぽくなる．白っぽい岩石には石英や長石が，黒っぽい岩石には緑色のカンラン石，黒いコロコロした輝石や細長い角閃石などの鉱物が多く含まれる．溶岩などの火山岩を火山という視点でみると，珪酸の量が多いものほど粘性があり流れにくく，爆発的な火山活動をする．火成岩の分類を図3-13にしめす．

　なお，珪酸量の多い岩石は酸性岩とよばれ，反対に少ない岩石は塩基性岩とよばれる．さらに珪酸量の少ない（45%以下），カンラン岩のような岩石は超塩基性岩とよばれる．地球の地殻上部は，珪酸量の多い花崗岩のような酸性深成岩類で構成されていて，地殻下部は玄武岩のような花崗岩よりも重い塩基性岩で構成され，その下のマントル上部はさらに密度が高く重い超塩基性岩で構成されていると考えられている．安倍川の礫に含まれる蛇紋岩という岩石は，カンラン石を含む超塩基性岩が水を含んで変質してできたもので，超塩基性岩とともに安倍川流域の瀬戸川層群に岩脈として分布する．

　変成岩は，もともとあった岩石がマグマなどの熱や地下の圧力によって変化してできたもので，熱変成岩と圧力変成岩（広域変成岩）にわけられる．熱変成岩は，砂岩や泥

火山岩（安山岩）　　　　半深成岩（粗粒玄武岩）　　　深成岩（閃緑岩）
　　　　　　　　　　　　　オフィティック組織　　　　　ポイキリティック組織

図 3-12　岩石の薄片を顕微鏡で見たスケッチ．マグマの冷えかたによって結晶の大きさや岩石
　　　　組織のようすが違っている．

岩などが硬くなったホルンフェルスや，石灰岩が再結晶して方解石に変化した大理石など，圧力が低いところで温度の高い条件下で安定な鉱物が形成されてできた岩石である．圧力変成岩は，広域に分布する場合が多く，高圧下で変成作用をうけて形成されたと推定され，片麻岩や結晶片岩には縞状構造があり，鉱物が特定方向に並んで成長するなど，岩石に方向性のある構造が見られる．圧力変成岩である片麻岩は高温低圧型に，結晶片岩は低温高圧型に区分される．なお，断層帯などで岩石が破砕されて固結した圧砕岩も圧力変成岩に含まれる．

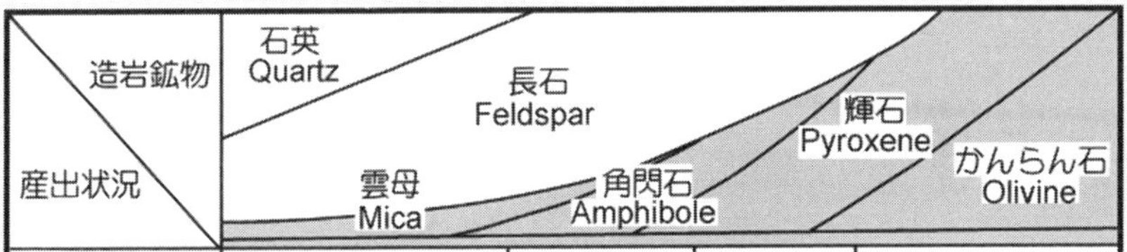

造岩鉱物 / 産出状況	石英 Quartz 長石 Feldspar 雲母 Mica 角閃石 Amphibole 輝石 Pyroxene かんらん石 Olivine			
火山岩 Volcanic	流紋岩 石英安山岩 Rhyolite Dacite	安山岩 Andesite	玄武岩 Basalt	
半深成岩 Hypabyssal	花崗斑岩 Granite porphyry	ひん岩 Porphyrite	輝緑岩 Diabase	
深成岩 Plutonic	花崗岩 Granite	閃緑岩 Diorite	斑れい岩 Gabbro	超塩基性岩 Ultra basic rock
珪酸 %	66	52	45	

図 3-13　火成岩の名前と成分．

第4章

牧ノ原台地の形成
―大井川の河原と遠州灘の海岸段丘―

牧ノ原台地にひろがる茶畑の風景（仁王辻付近）.

茶畑のひろがる牧ノ原台地

　駿河湾西岸の大井川の西側には，金谷から南に御前崎にかけて平坦な台地がある（図 4-1）．その台地は牧ノ原台地とよばれ，台地一面には茶畑がひろがる．牧ノ原台地の北端は島田市大代付近で，その海抜高度は約 280 m あり，そこから南にいくにしたがい高度が低くなり，東名高速道路の牧之原インターのある仁王辻付近で約 170 m，相良の菅ヶ谷原付近で約 150 m，そして南端の落居付近で約 90 m になる．

　牧ノ原台地での私たちの研究は，茶畑の肥料のやりすぎによる地下水の硝酸性窒素汚染について，台地の地層の重なりから地下水の挙動とその対策を検討するという目的で，独立行政法人野菜茶業研究所の松尾喜義氏の提案ではじまった．その研究成果の一つとして，牧ノ原台地を構成する地層の分布と，そのおいたちをあきらかにすることができた．

　この研究には，地質図づくりを丹念におこなった山下 真くんと，古谷層の有孔虫化石を研究した高橋孝行くん，貝化石を研究した恩田大学くんたちの成果がある（柴ほか，2008，恩田ほか，2008）．また，牧ノ原台地の地形形成について研究されてきた長田敏明氏（長田，1980，1998）には多くの有益な意見をいただいた．

　牧ノ原の台地面はもともと大井川の河原だったところである．その証拠に，その台地面には牧ノ原層という，かつての大井川の河原の礫層が台地面下に 30〜50 m の厚さで分布する．この牧ノ原層の礫層の下には，台地の基盤となる相良層群や掛川層群という地層がある．これらの地層は今から約 1100 万年前〜180 万年前に海底で堆積した地層で，20〜50 度西に傾斜している．しかし，仁王辻から御前崎市の地頭方に向かう南陵と，仁王辻から南東の相良へのびる東南稜には，それらの基盤岩層と牧ノ原層との間に，泥層と砂層がはさまれる．

　この泥層は，ウルム氷期の前の温暖期であるリス間氷期の海水準上昇で，入江に堆積した地層で，砂層はその後に海水準が低下したときに海岸またはその沖合の海底で堆積したものである．泥層は古谷層とよばれ，砂層には京松原層と落居層がある．図 4-2 に牧ノ原台地の地質図と図 4-3 に地層の重なり（層序）をしめした．

　牧ノ原台地の南陵の南には，笠名段丘と御前崎段丘があり，それぞれの段丘面には海水準下降期の停滞期に海岸で堆積した地層が分布する．笠名段丘には笠名礫層が，御前崎段丘には御前崎段丘堆積物（白羽礫層）が分布する．図 4-4 に牧ノ原台地南稜の地質断面をしめす．落居層の海岸の前浜堆積物は海抜 84 m にあり，笠名

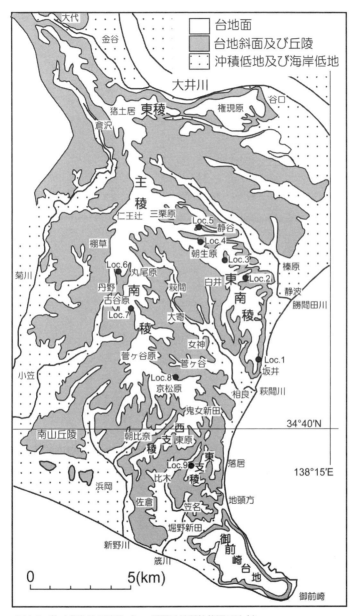

図4-1　牧ノ原台地の地形（Loc. 番号は地質柱状図の地点）.

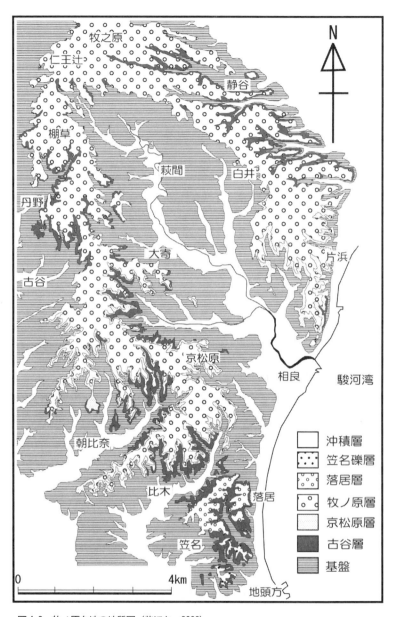

図4-2 牧ノ原台地の地質図（柴ほか, 2008）.

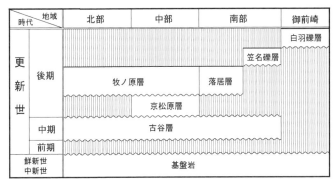

図4-3　牧ノ原台地の地層の重なり.

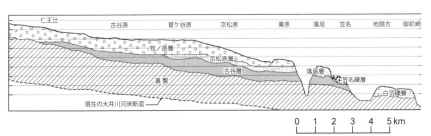

図4-4　牧ノ原台地の主稜から南陵，御前崎までの地形・地質断面．破線は現在の大井川下流部
　　　（金谷〜吉田）の河床断面.

礫層の前浜堆積物は海抜約70 mにあり，御前崎段丘面の高さは海抜28〜50 mで
南西に傾斜する．

牧ノ原台地にあった内湾

　牧ノ原台地南稜と東南稜の九つの地点の地質柱状図を図4-5にしめす．この図に
は，古谷層と京松原層，牧ノ原層の分布と，その地層のようすと産出する有孔虫と
貝化石から地層の堆積環境を推定した結果を堆積相としてしめした．なお，牧ノ原
台地に見られる地層の特徴的な堆積相の写真を図4-6にしめす．堆積相とは，地層
の外見のようすで，それらは堆積環境の違いにより異なった特徴をもつ．図4-5の
地質柱状図から，次のことがあきらかになった．

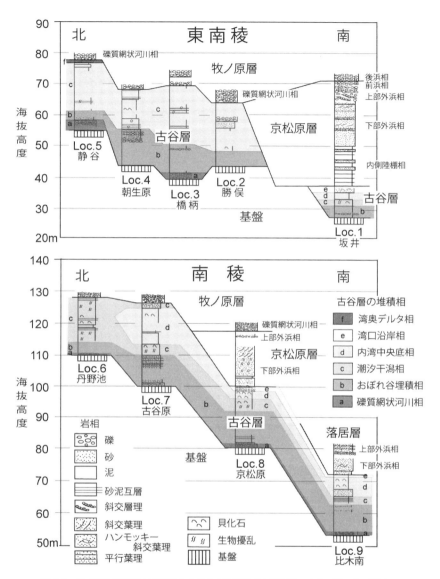

図4-5 牧ノ原台地南陵と東南稜の各地点の地質柱状と堆積相の変化（柴ほか，2008
を一部修正）．柱状の位置は図 4-1 を参照．南稜の北部までおよんだ海進の
最大期には，その南側では京松原まで湾口沿岸部の環境になった．

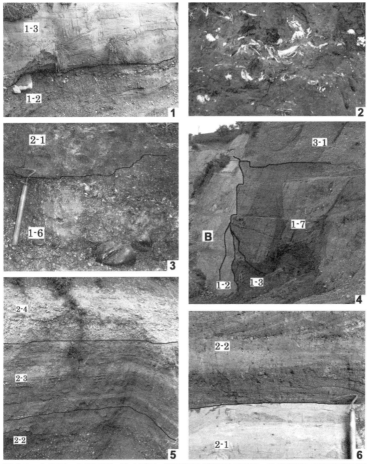

図4-6 古谷層，京松原層，牧ノ原層，落居層の堆積相の写真．各堆積相の間の横線はそれらの境界をしめす．1：川上原（Loc. 7）の古谷層に見られるおぼれ谷相（1-2）と湾奥谷埋め相（1-3）．2：京松原（Loc. 5）の古谷層で見られる貝化石を含む湾奥潮間帯相．3：京松原（Loc. 5）で見られる古谷層の湾口沿岸相（1-6）と京松原層の基底礫をともなう下部外浜相（2-1）との境界．4：仁王辻の北（Loc. 15）で見られる古谷層のおぼれ谷相（1-2）と湾奥谷埋め相（1-3），湾奥デルタ相（1-7）と牧ノ原層の網状河川相（3-1），Bは基盤の掛川層群でこれらの地層は基盤の谷を埋めて堆積した．5：落居（Loc. 1）で見られる落居層の上部外浜相（2-2）と前浜相（2-3），後浜相（2-4）．6：菅ヶ谷（Loc. 6）で見られる京松原層の下部外浜相（2-1）とヘリンボーン斜交層理をもつ上部外浜相（2-2）．

古谷層は，下位から礫質網状河川相，おぼれ谷埋積相（おぼれ谷相と湾奥谷埋相），潮汐干潟相（湾奥潮間帯相を含む），内湾中央底相，湾口沿岸相からなり，河川から内湾，湾口沿岸と深い海の環境になり，北側では最後に湾奥デルタ相が重なり浅くなった．このことは，古谷層が分布する東南稜と南稜の両方でみられる．

　このことから，古谷層が堆積した入江は波浪の影響の少ない内湾で，南陵と東南陵の位置にあたる二つの湾入があり，それらの湾口は現在の相良から地頭方の間に東側に開いていた．そして，古谷層を堆積させた海進は，段階的に南から北へ順に海面が侵入していった．そのため，南部の地域は，はじめは湾奥だった環境から，内湾中央底，湾口沿岸部といった深い海底の環境に変化したと考えられる．

　古谷層を堆積させた海水準上昇による海進が南稜で最大に達したとき，現在の海抜 150 m までの地域が湾奥の環境になり，海抜約 120 m より低い（京松原以南の）地域は湾口沿岸の環境になった．図 4-7 に古谷層を堆積させた海進によって形成された内湾の変遷をしめす．

　その後，海水準が低下をはじめると，そのおだやかな内湾の環境が一変し，波浪の影響のある現在の御前崎のような外洋に面する海浜の環境となった．現在の海抜 120 m の地域付近に海水準が停滞したとき，天竜川からの黒雲母を含む黄灰色の砂の供給をうけて，おもに砂層からなる京松原層が堆積した．このことは，古谷層が堆積していた時期に内湾の南西側にあった岬が，京松原層が堆積しはじめた時期になくなり，この地域が直接外洋に面する海浜の環境になったと思われる．

古谷層と京松原層

　牧ノ原台地の南稜の菅ヶ谷原から西支稜と東南稜の南部に分布する京松原層は，地層の上位に向って泥層から砂層，礫層と堆積物が粗くなる傾向をしめしている．たとえば，図 4-5 の Loc.1 では，最上位の礫層と砂層は前浜相を含む上部外浜相で，それは 6 m の厚さがある．そして，その下位の砂層からなる下部外浜相は約 14 m の厚さで，これらの各堆積相の厚さはちょうどこれらの地層が堆積した海底の水深（36 頁の図 3-3 参照）に対応する．このことも含め京松原層の堆積相の組合せから，京松原層は海水準停滞期に堆積空間を埋積した外浜～海浜の堆積物と考えられる．牧ノ原台地の南稜では，京松原層が分布する西支稜の南側にある東支稜に，外浜～前浜，後浜の海浜堆積物が連続的に上位に重なる落居層（図 4-6 の 5）が，海抜約

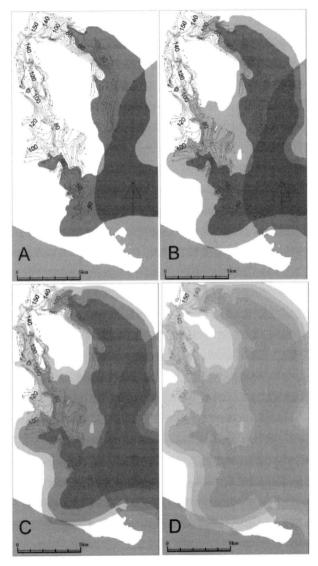

図4-7　古谷層を堆積させた海進による内湾の変遷. コンタは古谷層の基
　　　　底面高度をしめす. A〜Dへ海進が進み, 最初二つの内湾がひろく
　　　　拡大していき一つになった. 影の部分は侵入する海域をあらわす.

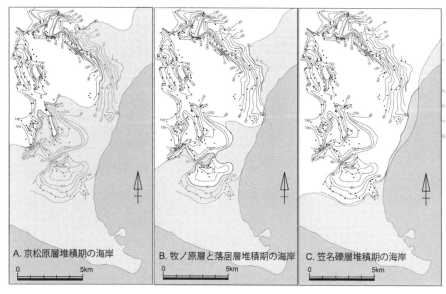

図4-8　京松原層・牧ノ原層・落居層・笠名礫層の基底高度分布図に各層の堆積相の特徴から各層の堆積期の海岸線を推定した（白い部分が陸域）．■は基底測定点．東南陵は南陵より基底高度の低いところに海岸線が推定されるが，これはそこの隆起量が小さかったためと考えられる.

90 m の段丘面をつくって分布する．この落居層は，京松原層が堆積したあとに，さらに海水準が低下し，現在の海抜で84 m に海水準が停滞したときに形成された海岸段丘と考えられる.

　牧ノ原層は，おもに網状河川相の礫質堆積物からなり，南稜では落居層が分布する東支稜には分布せず，西支稜より北側に分布する．そのため，落居層が海岸だったときに，陸上に露出した谷を埋めて堆積した河川の堆積物が，牧ノ原層と考えられる.

　落居層が堆積したあと，海水準はさらに低下して，その停滞期に順次，笠名段丘，つぎに御前崎段丘を形成した．図4-8に古谷層堆積後の海水準の下降による地形変遷をしめす.

　古谷層と京松原層の堆積過程について，かつて駿河湾団研のメンバーで現在新潟大学の高清水康博准教授は，Dalrymple（1992）の入江の堆積形成モデルをもちいて海進のときに形成された京松原層の砂州がバリアーとなり，その内側にできた内

湾に古谷層が堆積したと説明した（高清水ほか, 1996）. しかし, 京松原層は, 古谷層の上位に重なる地層であり, また京松原層は海進期の堆積物でなく海面停滞期の堆積物であることから, 古谷層と京松原層の堆積を同一の海進による堆積モデルで説明することはできない.

海岸段丘

　牧ノ原台地の南稜で認められた海岸段丘の形成は, その形成のようすがよく知られている南関東の武蔵野台地の海岸段丘群と対比できる. これらの海岸段丘は, 第四紀更新世の後期に形成されたものである.

　第四紀, この時代は地球の歴史でもっとも新しい時代で, 人類紀ともよばれ, その後期には地球上に氷河が発達し, 気候が寒冷化し, 人類が発展した時代である. 以前は, 第四紀を約 180 万年前から現在までの時代としていたが, 2013 年 5 月に国際層序委員会の決定により 259 万年前からと改められた.

　第四紀は更新世と完新世に区別され, 完新世は最後の氷期であるウルム氷期以後（約 1 万 2000 年〜現在）の時代をさし, 更新世はそれ以前の第四紀をさす. また, 更新世後期とは, ウルム氷期の前の温暖期であるリス間氷期の最盛期（12 万 5000 年前）以後の更新世をさす.

　海岸段丘とは, 海岸付近に分布する平坦な段丘面とその下の段丘崖をもつ地形である. 段丘面はかつての海岸で形成された平坦面であり, 段丘崖はその後の海水準低下で削剥された海蝕崖にあたる. そして, 海岸段丘は階段状になって分布していて, その中で高い段丘面ほど形成時期が古い. そのため, 一般に, 段丘面は隆起運動により高くなり, 相対的に低くなった新しい海岸線は, それにそって下位に新しい段丘面と段丘崖が形成したと考えられている.

　しかし, 隆起運動だけを考えなくても, 海水準の段階的な下降によって, 順次その下位に新しい海蝕崖と海岸の平坦面が形成されれば, 古い時代の段丘が高く位置する階段状の海岸段丘が形成される. また, 一般には海進期に段丘面ができるとされるが, 少なくとも牧ノ原台地とその南の御前崎地域では, 段丘堆積物はその堆積相の重なりから海水準下降期の停滞期に海浜〜外浜で形成されたものである.

　おそらく, 海岸段丘は, 海水準変化の面からみると, 更新世後期以降の海水準下降期における, 何度かの停滞期に順次形成されたものと考えられる. 海水準は地球

上のどこでも同じであることから，海岸段丘がそのような過程で形成されたとすれば，それぞれの時代の段丘面の高さは同じ高さにあるはずである．しかし，それらの高さは異なっていて，さらにそれらは牧ノ原地域と同様に陸上にある．このことは，陸上にある海岸段丘は隆起したものであり，さらにそれらの高さが同一ではないことから，それぞれの地域での段丘形成後の隆起量が異なっていたことになる．

南関東の段丘との対比

南関東の多摩川の扇状地に起源をもつ武蔵野台地の段丘群は，日本の第四紀の時代区分の基準とされ，その海岸段丘は海抜高度の高いほうから，下末吉段丘，武蔵野段丘，立川段丘とよばれる．

これらの段丘の形成時代については，その上をおおう関東ローム層中の火山灰層の時代から，下末吉段丘はリス間氷期の最盛期である12万5000年前に，武蔵野段丘の成増台（三浦半島の小原台面）は約10万年前，目黒台（三浦半島の三崎面）は約8年前，立川段丘は約3万年前以降に形成したとされる（町田・新井，1992）．

これらの段丘のうち，下末吉段丘の台地面の海抜高度は，南関東では40〜60 mである．しかし，台地面は関東ローム層に表面をおおわれているため，下末吉層の上面または海蝕面の高度は20〜40 mといわれる（貝塚，2000）．

牧ノ原台地の京松原層からは下末吉層の上部から発見され火山灰層と同じものが発見されていて，京松原層は下末吉層上部と対比される（杉山ほか，1987）．残念ながら，京松原層の上面（段丘面）は，牧ノ原層により削剥されて見ることができないが，京松原層の海岸の上部外浜の堆積物が海抜114 mから上に分布することから，前浜の堆積物（海岸）はおそらく海抜約120 mに分布したと考えられる．

笠名段丘の笠名礫層からは，御岳第一火山灰層が発見されていることから，約10万年前の武蔵野段丘の小原台に対比され（杉山ほか，1987），それよりも新しい御前崎段丘は約8万年前の三浦半島の三崎面に対比される．また，京松原層の堆積後に堆積した落居層とその段丘面（落居面）は，三浦半島で下末吉面の下位にある引橋面に対比されると考えられる．

牧ノ原段丘の隆起

牧ノ原台地は現在，南北で高度差があるが，そのことについて多くの研究者が牧

ノ原台地の隆起量は北西部で大きく，南東部および東部で小さいと推論している．土（1960a）は，古谷層が堆積したあとに北側が隆起して南側に傾斜して，現在の地形が形成されたとした．杉山ほか（1987）は，仁王辻以南の牧ノ原台地はほぼ南稜にそって北東—南西方向にのび南東に傾斜する軸をもつゆるやかな脊斜状の変形（曲隆）をしているとした．これらの研究者は，古谷層の堆積面の上面が水平であったと仮定して，その堆積上面が北側に高く南側に低いことから，古谷層堆積後の牧ノ原台地の隆起量を推定している．

　しかし，牧ノ原台地南陵の古谷層では，海進のときにその水深が北部で浅く南部で深かったという環境の違いが明確であり，古谷層は海進にともなって北側におぼれ谷を埋積して堆積したものであり，堆積後に傾いた形跡がほとんど認められない．また，図 4-4 でしめした大井川の河道の地形断面と牧ノ原台地上面の断面を重ねてみると，両者はほとんど重なる．吉川（1952）は，牧ノ原台地は南北方向においてその傾斜は現在の大井川河床の傾斜とほとんど等しいことから，この方向に傾斜が増加した運動は認められないと，すでに指摘している．

　吉川（1952）がのべたように，牧ノ原台地の南陵は北側がより隆起して南北方向に傾斜しながら隆起したとは考えられない．そのため，北部も南部も全体的に等しく隆起したと，私は考えている．ただし，東南稜の東麓の高度が南稜に比べて低いことと，東南陵南部で京松原層の前浜相の現在の高度が南稜より約 30 m 低いことから，東南陵東麓～南部の隆起量は南陵に比べて小さかったと考えられる．

　菊池（1988）は，リス間氷期の海水準の位置を現在の海水準に比べて 5±3 m 高かったと推定した．この値をもとに，リス間氷期直後からの牧ノ原台地の隆起量を推定すると，牧ノ原台地南陵は，下末吉面がリス間氷期の最盛期をすぎた約 12 万年前に形成されたとして，そのときの海面の位置が現在とほぼ同じとすると，下末吉面が 120 m にある．このことから，牧ノ原台地の南陵は 12 万年で 120 m 隆起したことになる．その隆起量を単純に年平均すると，1 年に約 1 mm となる．

更新世後期からの海水準変化

　単純に平均した年隆起量をもとにすれば，それぞれの段丘面の現在の高さから，形成後の隆起量を引くことによって過去の海水準を推定できる．しかし，単純にそのように計算すると，牧ノ原台地では海水準が下降するだけでは段階的に低い段丘

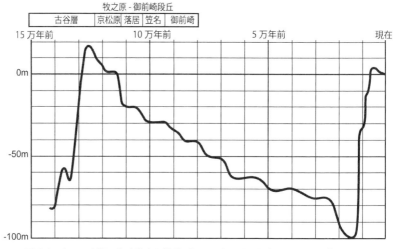

図4-9　ウルム氷期の海水準変化曲線. 牧野内 (2005) と松島 (1987) を参考に牧ノ原
　　　台地の海岸段丘高度などから求めた.

が形成される結果にならない. それは, おそらく牧ノ原台地は等しい量で隆起して
いるのではなく, 時期によって隆起量が変化しているためではないかと考えられる.
牧ノ原台地ではとくに8万年以降の隆起量が高かったと考えられる. そこで, 他の
地域で推定されている海水準変化曲線も参考にして, 15万年前から現在までの海水
準変化曲線を作成した (図4-9).

　牧ノ原台地の背後にある南アルプス, すなわち赤石山脈の隆起量は, 過去70年
間に30cmも隆起していて, 年平均にして約4mmもの隆起量をもっている (檀原,
1971). この値は, 日本の山地の中でももっとも急速なものであり, その前面の牧
ノ原台地の隆起量もそれにともなって高い値をもつものと考えられる. 大地の隆起
とは, 山地だけが隆起するのではなく, 日本列島という海底の部分も含めた島弧全
体が隆起するもので, 山地はその隆起の中心であるにすぎない.

　御前崎面の形成後に, 牧ノ原台地の隆起により大井川は河口を牧ノ原台地の東側
へ移動させ, 相対的に低くなった東側に, 大井川は島田付近から東南の方向に扇状
地をひろげた. 相対的に隆起量が高い地域は, 時代または時期ごとにその場所が異
なり, その結果として河川の流路や盆地の位置が変化した.

地形の逆転

　牧ノ原層は，牧ノ原台地の南陵と東南稜に分布する網状河川の堆積物であるが，そのころの大井川は南陵から東南稜にかけて扇形の広大に扇状地を形成していたわけではない．牧ノ原層は，その岩相と分布から古谷層が堆積したもともとの入江の谷に規制されていて，そこを埋積した幅のせまい扇状地に堆積した網状河川礫層であると考えられる．したがって，牧ノ原層を堆積させた河川の両側には基盤からなる丘陵があり，それにはさまれたの低地部を河川が流下していたことになる．

　しかし，現在の地形では，かつての低地部にあたる牧ノ原台地の両側にあったと考えられる丘陵がない．すなわち，牧ノ原台地の南陵も東南稜も独立した台地としてあり，南陵の西側には菊川の低地が，東側には萩間川の低地が，東南稜の東側には勝間田川の低地がそれぞれひろがっている（図4-10）．

　このことは，すでに吉川（1947）によって「地形の逆転」として指摘されている．それによれば，扇状地ではその上に安定した河道をつくらず，その横断面では凸状

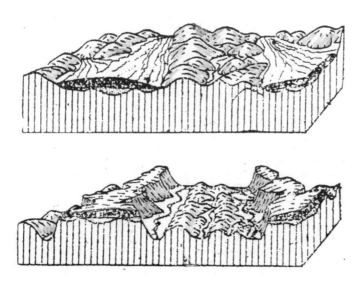

図4-10　A：扇状地形成時代，B：現在の地形．扇状地の間の丘陵部が河川の侵食
　　　　により逆に谷部になって現在の地形が形成された（吉川，1947）．

の地形をしめし，その地域が隆起した場合，河川は扇状地の頂部からその周縁に発達して周縁から侵食がすすみ，その構成岩石の侵食に対する抵抗度に大きな差がなければ扇状地よりも周縁の山地の侵食が早く進むために，「地形の逆転」が生じたとしている．

この「地形の逆転」は，牧ノ原層堆積後に基盤からなる丘陵が牧ノ原台地を残して侵食されたことから，牧ノ原層の堆積した時代を今から約 10 万年前とすると，この地形の逆転は現在までの約 10 万年間という短い間で起こったことになる．

このように，地形は短い間に変化する．すなわち，現在の地形は，あくまでも現在のものであり，侵食や堆積により地形はつねに変化していて，その原因はその地域の大地の隆起と海水準の変化による．そして，現在，丘陵や山地があるところは，基本的にそこが現在，隆起しているところであることをしめしている．

草薙層の海進

静岡市の有度丘陵の北麓，清水区有東坂から西麓の駿河区大谷にかけて，おもに泥層からなる草薙層が分布する．草薙層の堆積した時代は，その上に重なる小鹿層から約 10 万年前に噴火した御岳第一火山の火山灰層が発見されていることとなどから，リス間氷期の下末吉海進にあたる約 12 万 5000 年前と考えられる．ちょうどそれは，牧ノ原台地の古谷層と同じ時代に堆積したことになる．

静岡大学の北側にある小鹿の有度山総合公園の近くの沢で，草薙層の最下部の地層を見ることができる露頭がある．露頭とは地層などが露出しているところで，ここでは泥層とその上位に重なる砂層が見られるが，泥層と砂層の間に薄い砂層と泥層が交互に重なる砂泥互層がはさまれる（図 4-11）．この砂泥互層には，はっきりとした波の模様があり，それが幾重にも重なる．砂からなる波の形の上には，薄い泥の層が重なっていて，波の頂は少し削られている．

この泥層から砂層への地層の連続を，私は以前の論文（柴ほか，1994b）で，入江に侵入した海進により泥層が堆積して，その後に砂によって埋められたものと解釈した．しかし，それは誤りで，この地層の連続は潮汐干潟の堆積物であり，海進は砂泥互層の堆積しはじめたころからはじまっていたことに気がついた．

潮汐干潟の堆積物は，潮が満ちるときに陸側に砂が移動して波紋をつくり，満潮になると干潟の水位が安定して，懸濁していた泥が波紋の上に沈殿し，波形の上の

図4-11　小鹿でみられる草薙層の最下部の海進をしめす地層の重なり．スケール（1 m）のある最下部の暗色の泥層が泥干潟相で，その上のフレーザー層理がみられる砂泥互層が砂干潟相，その上位のヘリンボーン斜交層理が見られる砂層が潮汐流路相（下部外浜相）．

薄い泥層（マッドドレイプ）がつくられる．引き潮になると，反対向きの流れによって満潮のときにできた波形の頂が侵食される．このような層理はフレーザー層理とよばれ，砂干潟の証拠である（図4-12）．このような日々の満干の出来事が，この露頭の砂泥互層に残されている．

その砂泥互層の上位の砂層は，粗粒な砂で，ニシンの骨にたとえられる，相反した二方向の流れによって形成された斜交層理（ヘリンボーン斜交層理）が見られ，海岸の潮汐流路を流れる強い潮流により形成されたことがわかる．したがって，この露頭で見られる地層の重なりは，干潟から海岸の潮汐流路へと変化したことになり，これは海水準が相対的に上昇したことを意味する．

草薙層の下部層では，このような潮汐干潟と海岸の潮汐流路の環境での海水準の

図4-12 小鹿の草薙層最下部の砂泥互層に見られる砂干潟相をしめすフレーザー層理.

変化を何度かくり返し，さらに上位の中部層になると深い入江の泥層へと変化する．そして，上部層ではまた干潟の環境にもどり，その上位が小鹿層の河川の礫層によっておおわれる．このことから，草薙層が堆積したときには，低地に海が侵入して干潟をつくり，海面がさらに数10 m上昇して入江が深くなり，その後その入江が埋め立てられて干潟となり，ついには小鹿層の扇状地によって埋積されてしまったことが考えられる．

　草薙層が有度丘陵の北麓にあった入江に堆積していた今から約12万5000年前に牧ノ原台地にあった入江にも海進があり，古谷層が堆積していた．この時代の海進はリス間氷期の海進として世界中で認められ，日本では下末吉海進とよばれる．したがって，この海進は海水準が上昇したことによって起こったと考えられる．そして，その後に起こった段丘を形成し大陸棚を形成した海水準の下降は，ウルム氷期の大陸氷河の形成による，いわゆる氷河性海水準変化である．

ミクロの化石

　ミクロの化石とは，おもに微化石とよばれる小さな化石のこととで，顕微鏡（可視光線と電子線）をもちいて観察研究をおこなう生物の化石の総称である．それには，原核生物のシアノバクテリア（藍藻類）や細菌類，原生生物の渦鞭毛藻類，アクリターク類，珪質鞭毛藻類，珪藻類，ココリス類（石灰質ナンノプランクトン），放散虫類，有孔虫類，藻類の緑藻・紅藻類，植物の胞子・花粉類や植物珪酸体（プラントオパール），無脊椎動物の貝形虫類と翼足類，脊索動物のコノドント類などいろいろな種類の生物の化石を含む．

　微化石となる生物は，その大きさが微小で生産量が高く，大部分の堆積物（岩）に含まれることから，連続した地層の対比と環境変化の詳細を知ることに役立つ．また，少ない試料から多量の化石を産出することから，連続した統計的データをえることができる．そのため，大型化石がほとんど産出しない深海堆積物や微量の試料から古環境を推定するのに有効であることから，石油掘削などのボーリングによる柱状試料で地層の特徴や対比に活用され，それにより微化石研究が発展した．

　牧ノ原台地の古谷層で私たちが調査した有孔虫化石も微化石に含まれる．私の研究では，三保半島のボーリング試料や，次章以降で紹介する有度丘陵の地層や掛川層群，富士川谷の新第三系，海底の試料などでもその堆積物の地質時代と堆積環境を知るために，有孔虫化石を利用している．

　有孔虫とは，海にすむ石灰の殻をもつ原生生物で，大きさがふつう1 mmより小さい．海底の上や中，海藻などに付着して生きている底生のものと，浮遊してプランクトンとして生きるものがある（図4-13）．有孔虫の化石は，泥や泥岩に含まれるので，それを採集して細かく砕き，煮沸させたり，薬品で処理するなどして，岩石から殻を分離させる．そして，篩でふるった粒子の中から，双眼実体顕微鏡の下で細い面相筆を使って有孔虫殻だけを一つひとつ拾いだし，200個体以上の有孔虫の殻を集めて観察して種類を同定する．

　膜質殻と膠着質殻をもつグループをのぞいて，有孔虫の殻は炭酸カルシウムで形成さ

れていて，カンブリア紀以降の化石として約3万8,000種が記載され，その他に1,000種が現在の海洋に認められている．浮遊性有孔虫はジュラ紀後期に出現し，白亜紀以降40属以上，約400種が記載されている．

底生有孔虫はあらゆる水深の海に適応しているが，海底の環境により種構成が異なり，海底環境の推定に有効である．それに対して浮遊性有孔虫はよりひろい海洋水に分布し，

図4-13　有孔虫の化石．走査型電子顕微鏡（SEM）の写真．スケールはすべて0.1 mm. 1-9は底生で，10-14は浮遊性．10と11は中新世後期，その他は更新世の標本．1:*Ammonia beccarii*, 2:*Elphidum excavatum clavatum*, 3:*Elphidum advenum*, 4:*Bulimina subornata*, 5:*Triloculina affinis*, 6:*Uvigerina* sp., 7:*Amphicoryna spicata*, 8:*Bulimina marginata*, 9:*Rectobolivina raphana*, 10:*Globoquadrina dehiscens*, 11:*Globigerina nepenthes*, 12:*Globorotalia truncatulinoides*, 13:*Orbulina universa*, 14:*Globigerinoides ruber*.

種の生存期間も限られることから時代対比や海水環境などの研究などに有効である.

　浮遊性有孔虫の海洋における分布は，水温と塩分濃度がその分布を規制する重要な要因であり，その分布は水塊分布のよい指示者となる．海底での深海掘削や世界各地の地層から産出する浮遊性有孔虫化石から，現在のような海洋の帯状分布は中新世前期までは明確でなく，それまでの地質時代であれば，Blow（1969）などが設定した生層序層準がほぼ世界中で地質時代の細分や地層の対比に有効である．しかし，それ以後の時代では，海洋では極帯の発達とともに亜極帯などが形成されてきて，海水帯ごとと大洋ごとの各時代の特徴種をもちいた生層序層準を設定する必要があり，Berggren et al.（1995）などによりそのような生層序層準の設定がおこなわれている.

　古谷層での有孔虫化石の研究では，古谷層の内湾中央底相からは汽水の入江に適応する底生有孔虫の *Ammonia beccarii*（図4-13の1）がほとんどをしめていたが，湾口沿岸相になるにしたがい *Elphidum excavatum clavatum*（図4-13の2）などのその他の底生有孔虫と，外洋水に生息する浮遊性有孔虫の化石が多く含まれるようになる（柴ほか，2008）．その変化から閉鎖的な汽水の入江環境から湾口沿岸の外洋環境に変化したことが示唆された．このように，古谷層の有孔虫化石の研究では，内湾の海の環境変化をくわしく知ることができた.

第5章

有度丘陵の形成

―隆起した安倍川の三角州―

久能山の礫層の崖. 北東に傾く層理が見られ, それは久能山層のファンデルタの前置層の傾きにあたる.

日本平とよばれる有度丘陵

　静岡平野の南東側にある有度丘陵は，駿河湾に面した南側が東北東―西南西の直線的な礫層の急崖で，山頂部から北西側は，有度山 (307 m) からゆるやかに傾いた平坦な地形をしている．その山頂からは，富士山や伊豆半島，駿河湾などが一望でき，かつて日本観光地百選で1位に選ばれたことから「日本平」という名前でよばれている．この日本平のゆるやかに傾いた平坦な地形は，この丘陵をつくる久能山層の上面が北西に傾斜したものにあたる．

　有度丘陵は四つの地層が重なってできていて，下から根古屋層，久能山層，草薙層，小鹿層にわけられる (土, 1960b)．これらの地層は，その層相 (地層のようす) や広域火山灰層の時代などにより，今から約30万〜10万年前に海底や河川で堆積した泥や礫の地層と考えられている (近藤, 1985)．

　有度丘陵を構成するこれらの地層は，全体として北西にゆるく傾いている．そのため，もっとも下位の根古屋層は，海岸に面する南麓に分布し，久能山層は南側の急崖から丘陵の中心部に，その上位の草薙層と小鹿層は北西麓に分布する．

　有度丘陵は，私や学生たちが住む静岡市にあることから，つねに私たちの地質調査のフィールドとなっている．ここでのべる有度丘陵のおいたちについては，これまでの私たちの研究 (柴ほか, 1990a, 1994b, 2012a；柴 博志ほか, 2012) をまとめて，さらに修正したものである．図5-1に有度丘陵の地質図と地質断面図をしめす．

　根古屋層はおもに泥層からなるが，久能山の西の根古屋付近を境にして，西側はおもに北東側に傾いた扇状地三角州 (ファンデルタ) の礫層がはさまれ，東側は水深約200 m以上の海底に棲む貝化石を含む泥層が分布する．このことから，根古屋層はかつての安倍川の河口三角州から海底斜面に堆積した堆積物と考えられる．私たちはそのような海底を，現在陸上で見ていることになり，有度丘陵にそれが露出していることは，有度丘陵はそれが海底斜面で堆積してから200 m以上も隆起したことになる．

　久能山層は，河川の扇状地から三角州に堆積した礫層で，もっとも厚いところで250 mもある．この礫層は有度山の南側にひろがる急崖，屏風岩などでも見られる．なお，丘陵東部の村松や北矢部に分布する久能山層は，ファンデルタの斜面の地層からなり，そこからナウマンゾウの歯化石が発見されている (土, 1958；柴, 1991)．

　根古屋層と久能山層の礫の堆積のしかたから，それらの地層の礫は現在海がある

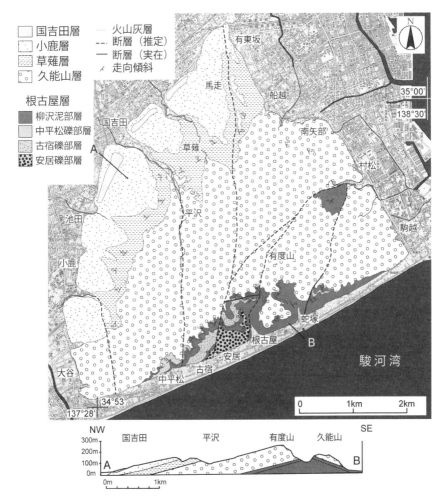

図5-1　有度丘陵の地質図と地質断面図.

南西側に河口のある陸があり，そこから運ばれていたことがわかる．また，根古屋
層と久能山層の泥層の分布とその中の化石から，その当時は北東側の現在の清水区
市街地に深い海底があったと推定される．

　久能山層が堆積したあとに，有度丘陵は有度山を通る南北方向で北に傾く背斜軸

を中心に隆起した. そのため, 隆起した丘陵の北側に低地ができ, 今から約 12 万 5000 年前の温暖期に起こった海水準上昇により, その低地に海が入って入江となり, そこに泥層からなる草薙層が堆積した. 草薙層を堆積させた入江は, その後の海水準低下期にあたる約 10 万年前に, 小鹿層の河川の砂礫によって埋積された.

久能山層の上面はもともとほぼ水平な扇状地の堆積面であり, その形成後に現在のように傾斜した. これは根古屋を通る南北方向の背斜軸を中心に南側が隆起したため, 草薙層も小鹿層も同じように北西側に傾いている.

ファンデルタ

三角州 (デルタ) は, 海や湖へ河川から大量の堆積物が運搬されて, 海や湖側へ海 (湖) 岸線が前進して形成される, 頂点が川側にある三角形をした砂州である. 砂州といっても, 駿河湾周辺の現在と過去の三角州は, 背後の山地の隆起が急激で大きいために, 三角州をつくるものが砂礫で, ほとんどは礫からなる. これらの三角州は, 山地が海側に張り出して, 扇状地 (ファン) がそのまま海に押し出して形成されることから, 扇状地三角州 (ファンデルタ) とよばれる.

私たちが調査した駿河湾周辺の, 山梨県身延地域の曙層群や, 富士川河口の庵原層群, 静岡市の有度丘陵の地層, 掛川市と袋井市にまたがる小笠層群のほとんどは, このファンデルタによって形成された地層である. ファンデルタといっても, さまざまなタイプがあるが, 私たちが調査しているファンデルタは, その中でも礫など粗粒な堆積物を主体とするタイプで, ギルバートがコロラドの湖の礫層の堆積様式で定義したギルバート型ファンデルタのモデル (Gilbert, 1885) にほぼ相当する (図 5-2).

ギルバート型ファンデルタとは, 海岸や湖岸から沖合に向って急激に深くなるような海底や湖底に, 山地が海 (湖) 岸にせまった河川から大量の礫を主体とした粗粒な堆積物が供給される場合に形成される. その形態は, 河口から沖合にのびる水平な頂置部 (トップセット) と, その沖合にある急勾配のデルタの前面斜面に相当する前置部 (フォアセット), 斜面の下部にあたる麓部 (トウセット), さらに沖合に向ってゆるく傾斜するデルタ前面部 (プロデルタ) と, 斜面外縁部 (スロープエプロン) または深海底 (ディープベイズン) から構成される. 頂置部を含むデルタ面の陸上部は, 網状河川が発達する沖積扇状地からなる.

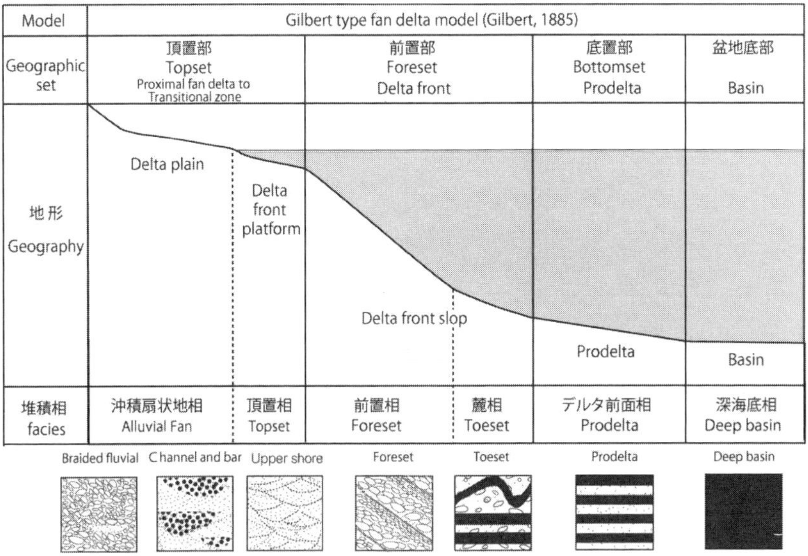

Model	Gilbert type fan delta model (Gilbert, 1885)			
Geographic set	頂置部 Topset Proximal fan delta to Transitional zone	前置部 Foreset Delta front	底置部 Bottomset Prodelta	盆地底部 Basin
地形 Geography	Delta plain / Delta front platform / Delta front slop	Prodelta	Basin
堆積相 facies	沖積扇状地相 Alluvial Fan	頂置相 Topset	前置相 Foreset	麓相 Toeset	デルタ前面相 Prodelta	深海底相 Deep basin
	Braided fluvial	Channel and bar	Upper shore	Foreset	Toeset	Prodelta	Deep basin

図5-2 ギルバート型ファンデルタのモデルとその堆積相（柴，2015）．岩相の黒帯は泥層．

　頂置部は河川と海岸地域にあたり，海岸の前浜にあたるデルタ面下部には，分流路と州（バー），分流河口州，潟湖（ラグーン）などがあり，デルタ前面斜面にあたる前置部では層理がみられない塊状，または礫と砂が層をなして傾斜した層理が発達する砂礫質の堆積物からなり，その麓部では泥層に前置部の堆積物が地すべりや崩壊で再堆積した礫層などがひんぱんにはさまれる．デルタ前面部では，厚い泥層の中に砂泥互層とくさび状礫層がはさまれる．その沖合の斜面外縁部は，厚い塊状の泥層となる．図5-3に有度丘陵でみられるファンデルタのそれぞれの堆積相の写真をしめす．露頭でこれらの堆積相を判定して，その地層の堆積環境を推定することができる．

有度丘陵の礫層

　有度丘陵の駿河湾に面した南側の，山頂の稜線から垂直に切り立った崖には，礫層が露出しいている．これらの礫層には，根古屋層にはさまれる礫層とその上位の久能山層の礫層がある．どちらも，そのほとんどがファンデルタの前置面に堆積し

図5-3　有度丘陵のファンデルタの堆積相の写真．a：レンズ状砂層をはさむ網状河川相（蛇塚の東），
　　　　b：フレーザー層理が見られる潮汐干潟相（中平松），c：ハンモッキー状斜交層理の見られる外
　　　　浜相（中平松），d：傾斜した層理の礫層と砂層からなる前置相（村松），e：泥層と礫層の互層か
　　　　らなる麓相（南矢部），f：オオシラスナガイの貝化石を含むデルタ前縁相の泥層とその上を削
　　　　りこんで重なるチャネル相の礫層（南矢部）．

82

図 5-4 安居の大露頭で見られた安居礫部層から古宿礫部層までの重なり. ファンデルタの前置相にあたる安居礫部層の上位には麓相の泥層と礫層の互層が重なり, その上位に次の前置相にあたる古宿礫部層が重なる.

たもので, 礫層の多くは北東に傾斜し, 礫は南西から供給とされて, 北東側に深みのある斜面に堆積したことがわかる.

　根古屋層は, 根古屋付近を境にして, 西側はおもに北東側に傾いたファンデルタの礫層が 3 層分布し, 東側は水深約 200 m 以上の海底にすむオオシラスナガイなどの貝化石を含む泥層が分布する. ファンデルタの三つの礫層は, 下位から安居礫部層, 古宿礫部層, 中平松礫部層とよばれ, それぞれの礫部層の間には貝化石などを含む泥層や砂層がはさまれる.

　安居礫部層と古宿礫部層は, 前置部に堆積したもので, その沖合にあたる根古屋の北部から西部には麓部からデルタ前部の堆積物がみられる. 久能山の西側にある安居の大露頭 (図 5-4) では, 安居礫部層から古宿礫部層までの地層の重なりが見られた. そこでは, 安居礫部層を形成した前置部の礫層の上にデルタ前部の泥層が重なり, その上位に古宿デルタの前置部の礫層が重なる.

　図 5-5 は, 古宿礫部層の上位が見られる根古屋西側の山の崖であるが, そこには古宿礫部層の上位にはさまれる 2 層の泥層が見られる. その上位の泥層は, Ng-2 火山灰層から Ng-4 火山灰層 (軽石の集積層) までの厚さ約 10 m あり (この写真では崖錐礫によっておおわれその下部しか見えない), 貝化石と有孔虫化石の分析から Ng-2 火山灰層の直上から急激に水深が 200 m 以上深くなったと考えられる (近藤, 1985; 柴ほか, 2012a). また, 軽石の集積層である Ng-4 火山灰層の層準付近にはオオシラスナガイの貝化石密集層がみられる.

　中平松礫部層は, 頂置部の河川で堆積したもので, その上位には丘陵西部の中平

図5-5　根古屋西側の山崖（図5-6の39の上部付近）で見られる古宿礫部層（最下部の礫層）の上位の2層の泥層. 上位の泥層の堆積時には海水準が200m以上上昇した.

松では海に棲む貝化石を含む浅い海底に堆積した砂泥が重なる. また, 丘陵東部の蛇塚の東では中平松礫部層にあたる河川の礫層の上位に水深200 m以上の海底に堆積した泥層が分布する.

　有度丘陵南部から東部にかけての, 根古屋層から久能山層の地層の分布を柱状図でしめしたものを, 図5-6にしめす. 久能山層はほとんど礫層からなるが, 有度丘陵の南側斜面にはファンデルタの前置部に堆積した礫層が分布するが, 丘陵北側の斜面にはその上位に頂置部, すなわち陸上河川部に堆積した礫層がおもに分布する. また, 有度丘陵の東麓には, ファンデルタの麓部に堆積した村松礫シルト部層が分布する. 村松礫シルト部層の中ほどの層準には, オオシラスナガイなどの貝化石を含む泥層がはさまれ, 海進期が認められ, ファンデルタの麓相の礫層からはナウマンゾウの歯化石などが発見されている.

40 万年前からの海水準変化

　ファンデルタの発達と衰退は，背後の山地（後背地）の隆起量の変化が原因と考えられるが，有度丘陵でみられる地層からは，ファンデルタ地域も含む後背地の隆起と海水準の上昇を考えざるをえない．

　根古屋層では安居礫部層と古宿礫部層，西平松礫部層の堆積後のおもに 3 回の時期に，海水準上昇がみられる．それらの中で，古宿礫部層と西平松礫部層の堆積後には，海面が 200 m 以上も上昇したことが，これらの礫層の上位の泥層から産する貝や有孔虫の化石から推定できる．

　ファンデルタの発達と衰退を海水準の相対的な変化として説明することができる．海水準が下降すれば，侵食される陸地が増えてファンデルタが発達する．海水準が相対的に上昇すると海底が深くなり，礫などの堆積は陸地側にとどまるためにファンデルタの形成が衰退する．たとえば，ファンデルタの前置層が堆積したあとにその沖合のデルタ前部の泥層が堆積していると，その変化は堆積した海底の水深が深くなっていることから，海水準が相対的に上昇したことをしめす．

　根古屋層の安居礫部層の上位の砂泥層の中に，Ng-1 火山灰層とよばれる白色の黒雲母を含む火山灰層があり，これは広域火山灰層にあたり，今から約 30 万年前に高山付近での火山噴火に由来すると考えられる（田村・鈴木，2001）．小鹿層の礫層には約 10 万年前に降下したとされる御岳第一火山灰層が発見されている（北里・新井，1986）．また，久能山層に含まれるサンゴ化石の同位体から約 17 万年前という年代の値が知られている（Kitamura et al., 2005）．

　有度丘陵の地層の時代ごとの重なりに，これらの時代を刻んで，根古屋層から草薙層にかけての相対的な海水準の変化を図 5-7 のように推定した．なお，この図には海洋酸素同位体比の変化をしめした曲線（Bassinot et al., 1994）も併記した．

　すなわち，根古屋層や久能山層でファンデルタの礫層が大量に堆積していたころは，海水準は相対的に下降し，泥層が堆積した時期は海水準が上昇したとした．海水準上昇量は，礫層の上位に重なる泥層から産する貝化石と有孔虫化石による堆積環境の推定から求め，海水準の下降量は礫層の堆積環境からに推定した．

　図 5-7 によれば，根古屋層から草薙層の堆積時期にかけては，有度丘陵では少なくとも 6 回の海水準上昇があったと考えられ，そのうち 2 回は 200 m におよぶ海水準上昇であった．また，この図から，海洋酸素同位体曲線と有度丘陵の地層から

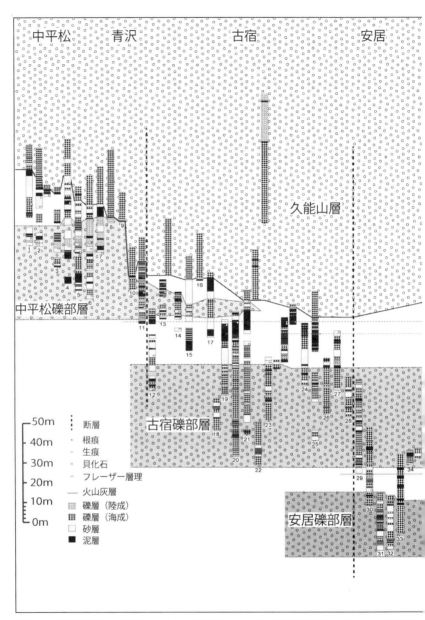

図5-6　有度丘陵南部から東部にかけての根古屋層から久能山層の岩相柱状を，Ng-4火山灰層を基

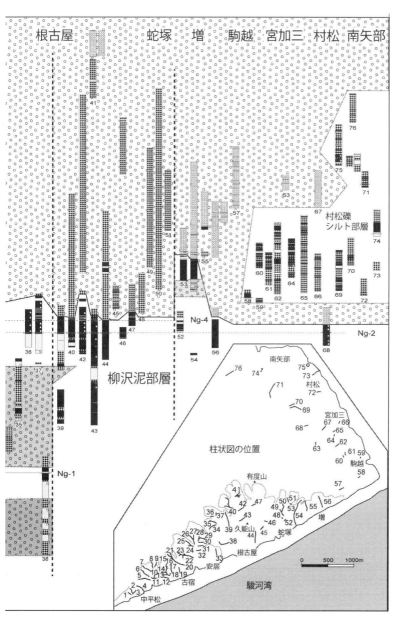

準にして並べ，それぞれの地層の分布をしめした図．各柱状の位置は右下の地図にしめす．

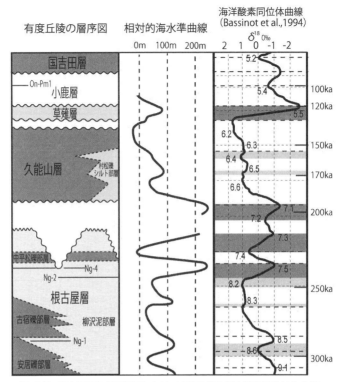

図 5-7　根古屋層から草薙層にかけての海水準曲線と酸素同位体比曲線.
層序図は柴ほか（2012a）を一部修正. その中の Ng-1 などは火山
灰層の層準. 海洋酸素同位体曲線の 8.2 などの数字は海洋酸素同
位体ステージ（MIS）の番号. Ka：1000 年前.

私たちが求めた相対的海水準曲線と同じような傾向をもつことがわかった. すなわ
ち, 有度丘陵の地層の形成および環境変化は, 地球規模の気候変動または海水準変
動と密接に関連しているということになる.

有度丘陵の地質構造

　有度丘陵の地質構造については, 土（1960b）は丘陵全体がドーム状構造をして
いると考えていた. しかし, 柴ほか（1990a）で丘陵における根古屋層の詳細な構造
を調査して, それが南北方向の複背斜構造であることをあきらかにした. 複背斜構

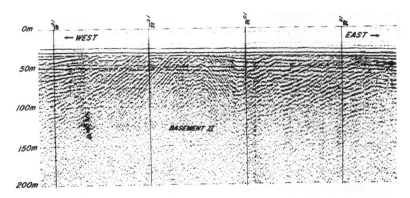

図5-8 有度丘陵沖の東西測線による音波探査記録（柴ほか, 1990a）. 海底の根古屋層も背斜構造をしていて断層も認められる.

造とは地層が馬の背のような高まった背斜構造がいくつも並走して全体として大きな背斜構造を構成するものである. この複背斜構造のもっとも高まっている軸部は, 久能山の西側から有度山頂に向かう南北方向の位置で, 現在の地形の高まりとも一致する.

　有度丘陵沖の大陸棚には, 現在の堆積物がほとんどなく, そこでのスパーカー (Sparker) による音波探査をおこなった. その結果, 丘陵においてあきらかにした同様の複背斜構造がみられた（柴ほか, 1990a）. 図5-8 にその音波探査記録をしめす. それらは西に傾斜した背斜軸面をもつ複背斜構造であり, 背斜の東翼部（側面）には向斜軸にそって南北方向の断層も認められた. また, それぞれの背斜軸を陸上と海底で連続させることができた（図5-9）.

　私は東海大学海洋学部で海底の地質と陸上の地質を学んだ. そのためか, 海底と陸上の地質をあえてわけて考えることはしない. 海底と陸上をわけているものは, 海面すなわち海水準であり, 陸上の地質は海底まで連続している. そして海水準は変化するものであり, 現在は偶然にそこにあるにすぎない. 海水準には, すでにのべたが, 陸上部では侵食基準面として, 海底では堆積がはじまる基準面としての意味はあるが, 地表または地殻表層の地質を研究する私にとって, 海底と陸上を区別せずに海水準を消して地層の分布や地質構造について考えている.

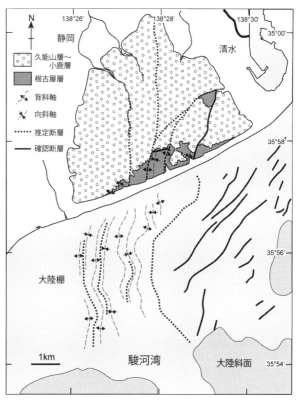

図 5-9　有度丘陵とその沖合の地質構造. 沖合には根古屋層が分布し
　　　　南北方向の複数の背斜構造があり, それらは丘陵に連続する
　　　　（柴ほか, 1990a を一部修正）.

六甲変動

　　大阪湾や大阪平野とそのまわりの丘陵や盆地の地下には, 今から 300 万〜40 万
年前に平野や盆地, そして浅い海に堆積した地層が分布する. この地層は大阪層群
とよばれ, そのほとんどは河川や陸上の盆地に堆積した砂層や泥層, 礫層からなる
が, その中部から上部の地層には海進によって海底で堆積した薄い海成粘土層がみ
られ, それらはそれぞれ Ma1〜Ma13 と番号がつけられている.

　　また, 大阪層群には, その中やそれ以外の地域でも対比できる多くの火山灰層が
はさまれ, 海成粘土層や含まれる植物化石などとあわせて, その年代や気候変化が

くわしく調べられている.

　藤田 (1990) は，大阪層群の第5海成粘土層 (Ma5層) を削りこんで，上位の大阪層群満寺谷層が水平に堆積している不整合を発見し，それを満寺谷不整合とよんだ. 満寺谷層は，寒冷気候をしめすラリックス層と暖地性のアデク層をはさみ，気候変化が顕著で，その下位の大阪層群の地層 (Ma5層～Ma8層にわたる層準) をおおい，それらの構造とは違って現在の地形にそってほぼ水平に堆積した地層であった.

　また，藤田 (1990) は，この不整合を境にして，六甲山地の逆断層をともなう断層ブロック (地塊) 運動が活発になり，現在の地形の原形がつくられたことから，この不整合形成以後，現在も進行している一連の地殻変動を六甲変動 (藤田, 1968) とよんだ. そして，このような現象は，更新世中期になって分化した近畿中央部の盆地だけではなく，周囲の山地内にも水域がひろがっていることから，海水準の上昇によって堆積の場を拡大したとした. さらに，南海トラフの北側の前弧海盆の堆積と構造形態が類似していて，そのような前弧海盆が関東や東海地域で陸上にあらわれていることから，この変動が地殻変動による沈降だけで説明することは困難で，海水準の大規模な上昇があったことによって解決されるとした.

有度変動

　有度丘陵の根古屋層と久能山層は，まさに大阪層群の六甲変動と同じような変動によって形成された地層と思われる. その地層の形成は，大規模な隆起と並行して，海水準の上昇をともなったものである.

　藤田 (1990) は，大阪層群の層序において，満寺谷不整合をMa6層直下 (約60数万年前) の層準としている. しかし，藤田 (1990) のいう更新世中期に起こった大規模な隆起と並行して海水準の上昇をともなった六甲変動のはじまりは，大阪層群のMa9層の堆積した約40万年前からではないかと，私は考えている.

　隆起と海水準の上昇が並行して起こると，隆起量が海水準上昇量より小さければ海水準の上昇 (海進) となる. また，その反対に隆起量が海水準上昇量より大きければ海水準の下降 (海退) となる. 海進期には海がひろがり温暖な気候となり，海退期には寒冷な気候となる. そのため，そのとき形成された地層から読みとれる海水準の変化や気候変化は，有度丘陵の地層と同じような相対的な海水準変動として

あらわれる.

　有度丘陵の根古屋層と久能山層のファンデルタの礫層は，後背地と海底も含めたこの地域の地殻の大規模な隆起によって，安倍川から流れ出した粗粒な堆積物によって形成された．このような隆起が継続して起こっている時期の海水準の下降は海水準が下降したのではなく，隆起量が海水準上昇量をまさった結果であり，海水準の上昇は海底が沈降したとも考えられない．そのため，私は根古屋層から草薙層までにみられる海水準下降は海水準の停滞をしめし，海水準上昇はそれが絶対的に上昇したと考える.

　有度丘陵の相対的海水準曲線は，この時代に起こった大規模な隆起と海水準の絶対的上昇という視点で考えると，隆起量と海水準上昇量の変化によりつくられた見かけの海水準変動曲線となる．すなわち，海水準の下降は隆起量の増大であり，海水準の上昇はそのまま海水準の急激な上昇にほかならない.

　そのことから，根古屋層から草薙層までの地層では，少なくとも6回の海水準の上昇があったことから，有度丘陵では海水準の上昇だけを考えても，海水準の上昇量の累積は900 m以上になる．すなわち，根古屋層から草薙層までの地層が堆積した約30数万年前〜12万年前までの約20万年間で，海底も含めて大地は隆起し海水準は900 m以上上昇したと考えられる.

　このことについては，第8章の「駿河湾の形成」でくわしくのべるが，今から40万年前以降に，現在の地形をつくった大規模な隆起と海水準上昇という現象が，並行して起こった新しい地殻変動がはじまった．この新しい時代の地殻変動を私は「有度変動」と名づける (柴, 2016a).

酸素で過去の気候がわかる

　水は，酸素と水素からなるが，酸素には原子量が16，17，18の安定同位体があり，地球上にはその酸素がそれぞれ99.76%，0.04%，0.20%の割合で存在している．つまり，原子量16の酸素がふつうで，わずかだが少し重い酸素が混じっている．そのため，海水中には，たくさんの「軽い水」とわずかに「重い水」が存在する．

　「軽い水」は蒸発しやすく，蒸発して雨となって地表にもどる．しかし，雨の水が大陸に雪として降り，それが大陸氷床として陸の上にとどまった場合，海の水はしだいに重くなっていく．とくに氷河が大陸をおおった氷河期には海の水は重くなったと思われ，これは酸素の18と16の原子数の比（酸素同位体比）の増加として認められるという．

　海水中に生きている生物はこの水を利用して骨格をつくる．そのために化石には，それが生きていた時代と場所の軽い水と重い水の割合（酸素同位体比）が記録されることになる．石灰（炭酸カルシウム：CaCO₃）質の骨格をもつ浮遊性有孔虫は海の表面で生きていて，その殻に含まれる酸素同位体の比は，表層海水の酸素同位体比を記録している．

　そのため，海底で上下に連続した堆積物を採集して，浮遊性有孔虫の殻の酸素同位体比の分析をおこなうことによって，海洋表層水の連続した酸素同位体比の記録がえられる．この酸素同位体比の変化は，海の表面の海水温度変化と同じとしてとらえ，それにもとづいて気候変動が論じられている．また，温暖期は海水準上昇期ととらえ，酸素同位体比の変化を海水準変化としても解釈されている．

　曲線の波形の同位体比がマイナスにふれるピーク（軽い水の多い時期：温暖期または海水準上昇期）には奇数があてられ，反対にふれるピーク（重い水の多い時期：寒冷期または海水準下降期）には偶数があてられている．また，曲線の波形の周期がそれぞれ区別されていて，海洋酸素同位体ステージ（MIS: Marine Oxygen Isotope Stage）とよばれ，現在から過去に順にそのステージに1からの数字がふられている．たとえば，リス間氷期はステージ5（MIS 5）で，その最盛期は5.5（MIS 5.5）となる．

　この酸素同位体曲線は，現在から鮮新世までも連続したものが作成されていて，それにより気候変動や海水準変動が推定されている．しかし，新生代において更新世前期を含めてそれ以前に更新世後期と同様の規模の大陸氷床が発達したかについては，その

可能性が疑われる.

　このことから，この曲線が海水準の変化をそのままあらわしているとは考えられない．それでは，その時代の酸素同位体比の変化は何をあらわしているのか．それは，絶対的な気温変化や海水準変化ではなく，おそらく相対的な温度変化と海水準変化をあらわしているものと思われ，その解釈についてはさらに検討が必要と考えられる.

第6章

小笠丘陵の形成

―隆起した大井川の三角州―

小笠層群のファンデルタの前置層（掛川市大渕の砕石場）．この山全体が手前（西）側に傾斜した礫層からなり，露頭断面の角度により見かけ「Λ」や「V」字状に礫層の層理が見える．

南西に傾く小笠丘陵

　小笠丘陵は掛川市と袋井市の間の海側にある丘陵で，その北東部にある標高264.8 m の小笠山から，丘陵面は南西に傾斜している．小笠丘陵の東麓は急傾斜で，東南麓には武田信玄がその自然の急崖を利用した山城の高天神城があり，南西麓の海ぞいには徳川家康が築いた平城の横須賀城がある．また，小笠山の西側の山麓には，厄除けだんごで有名な法多山尊永寺がある．

　小笠丘陵の地層は，その丘陵の東麓の下部をのぞきほとんどが礫層からなる．礫層の間にはしばしば砂層をはさみ，それらは南西にゆるく傾斜している．小笠丘陵を構成する地層である小笠層群は，今から180万〜40万年前に，おもにその当時の大井川のファンデルタで形成された．小笠丘陵の北西側の可睡丘陵と磐田原台地にも小笠層群は分布するが，これらの丘陵や台地の小笠層群の堆積物は大井川からではなく天竜川から運ばれた．

　小笠層群の調査は，掛川層群と牧ノ原台地の地質調査がほぼ終了した2005年からはじめて2012年までおこなった．小笠層群の調査では，おもに中本裕介くんと大迫崇史くん，立間愛里さん，正守由季さん，唐木 亮くんが中心となった．その成果は，柴ほか（2013a）で発表したが，ここではそれにしたがって小笠層群の形成過程をのべる．図6-1に小笠丘陵に分布する小笠層群の地質図をしめす．

　小笠層群の堆積の過程については，大きく四つの時期にわけられる．最初は，約180万年前に起こった隆起により小笠丘陵より北側が陸化し，同時に大陸斜面全体の浅海化が起こり，陸上から大陸斜面上部にかけて堆積がおこなわれた時期であるつぎは100万〜90万年前の時期で，海底をファンデルタの堆積物が埋積していった時期，そして90万〜70万年前には陸地に海がひろがり，さらにその後の70万〜40万年前には陸地が大きくひろがり，網状河川堆積物によってひろくおおわれた時期である．これら四つの時期の地層を，それらの地層の特徴と分布の違いなどから，下位からおもに大陸斜面上部に堆積した泥層からなる曽我層，ファンデルタの礫層からなる大須賀層，干潟に堆積した泥層からなる可睡層，河川扇状地の礫層からなる袋井層に区分した．

礫層からなる小笠層群

　小笠層群の堆積は，今から180万年前ころからはじまった．この地域では赤石山

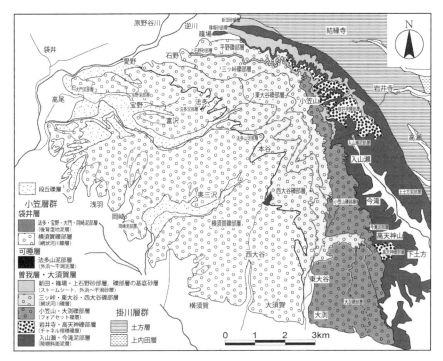

図6-1　小笠丘陵に分布する小笠層群の地質図.

脈の隆起に代表される島弧の大規模隆起運動によって，小笠層群の堆積地域を含めて全体が陸化または浅い海となった．その証拠として，北西部の可睡地域では掛川層群土方層の上部陸棚斜面の地層が削剥されて河川の礫層が不整合に重なっていることと，有孔虫化石などから小笠山の東側で 1,000 m 以上の深さの海底に堆積した掛川層群土方層の上に，水深 500 m よりも浅い海底に小笠層群の曽我層が堆積したことがあげられる．曽我層は，長い堆積期間のわりに地層の厚さが薄く，その地層が堆積した時代の末期まで大規模なファンデルタの形成は起こらなかった．

　曽我層の堆積末期にあたる 120 万〜100 万年前には，小笠丘陵の北東麓の岩井寺付近では，水深 250 m を超す海底に堆積した泥層を大きく削って，北西側の天竜川から運ばれた礫がいくつもの北西─南東方向の長い溝状の地形（チャネル）を形成し，それを埋積した（図6-2 の a）．チャネルの側面の地層には大規模な斜交層理や

図 6-2　小笠層群の堆積相の写真．a：曽我層のチャネル埋積堆積物（岩井寺）．右側はチャネル壁の
傾斜しスランプ砂礫層．b：大須賀層の傾斜した層理をしめす前置相の礫層（小笠神社）．C：
大須賀層にはさまれる上部外浜相〜河川相をしめす礫層〜砂層（大渕）．d：可睡層の海進期
の生痕に富む潮汐干潟相の泥層（法多山の南）．e：袋井層の網状河川相の礫層（岡崎）．f：
袋井層の後背湿地相の砂泥互層とその上位の礫層（岡崎）．

スランプ，一辺が 10 m にもおよぶ泥層の岩塊片などの堆積物がみられる.

そして 100 万〜90 万年前の大須賀層の堆積期には，大井川からの大量の河川堆積物によって，小笠丘陵の東麓にそって大規模なファンデルタの前置面が形成された．このファンデルタの前置層は，北側から南側に前進して発達し，急速に海底を埋積していった．そのため，北側ははやい時期に陸上の扇状地となった．なお，小笠丘陵東南麓の高天神とその東側の南山丘陵には大須賀層のチャネル埋積堆積層が分布する.

小笠山から大渕までの小笠丘陵の東南部にはこのファンデルタの前置層にあたる傾斜した層理をなす礫層（図 6-2 の b）がひろく分布し，その北西側には扇状地で堆積した礫層と砂層がみられる.

この時期の後期には，丘陵北東部全体が陸化したが，その間に丘陵南側では二度の海進（後の地層）が認められる．この 2 層の上部外浜相〜河川相をしめす礫層〜砂層（図 6-2 の c）は小笠山の西から大渕にかけて連続的に分布する.

90 万〜70 万年前の可睡層には，小笠丘陵から可睡丘陵，磐田原台地の地域までひろく海がひろがった．その証拠の一つは，小笠丘陵中部にある法多山尊永寺付近に分布する泥層である．この泥層（図 6-2 の d）には，潮汐干潟の生きものの棲み跡やはい跡がたくさん見られ，そこが海だったことがわかる.

しかし，その上をおおう袋井層は，大きな礫も含まれるおもに網状河川の礫層（図 6-2 の e）から

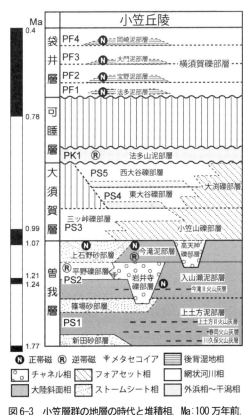

図 6-3　小笠層群の地層の時代と堆積相．Ma：100 万年前.

なり，その地層は小笠丘陵の西部全体と，可睡丘陵と磐田原台地の南部を厚くおおっている．この扇状地の礫層は約70万〜40万年前の間に堆積したと考えられる．図6-3に，小笠層群の層序と各地層の時代をしめした．

この扇状地の礫層には四つの層準で河川の後背湿地の泥層（図6-2のf）がはさまれ，そのときには網状河川ではなく蛇行河川が発達したと思われる．網状河川は扇状地を形成し，後背地の隆起量が大きいときに形成されるが，蛇行河川は平野や低地で形成され，そのときには後背地の隆起量が小さくなったと考えられる．

広域火山灰層と小笠層群の時代

小笠層群の地層のそれぞれの時代を，「何10万年前」と書いているが，これらはどのように決めたのであろうか．小笠層群の曽我層については，海底で堆積した地層が多く，有孔虫や石灰質ナンノプランクトンという微化石から時代の推定がおこなわれている．また，小笠層群には，いくつかの火山灰層もはさまれる．

小笠層群を調査した中本裕介くんは，大阪層群の火山灰層に対比できる重要な3層の火山灰層を発見した．可睡丘陵の可睡層からは，大阪層群上部層の第3海成粘土層（Ma3層）にはさまれるアズキ火山灰層（上総層群のKu6c火山灰層）に対比できる久能火山灰層を発見した．磐田原台地では，大須賀層から大阪層群の第2海成粘土層（Ma2層）の山田Ⅲ火山灰層に対比できる上神増火山灰層と，袋井層から大阪層群の第7海成粘土層（Ma7層）の直下にあるサクラ火山灰層に対比できる掛下火山灰層を発見した（中本ほか，2005）．

火山灰は，一度の火山噴火によって多量に放出されるが，その鉱物や火山ガラスの化学組成は，同じ火山の噴火でも噴火ごとに微妙に異なっている．したがって，異なった場所の異なった地層にはさまれる火山灰層の，火山灰に含まれている鉱物や火山ガラスの化学組成が一致すると，それらはある火山のあるときに起こった噴火によってもたらされ，堆積したものということがわかる．すなわち，その火山灰層は，それらの地層に「同時」という目印（鍵）をあたえてくれるものとなり，「鍵層」とよばれる．このように，ひろい地域に分布して，同じ火山灰層であることが認定できるものを広域火山灰層という．

アズキ火山灰層は，町田・新井（1992）によれば，猪牟田アズキテフラともよばれ，大分市付近のあったとされる猪牟田カルデラが，今から約87万年前に噴火し

たときの火山灰であるとされ，大阪層群ではメタセコイアの化石が消滅した直後の時代をしめすといわれる．また，山田Ⅲ火山灰層は約 98 万年前，サクラ火山灰層は約 52 万年前の時代をしめすとされている．これらの火山灰層は大阪層群だけでなく，房総半島の上総層群などでも発見されている火山灰層で，りっぱな広域火山灰層である．

　小笠層群の基底を私は，可睡丘陵では春岡火山灰層（曽我火山灰層）の少し下位の河川礫層の層準からと考えている．小笠丘陵の東側では，春岡火山灰層に対比される火山灰層は曽我層の泥層中にも分布する．その層準は，浮遊性有孔虫の *Pulleniatina* 属の巻方向が左巻きから右巻きに変化する層準で，その層準は古地磁気の正磁極期から逆磁極期へ変化する付近にあたり，その時代は約 180 万年前と推定されている．

　小笠層群では，石田ほか（1980）によりメタセコイアなど植物化石の検討とともに，古地磁気の測定がおこなわれている．その結果，私たちの曽我層とした地層の中にハラミロ事件（松山逆磁極期の中で約 107 万〜99 万年前の間に現在と同じ正磁極だった時期）があり，可睡層の下部は 78 万年以前の松山逆磁極期で，袋井層は 78 万年以降の現在につづくブリュンヌ正磁極期に堆積したと考えられる．

赤石山脈の大規模隆起

　小笠層群の大量の礫層を構成する砂礫は，おもに赤石山脈から流れる大井川から供給され，ファンデルタで堆積した．小笠層群よりも古く，その下位にある掛川層群では，大規模なファンデルタの地層は確認されていない．このことから，小笠層群が堆積をはじめたのは，その堆積物を供給した後背地である赤石山脈が，大規模に隆起をはじめたことが原因と考えられる．

　赤石山脈は，諏訪湖を頂点とし，東を釜無川と富士川，西を天竜川にはさまれた，北岳（3,193 m）を筆頭に，仙丈ヶ岳から三峰岳，塩見岳，荒川岳，赤石岳，聖 岳，茶臼岳，光 岳へと連なる 3,000 m 級の山々からなる山脈である．また，その周辺には，その西側に南北にのびる伊那山地や，東側にやはり南北にのびる巨摩山地と身延山地のような 1,000〜2,000 m 級の山地がある．

　赤石山脈の隆起の時期については，静岡県側から赤石山脈を越えた長野県の伊那谷の地質から検討してみよう．伊那谷は，東側を伊那山地に，西側を木曽山脈には

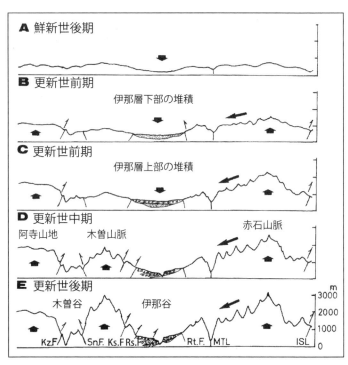

図6-4　阿寺山地から赤石山脈にかけての地形発達史（森山・光野，1989）．ISL:
糸魚川–静岡構造線，MTL：中央構造線，Rt.F：竜東断層，Rs.F：竜西断層,
Ks.F：木曽山脈山麓断層群，Sn.F：清内路峠断層，Kz.F：柿其峠断層.

さまれた南北方向の細長い，いわゆるトラフ状の盆地で，天竜川がそこを流れてい
る．天竜川の東側は 竜 東，西側は 竜 西とよばれる．竜東には約 200 万〜60 万年
前に堆積した伊那層が分布し，西側に傾く丘陵をつくっている．竜西には，木曽山
脈からの砂礫で形成された広大な扇状地が発達する．

　森山・光野（1989）によれば，竜東の伊那層は，赤石山脈の隆起によって運ばれ
た砂礫によって形成されたが，伊那層の形成過程から赤石山脈の隆起が南部から北
部へと移動したと推定されている．また，伊那層が堆積しはじめたときには木曽山
脈はなく，竜西の扇状地は約 50 万年以降からはじまり，更新世後期（12 万 5000
年以降）から急激に形成されたとのべられている．そして，伊那谷から赤石山脈に
いたる比高 2,500 m におよぶ東側が隆起して西に傾いた運動を，伊那—赤石傾動地

塊運動とよび，その運動はあたかも赤石山脈全体が一枚の硬くて平らな板のように
ふるまって，地塊の東側が隆起して西側に傾いたと考えられている（図6-4）．なお，
この図の地質時代は2013年以前のもので，BとCの更新世前期は今から約180万
年前以降に相当する．

　伊那谷の形成と赤石山脈および木曽山脈の隆起運動について，森山・光野（1989）
は，約200万年前と50万年前ころに大きなテクトニクス（構造運動）の変換があ
ったことを指摘している．このことは，駿河湾のテクトニクスにとっても重要であ
り，駿河湾とその周辺のテクトニクスから考えると，おそらくその変換の時期は，
それぞれが約180万年前と約40万年前であろうと考えられる．今から約180万年
前から赤石山脈が隆起を本格的に開始し，テクトニクスの変換は約40万年前に起
こり，その時期から木曽山脈も隆起をはじめ，1,000 m以上隆起したと考えられる．

大阪層群からみた海と陸の分布

　大阪層群については，第5章の「六甲変動」の節でものべたが，大阪湾や大阪平
野とその周辺の丘陵や盆地には，今から300万年前からほぼ連続的に堆積している
大阪層群とよばれる地層がある．吉川（2012）は，大阪層群の地層の時代や植物化
石などからの気候の推定をもとに，大阪層群の地層を海洋酸素同位体ステージ
（MIS）と対比させた．そして，大阪層群において，Ma3層とその直下の層準（約
90万〜80万年前）と，Ma6層とその直下の層準（約60万年前），Ma9層とその直
下の層準（約40万年前）の三つの重要な層準があることを指摘し，次のようにのべ
た（図6-5）．

　Ma3層の直下の層準（MIS 22）は「五軒家寒冷期」とよばれ，更新世前期の寒冷
期の中でももっとも寒冷な時期で，第三紀型メタセコイア植物群（120万〜90万年
前）が消滅した．Ma3層の堆積した時期はとても温暖で，この時期は気候が寒冷か
ら温暖へ激変した時期で，世界的にも「90万年事変（900 - Ka event）」とよばれる．
また，Ma3層の堆積したMIS 21は，「中期更新世気候変遷期（MPT）」とよばれ，
125万〜70万年前の4.1万年周期の温暖・寒冷期サイクルが，70万年以降現在ま
での10万年周期へと移行する時期にあたる．

　Ma6層の直下の層準（MIS 16）には，約63万年前に対馬海峡が陸化して，その
陸橋を渡ってトウヨウゾウを含む中国南部の動物群が，日本に渡来したとされる．

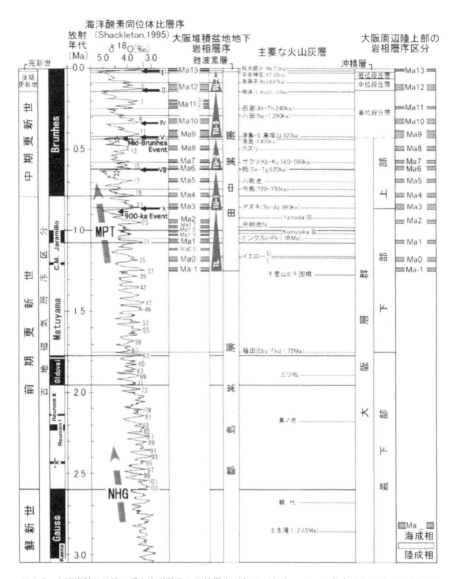

図6-5　大阪堆積盆地第四系と海洋酸素同位体層序（吉川, 2012）．ローマ数字はBroecker and Donk (1970) のターミネーション．星印は小西・吉川 (1999)，Yoshikawa et al. (2007) の陸橋形成時期をしめす．NHG: Nothern Hemisphere Glaciation, MPT: Mid-Pleistocene Climatic Transition.

日本海の海底の堆積物には，厚い暗色層が何層もみられ，それらは日本海が閉鎖的な海になったときに形成されたと考えられている．約80万年前以降の日本海の堆積物のうち，とくに厚い暗色層がMa6層の直下の層準にあたるMIS 16と，Ma9層の直下の層準にあたるMIS 12にあり，この二つの時期には大陸との間に陸橋があったと推定されている．

　Ma9層（MIS 11）は大規模な海進で特徴づけられ，この時期は更新世中期の中でもっとも暖かく，世界中で浅海域の拡大とサンゴ礁の形成が起こった．南関東では，温暖な海の化石が含まれる下総層群基底の地蔵堂層が堆積した時代である．その直下の層準（MIS 12）は，世界的に「中期ブリュンヌ事変（MBE）」とよばれ，それまでの温暖・寒冷サイクルから，より大きな振幅の気候変動サイクルに転換するときにあたる．また，日本では，陸域が拡大して対馬海峡がふたたび陸化して，ナウマンゾウを含む中国北部の動物群が陸橋を渡って移動してきた時期である．

　大阪層群でみられた三つの重要な層準は，小笠層群の重要な層準とも対応する．Ma3層とその直下の層準（約90万〜80万年前）は，小笠層群では大須賀層と可睡層の境界にあたり，大須賀層の最上部では扇状地がひろがり，その直後に可睡層の海進の堆積物がその上面をひろくおおった．Ma6層とその直下の層準（約60万年前）は，袋井層の下部層に相当し，海進層である可睡層の上位に河川扇状地の堆積物である袋井層が，小笠丘陵全体に河川扇状地をひろく発達させた．Ma9層とその直下の層準（約40万年前）は，小笠層群最上部がMa9の直下の層準にあたり，Ma9層の大規模な海進で特徴づけられる地層は，小笠丘陵の地域では陸上に分布しない．

　Ma9層の上位の地層は，有度丘陵の根古屋層と久能山層に相当し，これらは大規模な隆起と海水準の上昇が並行して起こったために形成されたと考えられる．大阪層群では，この時期から六甲変動がはじまると考えられる．また，関東地方では，この時期から堆積しはじめた地蔵堂層からはじまる地層の重なりは下総層群とよばれ，海水準変動と密接に関連した堆積サイクルをもつとされる．

地球磁場の逆転

　地球の磁場は，現在は北極近くに S 極があり，南極近くに N 極がある．そのため，磁石の針の N 極が磁北をさす．しかし，過去の岩石の地磁気を調べると，その逆に北極近くに地球磁場の N 極があった時代が何度もあったらしい．現在と同じ磁場にある時期を正磁極期といい，その反対だった時期を逆磁極期という．

　溶岩は，1000℃以上のマグマが急に冷えて固まったものであり，冷えて固まるときにキュリー温度（鉄では約 700℃）を通過した時点での地球磁場を記録するという性質がある．いろいろな時代の溶岩が記録した磁場を測ることにより，その時代の磁場を推定することができる．最近では堆積岩でもその時代の磁場を測ることができる．

　現在の正磁極期は今から 78 万年前から連続していて，ブリュンヌ正磁極期とよばれる．その前の，約 250 万年～78 万年前までは磁極の逆転していた時期は，それを発見した松山基範京都大学名誉教授の名前をとって松山逆磁極期とよばれる．松山逆磁極期の間にオルドバイ事件（195 万～177 万年前）やハラミロ事件（107 万～99 万年前）などとよばれる短い期間の正磁極期がはさまれる．

　このような地球磁場の逆転がなぜ起こるかについては，よくわかっていない．そもそも地球磁場がなぜあるのかという原因についても，永久磁石説と流体ダイナモ説などがあるが，定説はない．また，地球の磁極もつねに移動している．磁極とは地球の表面で，磁力線の方向が鉛直になっている地点で，磁北の位置は地図の真北の位置からはずれている．2005 年には磁北の位置はカナダ北方のエルズミーア島付近にあり，20 世紀中に 1,100 km 動き，現在は毎年 40 km と速度を早めて，シベリアに向かって北西に移動しているという．

　真北とは地球の自転軸が位置すると考えられる北の地点であり，磁北はそれとずれているため磁石がさす北の方向は真北ではない．真北と磁北の差を偏角とよび，それぞれの地域で異なることから，各地域の地形図には偏角が記入されている．そして，各地域の偏角の値は磁北の移動にあわせて毎年多少ではあるが変更されている．

第7章

庵原丘陵の形成

―隆起した富士川の三角州―

富士川河口の羽鮒丘陵北部に分布する蒲原層の礫層（別所礫部層）。左側の砕石場の崖の中部には礫層が露出し、その上位を古富士泥流堆積物がおおう。羽鮒丘陵の蒲原層の礫層の礫は今から約 100 万年前に富士山の基盤から供給された。

富士川河口の丘陵をつくる地層

　静岡県富士川河口の西側には，大丸山や雨乞山などの山体を含む数100ｍの高さの山地からなる庵原丘陵（または蒲原丘陵）があり，富士川をはさんだその北側には岩本山や明星山，星山丘陵，羽鮒丘陵がある．それらの丘陵には前章で紹介した小笠層群と同じ更新世前期〜中期に堆積したおもに礫層と火山岩層からなる地層が分布する（大塚, 1938；駿河湾団体研究グループ, 1982；杉山・下川, 1982）.

　駿河湾団体研究グループ（1982）は，庵原丘陵と富士川の北側の丘陵に分布する地層を庵原層群とよび，その層序について柴ほか（1990b）と柴（1991）は，庵原層群を下位から蒲原層と岩淵層に区分した．本書では，これを再検討して，尾崎ほか（2016）にほぼしたがい，庵原層群を下位から蒲原層と岩淵層，鷺ノ田層の3層に区分する.

　すなわち，柴ほか（1990b）と柴（1991）で岩淵層に含めていた南松野砂礫部層や沼久保礫シルト部層，上羽鮒礫部層（下部をのぞき）を鷺ノ田層に含めた．これらの部層と岩淵層の火山岩層の関係については指交関係（指を交わらせるようにお互いにはさまれる関係）ではなく，これらの部層が火山岩層の上位に不整合で重なるとした．とくに南松野砂礫部層では，私はこれまで岩淵層の火山岩層と砂礫層が指交関係にあると考えていたが，再調査の結果，火山岩層に砂礫層が不整合に重なっていることを確認した.

　なお，富士川の北側にある星山丘陵と羽鮒丘陵には，庵原層群をひろくおおって富士山の噴出物である古富士泥流と富士山溶岩が分布する．富士川河口周辺の丘陵の地質図を図7-1にしめし，庵原層群の層序を各地域にわけて図7-2にしめす.

　庵原層群の下部にあたる蒲原層は約100万年前に海底斜面を埋めたファンデルタの前置層で，庵原丘陵の南部と羽鮒丘陵の北部に分布し，それを不整合におおって岩淵層が分布する．岩淵層は，90万〜70万年前に起こった火山活動によって形成されたおもに安山岩質の溶岩と火山砕屑岩層からなる．そして，その火山体の西側にできた入江や河川に70万〜40万年前に堆積した砂礫やシルトの地層が鷺ノ田層にあたる．岩淵層と鷺ノ田層は，庵原丘陵と他のすべての丘陵に分布する.

約100万年前のファンデルタ

　蒲原層は，庵原丘陵の南部と羽鮒丘陵の北部に分布し，おもに細礫〜中礫の淘汰

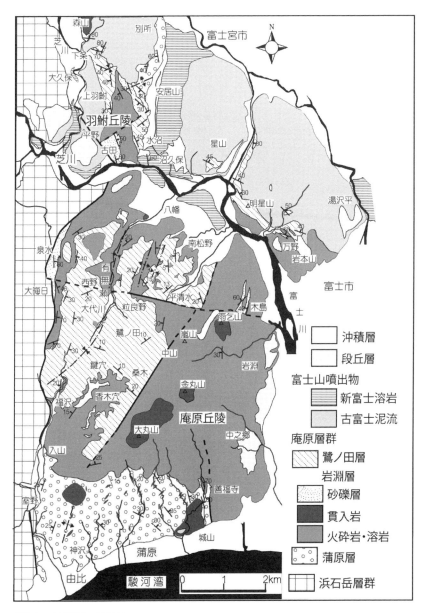

図 7-1　庵原層群の地質図.

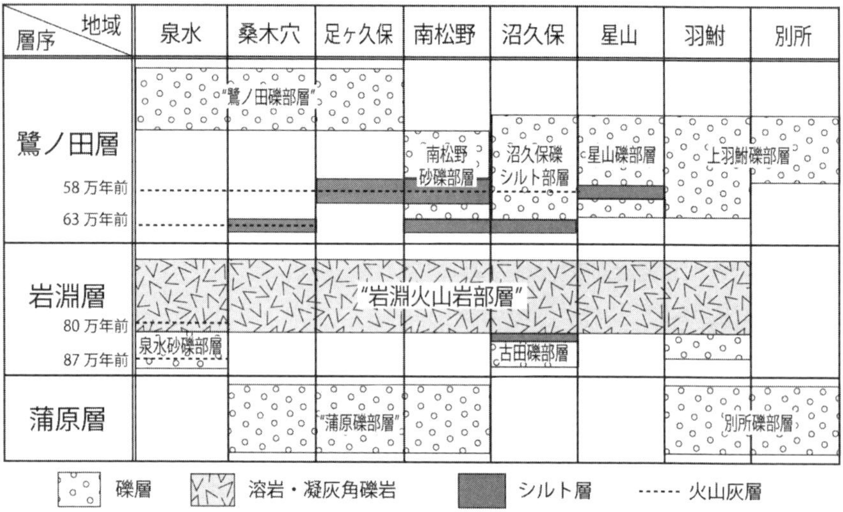

層序＼地域	泉水	桑木穴	足ヶ久保	南松野	沼久保	星山	羽鮒	別所
鷺ノ田層 58万年前 63万年前		"鷺ノ田礫部層"		南松野砂礫部層	沼久保礫シルト部層	星山礫部層	上羽鮒礫部層	
岩淵層 80万年前 87万年前	"岩淵火山岩部層" 泉水砂礫部層				古田礫部層			
蒲原層		"蒲原礫部層"						"別所礫部層"

礫層	溶岩・凝灰角礫岩	シルト層	火山灰層

図 7-2　庵原層群の層序と各地域の岩相柱状．各地域の従来の地層名をしめしたが，" "でくくった部層名は層名と部層名に同じ地名が使われることから正式なものとして使用できないが，従来から使用されていることから便宜上しめしておく．

のよい礫層（図 7-3 の a）からなる．この地層は，約 100 万年前にファンデルタの前置面に堆積したと考えられ，蒲原沖の大陸斜面にも海底の急崖をつくって分布する．庵原丘陵に分布する蒲原層（従来「蒲原礫層」とよばれていたもの）の礫層の礫は，その組成から富士川から運ばれたものであり，その礫の古流向からそれらは北から供給されていたと考えられている（大塚・野田, 1987）．したがって，庵原丘陵の蒲原層を堆積させたファンデルタの前置部斜面は南側に傾斜していたことになる．しかし，その礫層は現在北東側に傾斜していて，礫を堆積させたファンデルタの傾斜と現在の地層の傾斜が異なっている．このことから，庵原丘陵の蒲原層は，堆積したのちに分布の西部にある神沢背斜の形成により，その東翼は南西側に隆起して北東方向に傾斜する現在の構造が形成されたと考えられる．

　庵原丘陵の岩淵層は，蒲原層の分布域の北側に火山岩層が重なり，北ないし北西方向に傾斜していて，すでに変形した蒲原層の構造とは斜交する．もし，庵原丘陵の岩淵層が蒲原層と整合であれば，地層の構造の斜交はみられず，蒲原層上部から岩淵層への変化は連続的な岩相の変化をしめすと考えられる．しかし，それらのこ

110

図 7-3　庵原層群の各層の岩相の写真．a：蒲原層の傾斜した層理の礫層（ファンデルタ前置相）と左側に
それに貫入した角閃石安山岩の岩脈（蒲原），b：岩淵層の集塊岩状の凝灰角礫岩層（沼久保），
c：傾斜した鷺ノ田層の沼久保礫シルト層（沼久保），d：鷺ノ田層の網状河川相の礫層（大代）．

とは認められないことから，蒲原層が堆積したのちに起こった庵原丘陵の神沢背斜
の隆起にともなう褶曲構造の形成後に，北東側に傾斜した蒲原層を不整合におおっ
て岩淵層がその北側に堆積したと考えられる．

　羽鮒丘陵の北部にも蒲原層が分布し，それは従来「別所礫層」とよばれていた．
この地層も庵原丘陵の蒲原層と同様にファンデルタの前置部で堆積した礫層から
なり，上位の岩淵層の礫層と鷺ノ田層の上羽鮒礫部層とは構造が斜交し不整合でお
おわれる．羽鮒丘陵の北部の下条の東側で，上羽鮒礫部層が別所礫部層を不整合に
おおう露頭が見られる．

90万～70万年前の火山

岩淵層は，90万～70万年前に浅い海底または陸上に堆積した火山岩層であり，従来「岩淵火山岩層」または「岩淵火山岩類」とよばれていた．その火山岩層は，おもに安山岩質の溶岩と凝灰角礫岩層（図7-3のb）などからなり，はじめ海底で堆積しはじめたがすぐに陸上の火山となり，最後は大丸山や金丸山などの山頂にドーム状の火山丘を形成した．そして，その複数の火山体は，庵原丘陵の南部の大丸山から北東部の雨乞山にかけてと，有無瀬川の西側に，どちらも北東―南西方向にのびた二つの火山列からなる．

庵原丘陵の北西部の泉水と大晦日には，岩淵層の火山岩層の下位とそれにはさまれる砂礫層に，火山灰層がはさまれる．水野ほか（1992, 1993）は，泉水のものを泉水火山灰層とし，大晦日のものを大晦日火山灰層とよんだ．そして，泉水火山灰層はアズキ火山灰層（約87万年前）に，大晦日火山灰層は国本5A火山灰層（約80万年前）に対比した．

なお，海野・大木（1989）は，岩淵層の火山岩および貫入岩体のK-Ar年代を測定し，嵐山のものが113±24万年前，大丸山のものが87±7万年前，紫山のものが88±6万年前，羽鮒丘陵北西側の森山のものが61±7万年前という値を報告した．石塚・及川（2008）は，善福寺付近の玄武岩質溶岩から110～100万年前，大丸山のデイサイト質溶岩ドームから約88万年前，森山の玄武岩から約58万年前という値を報告した．

K-Ar年代測定からは森山の玄武岩をのぞいて年代値は110万～80万年前とばらつくが，広域火山灰層の年代と上位の鷺ノ田層の年代からおおむね岩淵層の火山活動の主体は90万～70万年前に起こったと考えられる．なお，森山の玄武岩は，岩淵層の時代よりも新しい時代の火山活動と考える．岩淵層の火山岩層の下位（最下部）には，庵原丘陵では泉水砂礫部層が分布し，羽鮒丘陵では南部と東部に礫層が分布し，南部のものは古田礫部層とよばれ，カキ床がみられる．

70万～40万年前の入江と河川

庵原丘陵の岩淵層の二つの火山列の間と羽鮒丘陵の岩淵層の分布の東西両側には，70万～40万年前に入江とそこに流入する河川があり，それらの低地に鷺ノ田層が堆積した．庵原丘陵では鷺ノ田層は南松野砂礫部層と"鷺ノ田礫部層"（従来

から「鷺ノ田礫層」とよばれていた地層であるが，層名と部層名に同じ地域名を用いて地層名を設定ができないため便宜上〝 〟でくくって使用する）からなり，羽鮒丘陵では沼久保礫シルト部層と上羽鮒砂礫部層，星山丘陵から岩本山にかけては星山礫部層が分布する．なお，泉水砂礫部層と古田礫部層は岩淵層に含める．

　鷺ノ田層には，房総半島に分布する長 南層の Ch2 火山灰層（約62万年前）に対比される桑木穴火山灰層と，樋脇火山灰層（約58万年前）に対比される足ヶ久保火山灰層がはさまれ（水野ほか，1992, 1993），地域的な地層の対比と鷺ノ田層の年代決定に重要な資料を提供している．

　鷺ノ田層の入江や砂州に堆積した地層からは，貝などの軟体動物化石とともにゾウやシカ，魚などの脊椎動物の化石が発見されている．南松野砂礫部層のシルト層からは，植物化石とともに，シズクガイとオカメブンブクの化石（久保田，1978），コノシロ亜科と，ニシン科，カタクチイワシ科の魚類化石（横山ほか，2013a, 2013b）と *Stegodon orientalis*（トウヨウゾウ）の臼歯化石（大塚，1943；小川，1978）が報告されている．

　河川から河口の堆積物である沼久保礫シルト部層（図 7-3 の c）からは，マガキ，ムラサキガイ，ウマタケガイ，ウラカガミガイなどの貝化石と，植物，ゾウやシカの足跡と干潟に棲む生物の生痕化石がみられ，*Cervus* sp.（シカ属）の骨格化石（柴ほか，1992）と *Cervus*（*Nipponicervus*）*kazusaensis*（カズサジカ）の枝角化石（阿部ほか，2001）が発見されている．なお，上羽鮒砂礫部層の一部にはカキ床がみられ，星山丘陵の万野の採石場に分布する星山礫部層のシルト層からは，リンケナサバイなどの貝化石が報告されている（恒石・塩坂，1981）．

　従来の「鷺ノ田礫層」とよばれた〝鷺ノ田礫部層〟は，入江や砂州に堆積した地層の上位に重なる巨礫を含み，砂層のレンズをはさむ網状河川の堆積物（図 7-3 の d）で，おもに庵原丘陵の岩淵層の二つの火山列の間に分布する．

コノシロとシカの化石

　庵原丘陵の嵐山の西側，富士川の南側には南松野の盆地がひろがる．南松野には，南松野砂礫部層の砂礫層とシルト層がゆるく西に傾斜して分布する．砂礫層は小規模なデルタまたは砂州を形成したもので，シルト層は入江の湖や干潟で堆積したものである．この南松野の地層には，約58万年前の樋脇火山灰層に対比される足ヶ

図7-4　南松野礫シルト層から産したコノシロ化石（横山ほか，2013a）.

久保火山灰層がはさまれる．そのころ，南松野は嵐山などの火山が北東方向に岬を張り出してあり，海面の上昇によってその西側の南松野の低地に海が入りこみ，閉鎖的な入江がつくられていたと考えられる.

　この南松野砂礫部層のシルト層から，植物や貝化石などとともにコノシロ亜科やニシン科，カタクチイワシ科などの保存のよい魚の化石が発見される（横山ほか，2013a；2013b）．とくに，コノシロ亜科の化石は，保存がよく，食卓の皿にのった焼き魚と見間違うほどである（図7-4）．この化石は，化石採集家の宮澤市郎氏によって発見された.

　このように保存のよい魚の化石などが多く発見されることは，限られた例しかない．それは，魚が死ぬとふつう魚体は海底や湖底に沈むが，腐敗してガスを体にためて浮遊して体は壊れてしまう．また，海底や湖底に横たわったものは底生生物の餌となり，ほとんど化石として地層の中に保存されることはない．したがって，魚体の保存のよい化石があることは，堆積時にその場所が化石を保存する特殊な環境にあったと考えられる.

　南松野の魚類化石の場合，その産地が閉鎖的な入江であったと考えられることから，夏期に入江の表層で青潮などが大発生して，底層の水が還元状態になり硫酸還元菌により硫化水素が蓄積していた可能性がある．そして，台風などで入江に突然に多量の海水が流入して底層に入ると，底層の硫化水素に富んだ水が表層に押し上げられて魚を大量死させたと考えられる.

　海底に沈んだ死んだ魚は，底層に蓄積した硫化水素によって腐敗や底生生物から

の破壊からまぬがれ，還元硫化細菌のつくるバイオマット（生物による繊維状のシート）によって魚体の表層がおおわれ，冬期にその上に薄い泥層がおおった．この地層は，数mmの厚さの青灰色の泥層と1mm以下の白いバイオマットからなり，リズマイトとよばれる薄布のような地層の互層を毎年形成した．

　南松野の入江で，魚が化石になっていたころ，その北側の沼久保では河原や干潟がひろがっていた．沼久保では，現在の富士川の河床に，礫層と泥層からなる地層が35〜75度東に傾斜した状態で，約400mにわたって連続して露出している．それらの地層は，広域火山灰層などから約70万〜55万年前に堆積したものと推測され，約63万〜約57万年前に起きた海進を干潟の地層として記録している（横山・柴, 2013）．

　また，この地層の干潟の層準からは，カズサジカの骨化石やシカやゾウの足跡化石，カキなどの貝化石が発見されている（柴ほか, 1992 ; 阿部ほか, 2001）．とくにシカの骨化石については，私たちの調査のあとに，宮澤市郎氏によってボーリングの玉ほどの大きさの多数の石灰質ノジュール（団塊）の中から，頭骨を含む幼体ほぼ一体分の全身骨格が発見されている（柴ほか, 2003）．

羽鮒丘陵の緑色の礫層

　沼久保や羽鮒丘陵を調査しているときに，そこに分布する庵原層群の礫層の色が，庵原丘陵に分布する礫層の色よりも緑がかっていることが気になっていた．とくに，羽鮒丘陵の北東部にある別所の採石場に露出する蒲原層，いわゆる別所礫部層ではその印象が強かった．そこで，庵原層群のそれぞれの礫層の礫を200個採集して，どのような岩石の礫からなるかを調べてみた（柴ほか, 1991a）．

　図7-5にその結果をしめすが，それによると羽鮒丘陵以外に分布する礫層の礫の組成は，現在の富士川の礫の組成とほぼ同じで砂岩と泥岩の礫が半分から3分の1ほど含まれている．しかし，羽鮒丘陵に分布する礫層の礫には砂岩と泥岩の礫がきわめて少なく，安山岩などの火山岩と凝灰岩の礫が4分の3以上をしめ，閃緑岩も多く，少量ではあるが角閃石片岩の礫も含まれることがわかった．羽鮒丘陵に分布する礫層が緑色をしていると感じたのは，火山岩と凝灰岩の礫に緑色のものが多かったことが原因だった．

　少量含まれていた角閃石片岩は，現在の富士川流域には分布しない岩石で，富士

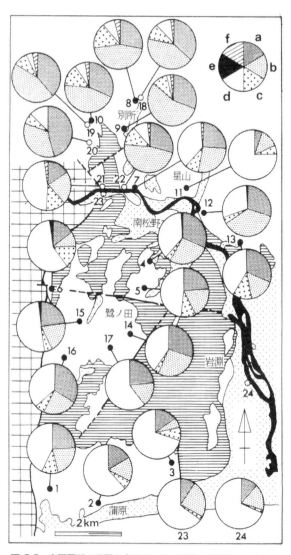

図 7-5　庵原層群の礫層と富士川河床の礫層の礫種組成（柴ほか, 1991a）. a：火山岩, b：凝灰岩, c：深成岩, d：砂岩・泥岩, e：石墨片岩, f：角閃石片岩. 羽鮒丘陵の礫層の礫には砂岩泥岩が少なく凝灰岩や火山岩の礫が多く, 角閃石片岩が含まれる.

川の西側でそれに相当するのは天竜川の流域に分布する三波川変成岩で，東側では丹沢山地の丹沢層群に含まれている．そこで，この羽鮒丘陵の礫種組成を，丹沢山地の南側に分布する庵原層群とほぼ同じ時代に堆積した足柄層群の礫種組成と比較した．そうすると，その両者の礫種組成と岩石の種類がほぼ同じであった．

　角閃石片岩の礫は川で流される途中で削れてなくなりやすく，足柄層群でのその礫の大きさと流された距離の分布調査から，角閃石片岩の礫は10 kmほどでほとんどなくなってしまう．このことから，羽鮒丘陵に運ばれた角閃石片岩の岩体があった場所は，丘陵から10 kmの範囲内にあることになり，その場所は北西側の富士川流域は考えられず，羽鮒丘陵の北東側の現在富士山の南西麓にあたるところにあったと推定した（柴ほか, 1991a）．

富士山の下の基盤

　富士山は，今から数10万年前ころから火山活動をはじめて5万年前以降に，今のように高くひろい分布をなした火山である．庵原層群が堆積した100万～40万年前に，庵原層群の北東側には富士山は存在しなかった．それではそこには何があったか．前節でのべたように，富士山の下には，羽鮒丘陵の礫層の礫を供給した丹沢層群からなる山地があったことになる．すなわち，現在の富士山の下には丹沢山地の南西の延長部が隠されていると考えられる．

　今から70年以上前に，富士山の下を調べるために深さ1,000 mのボーリング調査が，富士宮市の大渕（海抜700 m）でおこなわれた．その資料によれば，深さ600 mよりも下には緑色凝灰岩や緑色安山岩の地層があり，その上には風化した土層，愛鷹山の溶岩，そして富士山の火山噴出物があったと報告されている（津屋, 1940）．このもっとも下位の緑色の凝灰岩や安山岩の地層は，おそらく丹沢層群にあたる．

　丹沢山地の中央には，閃緑岩（トーナル岩）が北東―南西方向に分布していて，それをとりまいて今から約1600万～1400万年前に海底火山活動で堆積した丹沢層群が分布する．丹沢層群が堆積したあとに，中央の閃緑岩がやや南側に押し上がるように隆起したために，丹沢層群の地層は閃緑岩をとりまいて外側に急傾斜し，とくにその南側は地層が逆転して押しかぶせの圧力によって角閃石片岩が形成されたとされる．

丹沢山地をその構造方向の南西側に延長させると，羽鮒丘陵の北東側に位置する
さらに，丹沢山地ではその中央の閃緑岩の南側に角閃石片岩が分布することから，
その南西側の延長にあたる位置は羽鮒丘陵から 10 km 圏内になり，角閃石片岩の礫
が羽鮒丘陵の礫層に含まれていたことも説明できる．

重力異常で地下がわかる

　地球の重力は，地球が地表の上またはその近くにある物体におよぼす加速度で，
その標準的な値は約 9.81 m/s² である．標準的な値と書いたのは，地球の重力はど
こでも同じではなく，その場所の緯度や高さ，地形や地下の地質・岩石などによっ
て値が異なっているからである．地球全体では緯度によって標準重力が計算されて
いるが，実際に測った値とは違うので，その差を重力異常という．重力異常の値か
ら，海水準からその場所までの岩石の影響をとりのぞいた値を，ブーゲー重力異常
という．

　重力は地下に重たいもの，硬い岩石など密度の高いものがあれば大きくなり，硬
くない砂層や礫層など軽いもの，密度の低いものがあれば小さくなる．重力の値を
たくさんの地点で測定して，ブーゲー重力異常の等高線（コンタ）を描くと，地下
を構成している地質や岩体の分布が推定できる．

　図 7-6 は，丹沢山地から静岡県にかけてのブーゲー重力異常図に，丹沢山地の岩
体や庵原層群などの礫層の分布を重ね，さらに富士山の噴出物によって隠されてい
る丹沢山地の岩体や礫層の分布を推定したものである（柴ほか，1991a）．負の異常
の領域は地下に軽いもの，すなわち新しい堆積層のあるところにあたり，a は足柄
層群，e は羽鮒丘陵の鷺ノ田層，f は庵原丘陵の鷺ノ田層の分布と一致する．

　丹沢山地から南西方向には高い重力異常の値は低くなるものの，その延長が推定
される．また，c の山梨県の鳴沢村付近と b の静岡県の御殿場市中畑付近と d の富
士宮市上条付近に大きな堆積盆地があることが推定できる．これらの盆地は，庵原
層群や足柄層群と同じ約 100 万〜40 万年前の礫層によって埋められていて，その
礫は富士山に隠されている丹沢山地から運ばれたものと思われる．同時にこの盆地
は，富士山に降った雨水や雪溶け水によって満たされていて，今まで知られていな
かった貴重な水資源としても注目できると思われる．

　富士山の宝永火口は，富士山山頂の南東側 6 合目付近の海抜 2,693 m にあり，宝

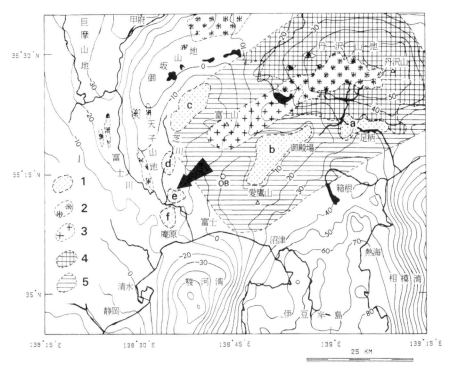

図7-6 丹沢山地から静岡県にかけてのブーゲー重力異常図に丹沢層群や更新世の礫層の分布を
しめした（柴ほか, 1991a）. 1:更新世の堆積盆地, 2:深成岩体, 3:深成岩体（推定分布）, 4:
丹沢層群, 5:丹沢層群（推定分布）.

永4年（1707年）の宝永噴火でできたものである. その火口の玄武岩溶岩の噴石に
は, 閃緑岩の岩片が含まれていることがある. このような岩石の中に異質な岩石が
とりこまれているものを捕獲岩といい, マグマが地下にあった岩石をとりこんだも
のと考えられている. 富士山山頂の南側は, 丹沢山地の閃緑岩体の延長部が推定さ
れるところで, 宝永火口の閃緑岩の捕獲岩は丹沢山地が富士山の下にあることの証
拠でもある.

100万～40万年前の富士川河口

　富士山の下から, 話を庵原層群が堆積していた時代にもどそう. 今から100万年
ほど前に, 富士川河口地域には現在の富士川と同じように北から流れこむ河川があ

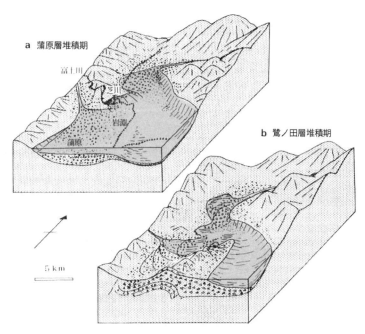

図7-7　100万～40万年前の富士川河口の古地理. a:蒲原層堆積期の古地理. b:鷺ノ田
　　　層堆積期前期の古地理（柴，1991を一部改変）.

り，その海側には南に傾斜した斜面をもつ蒲原層を堆積させたファンデルタが発達
していた. また同時に羽鮒丘陵の北東側には，今は富士山に隠されている丹沢山地
の南西への延長部の山地があり，そこからの河川の河口に別所付近にファンデルタ
（別所礫部層）が発達していた. 両河川のファンデルタは，芝川付近にあった北東
—南西方向の高まりによって，分断されていたと考えられる（図7-7）.

　庵原丘陵の蒲原層は堆積したあとに，南西部が隆起して，おそらく陸上に上がっ
た部分は侵食され，90万年前からはじまった海水準の上昇と岩淵火山の活動によっ
て，岩淵火山の堆積物によって不整合におおわれた. この地域では90万年前に起
こった隆起運動と火山活動によって陸域がひろがった. 岩淵火山は，北東—南西方
向の高まりをつくり，陸上火山として成長した.

　70万年前ころには,庵原丘陵の大丸山から北東部の雨乞山にかけての岩淵火山の

北西側にある南松野地域は閉鎖的な入江となっていた．その北側の沼久保から羽鮒丘陵にかけての地域は，その北東側から流れる河川の河口だったが，その後の海水準上昇にともない干潟となり，沼久保では現在の富士川も流れこむ河口や河川の環境になった．この鷺ノ田層が堆積しはじめたころには，干潟や河川の後背湿地にカズサジカやトウヨウゾウがおとずれていて，南松野の入江にはコノシロやカタクチイワシなどの魚が泳いでいた．

　その後，50万〜40万年前には，この地域は網状河川の扇状地にひろくおおわれ，庵原丘陵の北西側やその東側の星山丘陵などにあった低地が扇状地の礫層によって埋めつくされてしまった．

　本章とその前の第6章では，富士川と大井川の隆起したファンデルタである，約180万〜40万年前の更新世前期〜中期という時代に堆積した，庵原層群と小笠層群についてのべた．この二つの層群の堆積の過程はよく似ていて，庵原層群には小笠層群の第1の時期の地層が認められないが，海底をファンデルタの堆積物が埋積した120〜90万年前までの第2の時期と，陸地になったところに海が侵入した（庵原層群では火山活動で特徴づけられる）90万〜70万年前の第3の時期，さらにその後の70万〜40万年前にその入江を埋積した地層とそれをおおう網状河川堆積物がひろがった第4の時期の，三つの時期の地層の堆積過程に共通点が認められる．

　大井川と富士川の河口地域で，約120万〜40万年前に起きた地層の形成と環境変化の原因は，それら両河川の上流域の後背地にあたる，おもに赤石山脈の大規模な隆起によると思われる．すなわち，赤石山脈の隆起によって，大井川河口に小笠層群が，富士川河口に庵原層群が堆積した．

　大井川と富士川の間には，両河川と同じく赤石山脈に源流をもつ安倍川があるが，現在の安倍川の河口周辺地域には，庵原層群と同じ時代の堆積層が分布しない．しかし，それは現在の陸上には分布しないだけで，実際には駿河湾の海底にひろく分布している．その話については，次の第8章でのべる．

丹沢山地の隆起と足柄層群

　庵原層群の堆積した時代には，富士山の北東側にある丹沢山地が隆起して，そこから流下した河川によって砂礫が供給されてファンデルタが形成された．現在の丹沢山地の南側には，庵原層群とほぼ同じ時代にファンデルタで堆積した足柄層群と

いう地層がある．この足柄層群の堆積の過程は小笠層群や庵原層群と類似している．そこで，ここでは足柄層群の堆積過程について，今永 (1999) にしたがって紹介する．

　足柄層群は，約 200 万〜60 万年前の地層で，下位から日向層と瀬戸層，畑層，塩沢層に区分される．下部の日向層と瀬戸層は，掛川地域の掛川層群に相当する地層と思われ，約 180 万年以降に堆積した畑層と塩沢層が庵原層群や小笠層群に相当すると考えられる (図 7-8)．

　日向層はやや深い海底で堆積した泥層と火山岩質の砂層との互層で，瀬戸層は海底扇状地に堆積した礫層と砂層や泥層，火砕岩層からなる地層である．礫の種類は，丹沢山地の凝灰岩や安山岩と関東山地の泥岩やチャートである．丹沢山地の北側にある関東山地の礫が瀬戸層に含まれることは，この時期に丹沢山地はそれほど隆起していなかったことになる．

　畑層は，約 180 万〜120 万年前に堆積した地層で，泥層と砂層に礫層をはさみ，それらは水深が 100〜300 m の海底に堆積したとされている．この時代には粗粒な堆積物があまり供給されなかったという点は，畑層と同じ時代の小笠層群曽我層の特徴と似ている．

　約 120 万年前以降に堆積した地層は塩沢層で，これはファンデルタで堆積した礫層で，90 万年前以降は陸上の河川や扇状地の堆積物となった．塩沢層の下部は小笠層群の大須賀層や庵原層群の蒲原層のような海底チャネルやファンデルタの前置層で，中部には海進が認められ浅海の貝化石などを含む砂層がはさみ，上部は小笠層群の袋井層や庵原層群の鷲ノ田層のような陸上の扇状地の地層に相当する．

　塩沢層のすべての礫は丹沢山地起源で，それ以前の礫層に含まれていなかった丹沢山地の中央に分布する閃緑岩の礫も大量に含まれている．このことから，この塩沢層の堆積の時期に丹沢山地が大規模に隆起して，中央の閃緑岩の岩体まで侵食されたことが推定されている．

　足柄層群には，日向層と瀬戸層，畑層に安山岩質〜デイサイト質の溶岩や火砕岩からなる火成活動がみられる．とくに，足柄山地の南部にある矢倉岳は，石英閃緑岩の岩体からなり，畑層に貫入したものである．また，矢倉岳の北西には，畑層の堆積しているときに起こった水中噴火でできた，爆裂火口の堆積物がある．また，畑層中には，それ以外に何層かのデイサイト質火砕岩層がはさまれる．

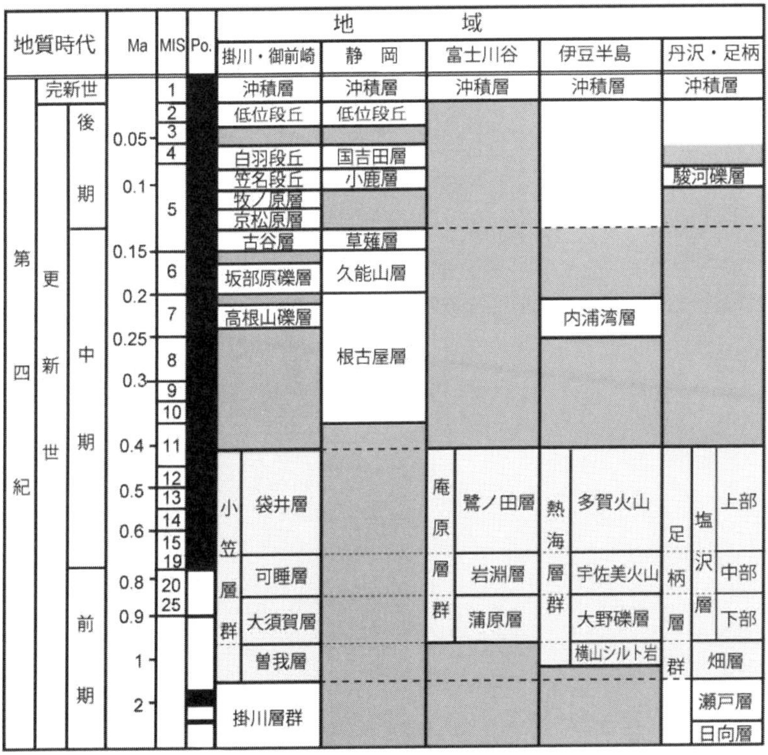

地質時代			Ma	MIS	Po.	掛川・御前崎	静岡	富士川谷	伊豆半島	丹沢・足柄
完新世				1		沖積層	沖積層	沖積層	沖積層	沖積層
第四紀	更新世	後期		2 3 4		低位段丘	低位段丘			
			0.05			白羽段丘	国吉田層			
			0.1	5		笠名段丘 牧ノ原層 京松原層	小鹿層			駿河礫層
						古谷層	草薙層			
			0.15	6		坂部原礫層	久能山層			
		中期	0.2	7		高根山礫層			内浦湾層	
			0.25	8			根古屋層			
			0.3	9 10						
			0.4	11						
			0.5	12 13		小笠層群	袋井層	庵原層群	鷲ノ田層	熱海層群 多賀火山
			0.6	14 15 19			可睡層		岩淵層	宇佐美火山
		前期	0.8	20 25			大須賀層		蒲原層	大野礫層
			0.9				曽我層			横山シルト岩
			1				掛川層群			
			2							

足柄層群: 塩沢層（上部・中部・下部）・畑層・瀬戸層・日向層

図 7-8　駿河湾をとりまく更新世の地層とその対比. 小笠層群と庵原層群に相当する層準は少し影をつけている. Ma：100 万年前, MIS：海洋酸素同位体ステージ, Po.：古地磁極帯. 柴ほか（1993）の内浦湾層は根古屋層に対比した.

　足柄山地の西部にあたる, 静岡県駿東郡小山町の北側の丘陵には, 駿河礫層という河川の扇状地に堆積した礫層がある. この礫層には御岳第一火山灰層がはさまれていることから, 約 10 万年前ころに堆積したと考えられる. この礫層の礫の配列などから, この礫層を堆積させた河川（古酒匂川）は, 当時, 南西方向に流れていて, 御殿場から駿河湾に流入したと考えられている（町田ほか, 1975）. その後に, 富士山の活動や西側の隆起などにより, 酒匂川は東側に流れを変えて現在の流路をとり, 相模湾に注ぎこむようになったとされる. すなわち, 約 10 万年前まで丹沢山地の礫は相模湾ではなく, 駿河湾に流れていたことになる.

丹沢山地の隆起の原因

　足柄層群のできかたについては，一般的に次のようにいわれている．フィリピン海プレートの北進によって，丹沢地塊が関東山地へ衝突して，関東山地と丹沢山地の間にあったプレートの沈みこみ帯が，約400万年前以降に丹沢地塊の南側に移動して，約200万年前から丹沢地塊の南側にできたトラフに足柄層群の泥層が堆積しはじめた．そして，伊豆半島が丹沢地塊に衝突して，その衝突による丹沢山地の急激な隆起によって丹沢山地をつくる岩石が，多量の砂礫となって丹沢と伊豆半島の間のトラフに厚く堆積した（今永, 1999）．

　この足柄層群の形成についての文章では，足柄層群に堆積物を供給した丹沢山地の隆起は，伊豆半島が衝突したために起こった特別な隆起運動であるとしている．しかし，それは伊豆半島が衝突したから起こった隆起運動だったのだろうか．この丹沢山地の隆起と同時に，これまでのべてきた小笠層群と庵原層群の形成をもたらした赤石山脈の隆起が起こっている．さらに，この時代の隆起は丹沢山地や赤石山脈にとどまらず，次にのべる日本列島全体で，いや島弧といわれる世界のさまざまな地域で大規模な隆起運動が同時に起こっている．

　丹沢山地の隆起が，もしも伊豆半島の衝突によってもたらされたとするならば，同じような堆積過程で形成された小笠層群や庵原層群でも，その後背地である赤石山脈を隆起させるために伊豆半島のような南側からの衝突体が必要になる．しかし駿河湾の西岸やその西側の遠州灘の南側には伊豆半島のような衝突体はまったく存在しない．

　丹沢地塊や伊豆半島の衝突については，第11章でくわしく議論するが，私は伊豆半島が南から来て衝突したという仮説や，プレート境界の存在，プレートの沈みこみという仮説について大きな疑問をもっている．

島弧の大規模隆起

　図7-9は，今から約180万〜40万年前に堆積した，沖縄の琉球層群や大阪の大阪層群，静岡県の小笠層群と庵原層群，丹沢山地の足柄層群，房総半島の上総層群などの地層が，時代ごとにどのような堆積物からなるかを大まかにしめした岩相柱状図である．この図を見ると，大阪層群はすでにそのころ陸上だったが，約120万年前ころから何回かの海進により海成粘土層が堆積している．房総半島では，隆起

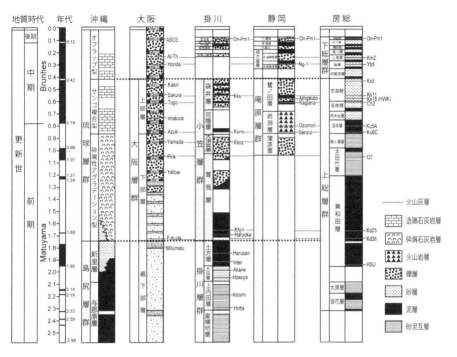

図 7-9　今から約 180 万〜40 万年前に堆積した琉球層群や大阪層群，小笠層群，庵原層群，上総層群などの地層が時代ごとにどのような岩相の地層からなるかをしめし，それぞれの地層を対比した柱状図．年代の単位は 100 万年で，白黒のバーは古地磁極性．この時期に，大阪は陸上だったが海進があり海成粘土層が堆積した．掛川と静岡は海底が埋められて陸上の河川になり，房総は深い海底だったが砂層が堆積するようになった．

した山地からも遠い深い海底だったため，泥層が堆積する時期が長かったが，約 120 万年ころから砂の供給がはじまり，約 70 万〜40 万年前には浅い海底になり砂層が堆積した．

　この時代の地層の形成過程を，小笠層群を例に以下のようにまとめてみる．

　約 180 万〜100 万年前までの第 1 の時期（曽我層の堆積期）には，日本列島などの島弧に隆起が起こった．この隆起では，島弧の山地や山脈だけが隆起するものではなく，海底の大陸斜面も含む島弧をつくる地殻全体が隆起した．そのため，大陸斜面上部の深い海底だったところは浅海化した．この時期の後期（約 120 万年以降）

には赤石山脈の隆起が顕在化して，河川が陸域では扇状地を形成し，大陸斜面には
チャネル埋積堆積層が形成された．この時期に沖縄では，琉球弧の隆起とその西側
の沖縄トラフの形成により，サンゴ礁の島々ができて大陸斜面に石灰質の砕屑物を
堆積させた．大阪はすでに陸域の盆地で，その後期に山地の隆起がはじまり，砂層
からなる扇状地が形成された．房総半島は山地から遠くまだ深い海底または大陸斜
面であったために泥層が堆積し，砂礫など粗粒な堆積物がほとんど運ばれることは
なかった．

そして，次の100万〜90万年前の第2の時期（大須賀層の堆積期）には，島弧中
央部の山脈や山地の大規模で急激な隆起が起こり，大量の粗粒堆積物が山地から河
川で供給されてファンデルタを形成し，山地の前面や陸棚斜面の海底にチャネルや
前置層を形成し陸棚斜面の海底を埋積して，その上に扇状地がひろがった．

沖縄では島弧の隆起にともなってサンゴ礁の形成があり，大陸斜面を石灰質の砕
屑物が埋積していった．大阪では周囲の山地の急激な隆起により砂礫からなる扇状
地がひろがった．静岡県の富士川河口では富士川流域の山地の隆起により富士川河
口にファンデルタが形成された．房総半島では，関東平野周辺の山地の隆起と海底
の浅海化もあり，海底に砂泥互層が堆積した．

約90万〜70万年前の第3の時期（可睡層の堆積期）には，それまでに形成され
た扇状地の上に，海水準上昇により海面が陸域に侵入し，入江や内湾が形成された．
沖縄では埋積された大陸斜面の上に海進によりサンゴ礁が形成された．大阪ではひ
きつづき扇状地の発達はあったが，海進により盆地に海成粘土層が堆積した．富士
川河口では火山活動があり，火山噴火で陸域がひろがり，火山の北側に入江が形成
された．房総半島でもふたたび海が深くなり泥層が堆積した．

その後の70万〜40万年前の第4の時期（袋井層の堆積期）には，ふたたび山地
や大陸斜面が急激に隆起して，島弧の陸地が大きくひろがり，それまで入江がひろ
がっていた海岸平野は扇状地となり，網状河川の堆積物によってひろくおおわれた
この時期の海水準の変化により海進期には河川に後背湿地がひろがり，砂層や泥層
が堆積した時期がある．沖縄ではその海進期にサンゴ礁が形成された．大阪では盆
地に扇状地がひろがり，海進期には海成粘土層が堆積した．富士川河口では入江と
盆地は埋積されてその上に扇状地がひろがった．房総半島では浅海化して砂層が堆
積した．

このような島弧の急激な隆起運動は，約180万年前からはじまり，とくに120万〜90万年前と70万〜40万年前までの隆起は激しく，その時期に日本列島の陸地が高くなり，大陸斜面が埋積されて扇状地がひろがった．このような島弧の急激な隆起運動は，琉球列島も含めて日本列島全体で同時に起こったと思われる．

　私は，この現在の島弧を形成した大規模で急激な隆起運動のうち，この約180万〜40万年前までの時期の隆起を「小笠変動」と名づけ（柴，2016a），すでに第5章の有度丘陵のところでのべた「有度変動」と区別する．

　小笠変動は，有度変動と同じく島弧全体の隆起運動で，伊那谷でみられたように赤石山脈の本格的な隆起運動に代表され，とくに約120万年前からは急激な隆起により供給された粗粒堆積物により，その前面の大陸斜面に形成されたファンデルタが大陸斜面を埋積して扇状地を拡大する現象で特徴づけられる．

　それに対して，有度変動は，島弧の大規模隆起と海水準の1,000mにおよぶ上昇が並行して起こった変動であり，その時期にはファンデルタの盛衰と海進層の形成が特徴的である．この変動が今から約40万年前にはじまり，大阪など近畿地域では六甲変動の開始の時期となり，伊那谷では木曽山地が隆起をはじめた．また，現在の火山の活動の多くがこの時期からはじまったと思われる．

　すなわち，有度変動とは，日本列島の島弧全体が，逆断層をともなう断層ブロック（地塊）運動によって現在の地形をつくり，現在も進行中の火山活動や地震活動も含めた一連のテクトニクス（構造運動）をともなう地殻変動である．そして，その変動の末期には，ウルム氷期の海水準変化によって段丘や沖積層の形成された．

| コラム 7 | 沖縄の隆起とサンゴ礁 |

　沖縄は，現在はサンゴ礁の島々から構成されているが，小笠層群が堆積をはじめる前の今から 180 万年前以前の時代には，島尻層群とよばれる厚い泥層が堆積している深い海底だった．しかし，小笠層群などが堆積しはじめた約 180 万年前からは，その西側に沖縄トラフという海盆を形成しながら，沖縄の島々の列（琉球弧）が隆起をはじめた．そして，その隆起の頂上にあった島々にサンゴ礁が形成された．

　サンゴ礁は，暖かくて浅い海であれば，どんな海にでもできるものではない．サンゴ礁の島のイメージとしては，熱帯の暖かくて青い海に，白いサンゴ礁が思い浮かぶ．し

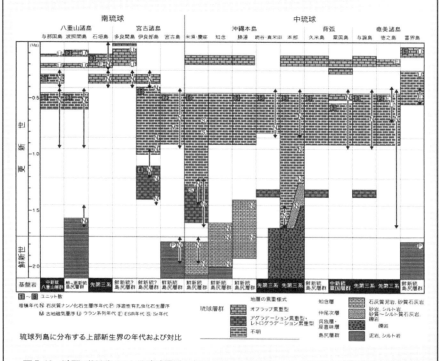

琉球列島に分布する上部新生界の年代および対比

図 7-10　狩野（2004）による琉球層群の年代の対比と堆積相．

128

かし，サンゴ礁が形成されるためには，造礁サンゴの繁殖に適している25〜30℃の高い海水温と，太陽光がとどく水深30〜50ｍより浅い海底，そして砂泥が流入しないきれいな海水の海域が必要である．

　造礁サンゴは，光合成をする褐虫藻（渦鞭毛藻）と共生してその栄養で生きているので，濁った水で太陽の光が遮られると生息できない．したがって，大きな河川から砂や泥が流入する海域には，暖かくて浅い海でもサンゴ礁は発達できない．

　現在の駿河湾の東側，伊豆半島の西岸には造礁サンゴが生育するところがある．これは，黒潮の暖かい海水が入ることと，伊豆の西側には大きな河川がなく，陸からの砂泥が流れこむところが少なく，海水が澄んでいることが大きな意味をもっている．

　沖縄の海に島々があらわれ，その島にサンゴ礁が形成されたのは，小笠層群の堆積のはじまりと同じ約180万年前からのことである．約180万〜40万年前に沖縄で堆積した

図7-11　沖縄本部半島，山崎で見られる琉球層群の下部層．層理がはっきりした砕屑性の石灰砂岩層の上に硬い石灰砂岩層が重なる．

おもに石灰岩からなる地層は，琉球層群とよばれる．狩野（2004）によれば，琉球層群の堆積過程を，90万年前以前を砕屑性アグラデーション型として，それ以後をサンゴ礁複合型として区別している（図7-10）．図7-11に琉球層群下部層の写真をしめすが，それらは層理が発達している石灰質砂層などからなり，サンゴからなる礁性の石灰岩層ではなく，サンゴ礁の沖合に堆積した砕屑性の石灰質砂岩層から構成されている．

　すなわち，90万年前以前の琉球層群の地層は，サンゴ礁をつくるサンゴ石灰岩そのものではなく，島々に形成されたサンゴ礁の沖合の海底に，そのサンゴ礁が波で壊されてできた大量の石灰岩の砂礫が運ばれて堆積した地層である．また，90万年前以降のものは，サンゴ礁そのものがつくる石灰岩からなる．すなわち，90万年前以前の琉球層群の地層は，ファンデルタによって大陸斜面が埋積された小笠層群の第2の時代と同じような隆起運動によって形成された堆積物であることをしめしている．

第8章

駿河湾の形成
―沈んだ陸地と隆起する海底―

駿河湾石花海北堆の東側の水深約 1,300 m の崖に露出する礫層

(写真提供：坂本 泉氏).

石花海北堆の礫と石花海海盆

第2章の「駿河湾の地形と海水」の節でのべたが，有度丘陵の南東の沖の駿河湾には，水深900mの石花海海盆の深みを隔てて，石花海北堆がある．この石花海北堆の頂上と斜面には，なんと礫層が分布する．東海大学海洋学部では，石花海北堆の頂上と斜面でその礫を採集したことがあり，私はその礫の種類とその割合を調べた（柴ほか，1991b）.

石花海北堆では，山頂の水深57mの1点と，北側斜面の水深540〜1,220mまでの3点で礫が採集された．山頂の採集点では，砂岩と泥岩など堆積岩の礫が94.5％含まれ，北側斜面の3点では砂岩と泥岩の礫が約85％含まれていた．これらの採集点で，砂岩と泥岩の礫以外の礫は，安倍川の東側にある竜爪山や真富士山地の特徴的な火山岩と凝灰岩であった．図8-1に，駿河湾の海底地形と，石花海北堆および各河川の河口付近などでの各採集点での礫種の組成割合をしめす．

三保半島の海岸や有度丘陵の礫層の礫は，第3章でのべたが，安倍川の河原の礫と同じ種類の礫がほぼ同じ割合で含まれている．礫には，竜爪山や真富士山地の特徴的なアルカリ火山岩と凝灰岩の礫が含まれていることから，安倍川から礫が運ばれたことがわかる．石花海北堆の礫にも同じように，竜爪山や真富士山地の特徴的なアルカリ火山岩と凝灰岩の礫が含まれている．このことは，石花海北堆の礫層の礫が安倍川から供給されたことを意味する．

石花海北堆からえられた砂岩と泥岩の礫の含まれる割合は，山頂のものが有度丘陵の久能山層の礫層の割合に似ていて，北側斜面の割合は根古屋層の礫層の割合に似ているがより火山岩などが多い．また，石花海北堆の頂上付近の水深152mからは，根古屋層に含まれる現在は生息しないトウキョウホタテ（*Mizuhopecten tokyoensis*）という貝化石が発見されている（Habe, 1958）.

石花海北堆の山頂部や北側斜面に分布する礫層の礫が安倍川から供給されたことから，かつての安倍川がこの礫を石花海北堆に運んでいたころ，現在の安倍川の河口と石花海北堆の間の水深900mの深み，すなわち石花海海盆はなく陸上であり安倍川は石花海北堆付近で駿河湾に注いでいたと考えざるをえない．また，石花海海盆は，おそらく有度丘陵の根古屋層が堆積しはじめた約40万年前から沈水して，現在の水深になったと推定される．

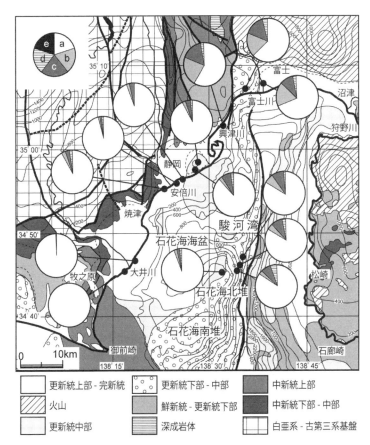

図 8-1　駿河湾とその周辺の地質図に河口や丘陵の礫層と石花海北堆の礫層の礫の礫種組成をかさねたもの（柴，2016a）．a:砂岩・泥岩，b：凝灰岩，c：火山岩，d:深成岩，e:その他．

凡例:
- 更新統上部 - 完新統
- 更新統下部 - 中部
- 中新統上部
- 火山
- 鮮新統 - 更新統下部
- 中新統下部 - 中部
- 更新統中部
- 深成岩体
- 白亜系 - 古第三系基盤

駿河湾の海底の地層

　駿河湾の海底を構成する地層について，1999 年に地質調査所によって海底の音波探査記録とともに，地質図が発行された（岡村ほか，1999）．図 8-2 にその地質図を，図 8-3 に地質断面図をしめす．それによれば，駿河湾の西側の海底は，下位から石花海層群と焼津沖層群の二つの地層からなり，東側の伊豆半島の海底は，基盤とされる岩盤の上位に，土肥沖層群と賀茂沖層群が重なっている．

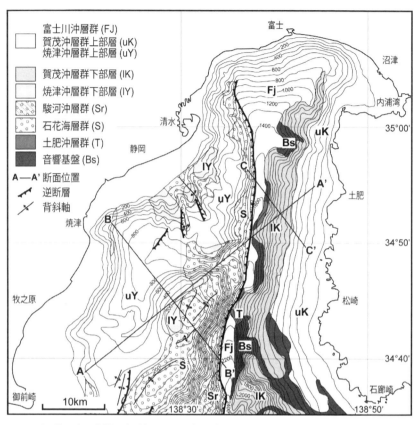

図 8-2　駿河湾の地質図（岡村ほか，1999）．A-A'は地質断面図の側線，B-B'とC-C'は音波探査断面の側線．

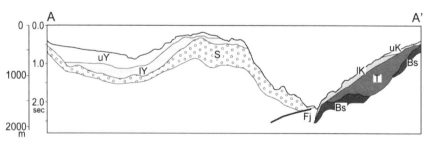

図 8-3　駿河湾の地質断面図（岡村ほか，1999）．凡例はと断面の側線の位置は図 8-2 を参照．

岡村ほか (1999) によれば，西側の石花海層群は石花海堆をおもに構成する地層で，採集された泥層の微化石からその大部分は約 90 万〜40 万年前の更新世前期〜中期の時代に堆積し，その上位に重なる焼津沖層群下部層は 40 万〜20 万年前の根古屋層に対比された．すなわち，石花海層群は小笠層群や庵原層群に相当する地層となる．また，岡村ほか (1999) は，石花海層群の堆積後に石花海堆が隆起したとのべている．図 8-4 に石花海北堆の音波探査記録をしめす．

　これらのことから，石花海北堆の頂上の礫層は焼津沖層群下部層にあたり，それは有度丘陵の根古屋層の基底層にほぼ相当すると考えられる．また，北側斜面に分布する礫層はその下位の石花海層群にあたり，小笠層群や庵原層群に相当する地層と考えられる．

　駿河湾の東側について，岡村ほか (1999) は，基盤と土肥沖層群の一部を伊豆半島にひろく分布する中新世後期〜鮮新世に堆積した白浜層群に対比し，賀茂沖層群は西側の焼津沖層群と同じ時代の堆積物とした．すなわち，駿河湾の伊豆半島側では石花海層群と同じ時代の地層がないことになる．また，土肥沖層群と基盤の上面は陸上での侵食面であり，その侵食面は東側が高く西側に傾いていて，賀茂沖層群下部層に不整合におおわれている (図 8-5)．このことは，駿河湾の伊豆半島側は，西側で石花海層群が堆積していた時代に陸上であり，その後に東側が隆起して西側が沈水したことになる．

　しんかい 2000 で潜航観察をした静岡大学の小山真人教授は，水深 1,650 m で火山岩類の上に侵食平坦面があり，それを石灰質砂岩とシルト岩が不整合におおうことを確認した (小山ほか, 1992)．そして，その石灰質砂岩は水深 30〜100 m で堆積した第四紀のもので，シルト岩は水深 1,000〜2,000 m の環境で 46 万〜27 万年前に堆積したことから，侵食面の形成が 100 万〜300 万年前におこなわれたと推定した．

　石花海北堆の山頂部の礫層が根古屋層にあたることから，根古屋層が堆積しはじめて，石花海海盆は石花海堆と有度丘陵に対して約 900 m も相対的に沈降したことになる．また，伊豆側の侵食不整合は，この水深がかつて陸上だったことをしめしていて，それが 100 万〜300 万年前以降に浅い海底となり，約 46 万〜27 万年前のシルト岩が堆積した時代には深い海底となり，伊豆半島側の大陸斜面が西側に傾きながら，東側が隆起したことになる．

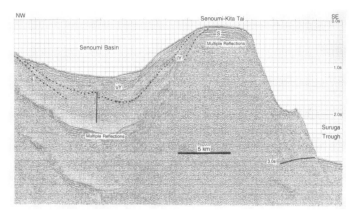

図8-4 石花海北堆の音波探査記録（岡村ほか，1999）．この断面は図8-2のB-B'
側線．S：石花海層群，lY：焼津沖層群下部層，uY：焼津沖層群上部層．

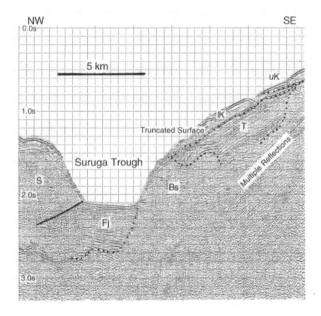

図8-5 伊豆半島側の音波探査記録（岡村ほか，1999）．この断面は図8-2
のC-C'側線．S：石花海層群，Fj：富士川沖層群，lK：賀茂沖層群
下部層，uK：賀茂沖層群上部層，T：土肥沖層群，Bs：基盤．

これらのことから，駿河湾の東西両側で今から約 40 万年前から，石花海海盆と伊豆半島の大陸斜面が同時に，駿河湾の両側の陸地と石花海堆に対して約 900 m 以上も相対的に沈降したことになる．このことは，石花海海盆と伊豆半島西側の大陸斜面下部が同時に沈降したとも解釈できるが，海水準の上昇によりどちらも沈水したと説明することもできる．

　第 5 章では有度丘陵の地層や丘陵の形成について，約 40 万年前以降に有度丘陵ではファンデルタを形成した大規模な隆起と海水準上昇が断続的に起こり，海水準上昇が累積して約 900 m 以上におよんだと推論した．このことも含めて駿河湾の地形形成を考えると，駿河湾の東西両側の陸地は約 40 万年前から大規模に隆起し，同時に海水準も段階的に約 900 m 以上上昇したと考えることができる．

　すなわち，約 40 万年前以降に，駿河湾両岸の陸側と石花海北堆は大規模に隆起し，それと並行して海水準も約 900 m 上昇した．そのため，石花海海盆と伊豆半島の大陸斜面は隆起にとり残され，上昇する海水準に対して沈水したと考える．

駿河湾のおいたち

　私の師である星野通平先生は，『駿河湾のなぞ』(星野, 1976) の中で，駿河湾のおいたちについて，すでに次のようにのべている．

　今から 1000 万年前の中新世後期に，海水準は今よりも 2,000 m 低い位置にあった．駿河湾は湾の形をなしていなかったが，現在の駿河湾中央水道を境に，火山活動の活発な伊豆半島側の浅い海と土砂が堆積していた西側の海にわかれていた．この駿河湾中央水道を境にした東西の違いは，東側の伊豆―小笠原の陸塊と西側の西南本州の陸塊という，古い時代から性格の異なった二つの陸塊によるものである．

　中新世の末期になると，これら二つの陸塊の間の弱線のところを残して，その両側が隆起しはじめ，鮮新世のはじめに起こった汎世界的な地殻の隆起は，陸地だけでなく大洋底も隆起して，1,000 m の海面上昇をもたらした．小笠層群が堆積しはじめた今から約 180 万年前から地殻の大隆起が開始すると，駿河湾でも東西の二つの陸塊は駿河湾中央水道の弱線を残して隆起した．しかし，石花海海盆のところはダムになって隆起する赤石山脈から運ばれた堆積物によって埋め立てられ，石花海堆までの駿河湾西側は陸地になり，ひろい扇状地が形成された．

　隆起をつづける地球の表面は，今から 100 万年ほど前に起こった大隆起運動によ

って，地層はたわみ，かつ場所によっては断層で割れて小さな地塊となって，それぞれが急激に隆起した．それは，陸地だけでなく海底も隆起したことから，海水準がさらに 1,000 m 上昇した．駿河湾の奥の山地も，有度丘陵も石花海堆も，このようにして形成された．地殻の弱線にあたる駿河湾中央水道と石花海海盆のところは隆起からとり残されて，現在の駿河湾の地形のほとんどができあがった．

　1,000 m 上昇した海水準は，現在より 100 m 高い位置にあって，高位段丘面を形成し，しだいに発達した大陸氷河の影響をうけて海面が低下した．現在に比べておよそ 40 m 高いところで海面が停滞した．そのときにつくられた海岸段丘が下末吉段丘で，その後も低下した海面は 3 万年ほど前には現在より 100 m ほど低くなり，海岸線が大陸棚の外縁近いところまでしりぞいた．

　そして，ウルム氷期の最盛期の 1 万 5000 年前以降に海面は上昇した．上昇する海面にあわせて，川が刻んだ谷筋に新しい堆積物がたまって平坦になり，沖積平野が形成された．

1,000 m の海水準上昇

　星野先生の地殻の隆起と海水準上昇の考えかたについては，本書でこれからいろいろと議論し紹介していくが，駿河湾の形成については，最後に海水準が 1,000 m 上昇した時代を 100 万年前としていることと高位段丘以後の記述について修正する必要はあるものの，おおまかにはこの通りだと私は考えている．

　石花海北堆の礫層について，これが安倍川から供給されたことから，私は水深 900 m の石花海海盆は，根古屋層が堆積しはじめた約 40 万年前以後から沈水して，現在の水深になったと考えている．また，有度丘陵と駿河湾の海底の地層とそれらの地形は，石花海堆や駿河湾両岸の陸側が隆起するのと並行して海水準も 900 m 以上上昇したことにより形成された考える．

　有度丘陵の根古屋層の堆積について，第 5 章で私は地層の形成や地層に含まれる貝や有孔虫の化石などの証拠をもとに，根古屋層と久能山層，草薙層が堆積する間に少なくとも 6 回の時期に海水準の上昇があり，それらの海水準の上昇量の累積は約 900 m になることをのべた．すなわち，有度丘陵のファンデルタ堆積物は，大規模な隆起と海水準上昇が断続的に起こったことにより形成され，そのときの海水準の上昇も約 900 m におよんだ．

石花海堆や石花海海盆の形成，伊豆半島側の侵食平坦面の西側への傾動と沈水，有度丘陵の根古屋層の形成と海水準上昇は，今から約 40 万年前からはじまった．そのときの海水準は今よりも約 1,000 m 低く，地殻の大規模な隆起によって石花海堆や駿河湾両岸の陸側が隆起し，その隆起にとり残された石花海海盆と駿河湾中央水道が，900 m 以上におよぶ海水準上昇により深い海底となったと考えられる．

　星野（1976）の駿河湾形成説は，1,000 m の海水準上昇のはじまりを今から約 100 万年前に起こったとしている．しかし，石花海北堆の山頂の礫層の時代や有度丘陵の地層の形成，伊豆半島側の侵食不整合をおおう地層などから，それは 100 万年前ではなく，約 40 万年前に起こったと考えられる．これからのことから，駿河湾の形成過程をのべると以下のようになる（図 8-6）．

　今から約 600 万年前の中新世後期の末期に，海水準は現在より 2,000 m 低く，駿河湾の少なくとも北部は陸上だった（図 8-6 の a）．約 500 万年前の鮮新世になると伊豆半島と湾西岸の陸塊は隆起したが，海水準も上昇したため，伊豆半島では浅海域に白浜層群が堆積し，西側の幅のせまい南北に長いトラフには浜石岳層群が堆積した（図 8-6 の b）．鮮新世後期から更新世前期にかけて駿河湾西岸と伊豆半島の隆起は継続していて，駿河湾の両岸には陸地がひろがり，中央部西側に湾入があった．

　今から約 180 万年前に伊豆半島の北側には海が侵入したが，伊豆半島とその海底斜面のほとんどは陸地だった．そのとき，駿河湾の西側は海底で，大規模に隆起した赤石山脈から安倍川によって運ばれた土砂によってファンデルタが形成し，海底を埋め立てて今から約 40 数万年前には駿河湾西部にひろく扇状地が形成された（図 8-6 の c）．その海底を埋め立てられた堆積物が石花海層群にあたる．同じ時期に，駿河湾奥部では庵原層群の蒲原層のファンデルタが形成されていた．

　そして，約 40 万年前から新しい時代になると，焼津沖層群下部層（根古屋層の基底層に相当）がファンデルタの形成により石花海北堆の山頂の地層を堆積させた（図 8-6 の d）．ひきつづき起こった陸側と石花海堆の隆起とそれと並行した海水準上昇によって石花海海盆は東側から西側に段階的に沈水して，石花海北堆は孤立した．約 30 万年前には，有度丘陵の沖合に南西から北東に傾く安倍川のファンデルタが形成され，有度丘陵に根古屋層が堆積しはじめた．久能山層の堆積後も有度丘陵の南側はさらに上昇して北西側に傾く丘陵が形成された．石花海海盆と駿河湾中央水道は，段階的な海水準上昇と隆起からとり残されて深い海底となった（図 8-6 の e）．

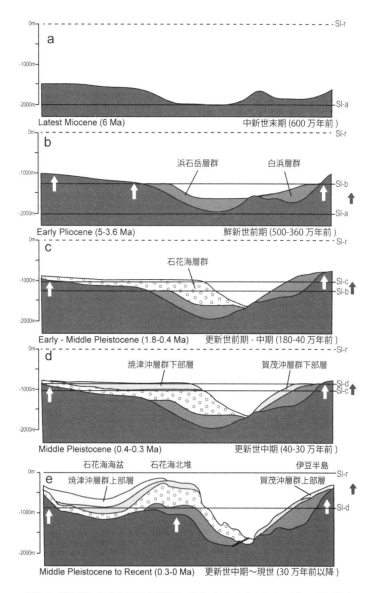

図8-6　駿河湾の形成をその地形断面で時代ごとにあらわしたモデル. Sl は海水準で Sl-r は現在の海水準をあらわす（柴，2016a を一部修正）.

伊豆半島の大陸斜面上部にみられる段丘状の地形は，この時の段階的な海水準上昇によって沈水した，海水準停滞期の海岸線の地形と考えられる．伊豆半島西岸には大きな河川がなく堆積物の供給が少なかったために，このような地形が残された．

　すなわち，駿河湾は鮮新世からはじまる伊豆半島側と西岸側の隆起によって形成されはじめ，約180万年以降の赤石山脈の隆起によりその西側が堆積物で埋積され，約40万年前以降に起こった両岸の大隆起運動と海水準の1,000mのおよぶ上昇によって，最終的に現在の地形が形成された．この40万年前以降に起こった島弧の大隆起運動と海水準の1,000mのおよぶ上昇によって，駿河湾とそれをとりまく山地を形成しただけでなく，同時に日本列島などの島弧とその大陸斜面が形成された．

　一般的にいわれる「隆起」と「沈降」，「海進」と「海退」は，海水準を基準にした相対的な現象である．海水準が上昇すると考えると，「隆起」と「沈降」は，その場所での地殻の上昇と海水準の上昇の差で区別され，ある場所で地殻の上昇量よりも海水準上昇量（高さ）がまされば沈降または海進となり，地殻の上昇がまされば「隆起」または海退となる．したがって，根古屋層の堆積から導かれた海水準の変化曲線は，海水準の上昇の傾向はとらえているものの絶対的な変化量ではなく，有度丘陵での地殻の上昇と海水準上昇との差をしめしていることになる．

相模湾と駿河湾

　相模湾は駿河湾と伊豆半島をはさんで東側にある湾で，真鶴岬から三浦半島の城ヶ島をむすんだ線から北側の海域にあたる．相模湾の最大水深は約1,300mであり，相模湾と駿河湾はその地形の特徴と形成で兄弟のような関係にあると思われる．

　図8-7に相模湾の海底地形をしめすが，相模湾の地形は，「相模トラフ」とよばれる幅のひろい海底谷（「駿河トラフ」と同様にこのような地形はトラフでないことからここでは「相模湾海底谷」とよぶ）が伊豆半島側の湾の西側に北西—南東方向にあり，その東側には沖の山堆列とよばれるいくつかの堆（海丘）が北西—南東方向に連なる．また，湾の東側は陸側から南西ないし西方に張り出す多くの海脚があり，鞍部を隔てて沖の山堆列の海丘があり，それぞれの海脚の間にはそれらを区切る北東—南西から東西方向の海底谷がある．

　杉山ほか（1986）によれば，沖の山堆列の海丘は全体として相模湾海底谷ののびの方向と平行した北西—南東方向に配列するが，それぞれが断層で区切られた地塊

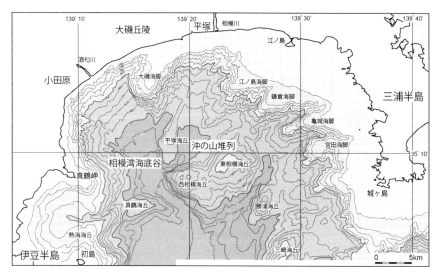

図 8-7 相模湾の海底地形（杉山ほか，1986 を一部修正）.

ブロックであり，その地塊ブロックの一辺の長さは5～10 km 程度であり，その陸
域の延長部にある大磯丘陵とその位置，形状，規模から海丘と類似関係にあるとの
べている.

　このような相模湾の海底地形を駿河湾と比べると，相模湾海底谷は駿河湾中央水
道に対応し，その東側の沖の山堆列は駿河湾の石花海堆に対応するものと考えられ
る. 沖の山堆列の西側の相模湾海底谷との境には，北西—南東方向の大きな構造線
(断層) があるとされ，この構造線はプレートテクトニクスの考えかたでは，フィリ
ピン海プレートとユーラシアプレートとの境界とされ，それは酒匂川にそって北上
して西側に弯曲して南に下り，駿河湾の駿河湾中央水道へ連続するとされている.

　相模湾の海底の地質についての報告には，木村 (1976) と杉山ほか (1986) があ
るが，両者とも相模湾の海底の地層をほぼ同様の六つの地層に区分している. 杉山
ほか (1986) は，下位から，VIs 層，Vs 層，IVs 層，IIIs 層，IIs 層，Is 層にわけ
て，VIs 層は葉山層群 (中新世前期) に，Vs 層は三浦層群 (中新世後期) に，IVs
層は上総層群 (鮮新世〜更新世前期) に対比した. また，IIIs 層は相模湾海底谷の水
深 1,300 m 付近からそれ以深に分布する地層で，加賀美ほか (1968) の南相模層に

あたるとして，三浦層群以下の地層を不整合におおう鮮新・更新世の地層の可能性が高いとしている．IIs層は海脚の頂部や基部に分布し，三角州の前置層の特徴をしめすところもあるという．

杉山ほか (1986) では，IVs層およびIIIs層の基底と，IIs層の基底の二つの面が相模湾において中新世の基盤を不整合におおうことがあきらかにされ，IVs層は基盤に対してオンラップしていることから，斜面の形成と海水準上昇が並行して起こったとした．

相模湾と駿河湾西岸の地質を対比すると，駿河湾西岸では中新世の地層に相当するVIs層とVs層は高草山沖と相良沖をのぞいてほとんど分布しないが，その上位の鮮新世〜更新世前期に対比される地層は浜石岳層群ないし石花海層群に相当すると思われる．また，駿河湾の石花海層群に対比される更新世前期〜中期の地層は，相模湾ではIVs層またはIIIs層地層の一部にあたると考えられるが明瞭ではない．このことは，駿河湾西岸では石花海層群が堆積する時代に赤石山脈の大規模な隆起があり，侵食された粗粒な堆積物が駿河湾にファンデルタを形成したが，相模湾では隆起した山地からの大きな河川の河口がその時代にはなかったため，石花海層群のようなファンデルタ堆積層がほとんど形成されなかったと考えられる．123頁ですでにのべたが，酒匂川は，約10万年前以前は駿河湾に注いでいて，それ以降に相模湾に注いだ．

相模湾のIIs層は，駿河湾の焼津沖層群下部層または根古屋層に相当する地層と考えられ，下位の地層を不整合におおい，一部でファンデルタを形成して堆積したと考えられる．

相模湾も駿河湾と同じく，中央の大きな海底谷（相模湾では相模湾海底谷）を境に東西両側の鮮新世以降の隆起と海水準の上昇により，相対的に隆起量の小さかった中央の大きな海底谷がとり残されて深くなったものであると考えられる．相模湾海底谷の東側の沖の山堆列は，駿河湾の石花海堆と同じように隆起した地塊で，断層により地塊ブロック化して海丘が配列し，その陸上に上がったものが大磯丘陵にあたる．海脚から三浦半島にかけての隆起帯は，西北西—東南東から東西方向の葉山—嶺岡構造帯の隆起によるもので，それを切る海底谷の方向は三浦層群や上総層群の北東—南西から東西方向の褶曲構造と断層の方向と一致している．

有度変動と外縁隆起帯

　駿河湾を形成した今から約 40 万年前以降の有度変動は，島弧の大規模な隆起と海水準の約 1,000 m におよぶ上昇が並行して起こった変動であり，その時期には，とくに駿河湾西部の石花海堆と有度丘陵では，ファンデルタの盛衰と地形形成が特徴的におこなわれた.

　島弧の大洋側の大陸斜面には，水深 1,000 m または 2,000 m 付近に深海平坦面があり，深海平坦面の海溝側の縁にある外縁隆起帯によって，深海平坦面には鮮新世（今から約 500 万年前）以降の堆積物が厚く埋積している.

　南海トラフでも陸からトラフ底（海溝）までの海底地形はこれと同じで，潮岬，室戸岬および足摺岬から南にのびて外縁隆起帯まで連続する海底の高まりによって区切られて，東から熊野海盆，室戸海盆，土佐海盆，日向海盆とよばれる深海平坦面が分布している．これら深海平坦面も鮮新世以降に堆積した厚い地層によって埋積されている.

　四国高知県の東部にある室戸岬の沖の海底には，土佐碆とよばれる東西にのびた外縁隆起帯がある．土佐海盆とその東側の室戸岬沖の海底を調べた岡村・上嶋（1986）と岡村ほか（1987）によれば，外縁隆起帯をつくる土佐碆層は中新世後期から鮮新世と更新世前期を含む地層であり，その外縁隆起帯では更新世中期以降に堆積した地層が土佐碆層を不整合でおおっている.

　岡村（1990）によれば，土佐碆層を不整合におおう更新世中期以降の地層は，大陸棚から陸棚斜面にかけて相対的な海水準の上昇と下降をしめす海側に前進するデルタ性の地層（クリノセム）の組合せがいく層も積み重なっているという（図8-8）．そして，それらのクリノセムの形成と土佐碆の地形形成から，現在の南北方向または島弧にそった外縁隆起帯は，鮮新世には存在しなかったかあるいは非常に小規模で，第四紀になってから隆起をはじめ，最近まで成長しつづけたとし，その隆起量はところによって 1,000〜2,000 m におよぶという.

　四国沖の前弧海盆と外縁隆起帯の地質は，駿河湾の石花海堆と石花海海盆の地質ととてもよく似ている．室戸岬および足摺岬から南にのびる隆起帯や外縁隆起帯を形成する土佐碆層は，駿河湾と遠州灘の地質でいえば相良層群や掛川層群，小笠層群にあたり，それを不整合におおうクリノセムがくりかえして重なる更新世中期の地層は，有度丘陵の根古屋層や久能山層に相当するものと思われる.

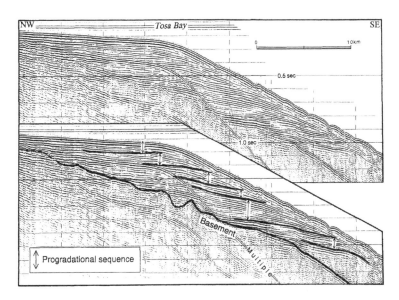

図 8-8　土佐湾の大陸斜面の前進するデルタ性の堆積層（クリノセム：Progradational sequence）の重なりがみられる音波探査記録（岡村, 1990）．下図は上図の解釈にあたり，太線はクリノセムの境界．

　すなわち，大陸斜面上部の外縁隆起帯から前弧海盆，そして大陸棚から陸側にわたる地域は，今から約 40 万年前以降の大規模な隆起と 1,000 m におよぶ海水準上昇が並行して起こる有度変動によって形成されたものであり，土佐碆も駿河湾もその一部にすぎない．

　この有度変動は，大阪層群で藤田（1968）が六甲変動としたものとほぼ同じもので，それまでのものとは異なる現在の構造運動であり，この構造運動によって現在の地形が形成されたと考えられる．藤田（1983）も同様に，現在の山地の地形が決定されたのは，約50万年前以降の更新世中期になってからのことを強調している．

島弧と海溝

　日本列島など，大洋側に突き出した弓なりになった島々からなる地形を島弧という．アリューシャン列島や千島列島，琉球列島なども日本列島と同じ島弧である．

島弧の特徴として，大洋側の前面が海溝で縁どられて，大陸側にあたる背面には，日本列島では日本海のような縁海（背弧海盆）がある．また，海溝付近から島弧の下へ向って斜めに深発地震面（和達―ベニオフ面）があり，島弧の地殻内には浅い地震があり，また活火山列も存在する．

　本州，四国，九州をあわせた日本列島の，駿河湾より西側の地域を西南日本弧とよび，駿河湾から日本海側の富山湾にかけての地域をフォッサマグナ地域とよぶ（図8-9）．フォッサマグナ地域は，今から約2300万年前～600万年前までの中新世におもに海域だった大地溝帯であり，それは関東地方や新潟県までおよんでいたとされる．よく知られる糸魚川―静岡構造線とは，フォッサマグナ地域の西縁を区切

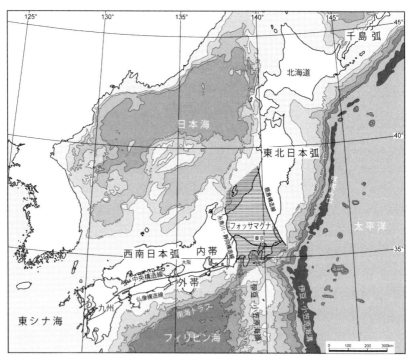

図8-9　日本列島の地質構造．西南日本弧と東北日本弧（地質調査所，1982に加筆），
　　　　フォッサマグナ．伊豆―小笠原海嶺（伊豆―小笠原弧）の北側延長部に
　　　　フォッサマグナ地域がある．

る断層で，フォッサマグナと同じ意味ではない．そして，フォッサマグナ地域より北東側の日本列島は，東北日本弧とよばれる．

　駿河湾の中央部から西部にかけての地域は，西南日本弧の太洋側からみると，南海トラフ（西南日本海溝）の北側への延長に相当し，海溝部が駿河湾中央水道，外縁隆起帯が石花海堆，前弧海盆が石花海海盆にそれぞれ相当する．南海トラフのさらに北への延長は，駿河湾奥部の陸上になる．有度丘陵は，石花海堆と同様に南北方向の複背斜構造をもち，外縁隆起帯の陸上延長部にあたり，その内側にある静岡平野は前弧海盆に相当する．南海トラフの北への延長は，富士川河口から北では，庵原層群の東側，すなわち富士山の西麓付近を通過すると思われる．

大陸斜面はいつできた

　小笠層群の堆積した時代に，地殻は大規模に隆起して，陸上では山地や山脈が形成された．そして，それらが侵食された大量の砂礫が河川を流下して扇状地を形成し，海底を埋積して陸地をひろげていった．そのころの河口や海岸は，現在の大陸斜面の前面まで達するところがあり，そのようなところでは海溝付近まで大量の土砂が堆積した．

　その後，今から約 40 万年前以降の時代にも，地殻の大規模な上昇は起こるが，そのときの隆起では同時に海水準の上昇も起こり，海側は沈水して陸地から海溝にかけての急傾斜な大陸斜面が形成された．

　井内ほか (1978) は，紀伊水道の上部大陸斜面から深海平坦面までの音波探査記録をもとに，更新世中期はじめの六甲変動最盛期に，海域でも陸域と同じような構造運動があり，現在の上部大陸斜面が形成されたことをあきらかにした．これは，この地域の最上部層が，現在の地形に調和的に海盆に水平に堆積しているにもかかわらず，それ以下の地層が上部大陸斜面の地形と不調和に分布していることと，最上部層の年代が更新世中期以降と推定されたことによる．このように，更新世中期はじめころから 1,000 m 以上の落差をともなう構造運動は，駿河湾だけでなく紀伊水道の上部大陸斜面でもあったことになる．

　図 8-10 は，海底掘削船「ちきゅう」でおこなわれた紀伊半島の南東側にある熊野灘沖の深海平坦面（熊野海盆）の掘削結果と，北西—南東方向の音波探査記録 (Saffer et al., 2010) とその解釈である．なお，解釈図には駿河湾周辺の地層に対比

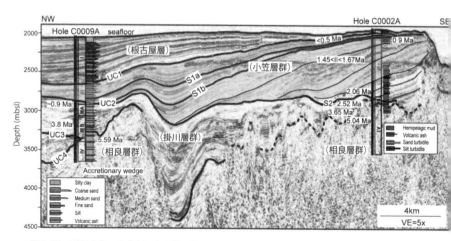

図8-10　紀伊半島の南東側にある熊野灘沖の深海平坦面の掘削結果と音波探査記録
（Saffer et al., 2010 に対比できる静岡地域の地層名を加筆）.

させた地層名を私が加えた. UC4 から下位の地層は, 中新世後期の地層で駿河湾周辺の地層と対比すれば相良層群にあたる. その上位に重なる約180万年前までの地層は掛川層群に相当し, その上位の反射面 UC1 (50万年前) までの地層が小笠層群に相当する. そして, その上位に重なる地層が根古屋層から現在までの地層となる.

　熊野海盆では, 今から約180万〜40万年前に堆積した小笠層群相当層が厚く堆積しているが, これはその時代に赤石山脈や紀伊山地をはじめ日本列島の大規模な隆起により, 大量の堆積物が海溝 (南海トラフ) 近くまで運ばれたためである.

　この熊野海盆の深海平坦面は水深2,000mにあり, 根古屋層に相当する更新世中期の地層は, 図8-10の北西 (左) 側がもっとも厚く, 600mの層厚をもち, 現在の海底地形と調和的に分布する. しかし, その下位の小笠層群相当層は南東 (右) 側が厚いことから, それが堆積したときは南東側が低く, その後南東側が隆起したために北西側に傾斜し, その上位層が北西側に堆積したと考えられる.

　これらのことから, 紀伊半島の下部大陸斜面でも上部大陸斜面と同じように, 小笠層群に相当する地層が現在の地形とは不調和な堆積をしたことから, 現在の大陸斜面の形成は今から約50万年前以降の更新世中期, おそらく40万年前以降に形成されたと考えられる.

図 8-10 の UC1 面と南東側の下部大陸斜面の地形を連続させると，水深は 2,000 m 低いが，石花海海盆と石花海堆の地形断面とよく似ている．深さまたは高さは異なるが，海底や陸上でこのような外縁隆起帯の隆起運動が今から約 40 万年前以降におこなわれたことをしめすものと思われる．すなわち，現在の地形の形成は陸上でも海底でも，今から約 40 万年前以降にはじまったことになる．

海溝の形成

　プレートテクトニクスでは，海溝はプレートという岩板が沈みこむところであると定義し，島弧の形成についてもプレートテクトニクスでは次のように説明している．

　プレートが海溝から沈みこんでいくと，ある一定の深度において水を含む鉱物が圧力のために分解して，その水がマントルに加わりマントルの融点が下がる．そしてそこでマグマが生じて，マグマが上昇して地殻の下部に底づけされる．このようにつぎつぎと下からマグマが地殻下部に底づけされるため地殻は厚くなり，水に浮く氷と同じように氷の体積が増えれば，アイソスタシーの原理により高まりが形成されて，島弧を形成する．そして，この高まりの上のところどころでは，マグマが地表に噴出して火山となる．

　プレートテクトニクスで説明する島弧や海溝，さらにプレートが生まれるという中央海嶺の形成は，地球の長い年月にわたって同じような運動が循環して起こることにより説明されている．しかし，これまでのべてきたように，駿河湾も含め海溝の陸側の海底斜面にあたる大陸斜面は，更新世中期の今から約 40 万年前以降に現在の地形が形成されはじめたものであり，それはそれまでの地殻変動とは異なったものである．

　すなわち，同じ運動の連続で地殻変動が起こるとするプレートテクトニクスでは，海溝も大陸斜面も陸上の地形もすべてがプレートの沈みこみがはじまったときから現在まで，ほぼ同じように存在したことになる．しかし，海溝も島弧もそれらは更新世以降の最近になって形成されたものであることから，プレートテクトニクスがあるとすれば，それは更新世以後に起こった構造運動であり，それ以前にはプレートテクトニクスがなかったことになる．

　島弧と海溝には，地形以外にその地震活動と火山活動をともなうという特徴があ

る．地震については，私たち自身が体験し，その振動も記録されている現在の活動であるが，過去の地震については現在と同じような記録がないので明確なことがわからない．ただし，火山については過去の火山岩や堆積物が存在しているので，過去の火山活動やその岩質がわかる．それによると，現在の日本列島の火山列の火山活動は，今から約 50 万年前ころからはじまったといわれ，それまでの火山活動とは活動の性質や様子と火山の分布も異なっている．

ロシアの海洋地質学者のワシリエフ（1991）は，すべての海溝は新しいもので，更新世に形成されたものであると結論している．現在の山脈や陸上の地形，大陸斜面や海溝など海底の地形，さらに火山活動も，それらはそれ以前から現在と同じようにあったものではなく，最終的には今から 40 万年前以降に形成され，または活動を開始したものである．そして，それはこれからのべる中新世（約 2300 万年前）からはじまった島弧や台地など地殻の一連の隆起運動と関連したもので，とくに中新世後期（約 1100 万年前）の大規模な地殻の隆起運動をへて，すでにのべた更新世前期〜中期（180 万〜40 万年前）の隆起運動（小笠変動）のあとに起こった，地殻のもっとも新しい構造運動である．

ヒマラヤ山脈と日本列島

このように，島弧と海溝の形成にかかわる地球の活動は，今から約 40 万年前以降からの地殻の隆起と海水準の上昇によって，最終的に形づくられたものと私は考える．中田（1984）によれば，ヒマラヤ前縁帯の隆起の開始時期は今から約 50〜40 万年前で，その年平均隆起量は約 3〜4 mm と推定され，この年平均隆起量は赤石山脈の隆起量（檀原, 1971）とほぼ同じである．

また，藤田（1983）は，更新世中期以降に急上昇をはじめた山地と，海水準の上昇によって浅海域となった山地に接する構造盆地との合作で，山麓扇状地とデルタとの短絡的結合が巨大な堆積面をつくり上げたとのべている．すなわち，更新世中期以降の山麓扇状地とデルタの形成や現在の地形は，更新世中期以降の急激な地殻の隆起と，それと並行して起こった海水準上昇によって形成されたことになる．

藤田（1984）はヒマラヤ山脈と日本列島の地形とその形成に関して，「構造起伏からいうと，ヒマラヤ山脈と日本列島とではそれほど違わないのではないか．大洋底が玄武岩質層でできているというなら，インド亜大陸のデカン高原は玄武岩層の厚

い累積からなっている．しかも海洋プレートと同じくほとんど地震活動がない．衝突といいあるいは沈みこみといって，簡単に類型化してよいものであろうかとの疑問もわく」とのべている．

　すなわち，日本列島の場合，まわりが海に囲まれ，太平洋の海底が海洋地殻であるとされているために，私たちはヒマラヤ山脈と日本列島をまったく別のものとしてみている．しかし，この文章は，日本列島を大洋底からの地殻の起伏としてみれば，両者は弧状に 5,000 m 以上高まった地形としてとても類似していて，地質構造も類似しているという重要な指摘である．

　ヒマラヤ山脈の地形は，地質構造帯と調和的な東西方向の地形列からなり，南からヒンドスタン平原，サブヒマラヤ（シワリク帯），低ヒマラヤ（レッサーヒマラヤ），高ヒマラヤ，トランスヒマラヤ，チベット高原に大別され，高ヒマラヤ前面のそれらの境界は北側へ傾斜する衝上断層によって境されている．図 8-11 にヒマラヤ山脈と四国から中国山地にかけての日本列島の地形断面の比較をしめす．海面がなければ，両者はどちらも地球表面の同様の起伏であり，それらがほぼ同じ形態をとる．

　プレートテクトニクスでは，ヒマラヤ山脈は大陸の衝突で形成され，日本列島はプレートの沈みこみによって形成されているとしている．藤田（1984）の指摘は，両者がもし同じようなテクトニクス（構造運動）で形成されたとしたら，海洋プレートとは一体何かということと，「大陸の衝突」と「プレートの沈みこみ」という異なった原因で同じような地質構造が形成され，同じ隆起が起こることへの問題定義でもある．

　吉川ほか（2003）と Dahal・長谷川（2007）は，ネパールと西南日本の地形・地質を比較して，プレートテクトニクスとしては異なる環境にあるにもかかわらず，両者の地形・地質および景観には類似した点が多いとのべ，シワリクを大陸斜面に，低ヒマラヤと高ヒマラヤを四国山地に，チベット高原を中国山地に対比した．また，Dahal・長谷川（2007）は四国山地の高まりは中新世中期の花崗岩と密接に関連しているとして，その点も高ヒマラヤの中新世の優白色花崗岩の活動と対比している．

　酒井ほか（2017）は，ヒマラヤ山脈は 2200 万〜1600 万年前の中新世前期〜中期に急激に隆起し，1500 万年前に地表に露出した高ヒマラヤの変成帯は上昇をつづけ低ヒマラヤをおおうように衝上して変成岩ナップを形成して低ヒマラヤの岩石

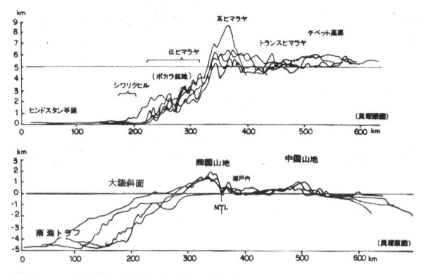

図8-11 ヒマラヤ山脈と日本列島の地形断面の比較（吉川ほか，2003）．日本列島の海水準を
5,000 m下げるか，ヒマラヤの海水準を5,000 m上げれば，両者は同じような地形
断面になる．中新世以降の隆起量がどちらもかわらないとすると，もともとの基盤
がヒマラヤのほうが5 km高かったことになる．

に変成をあたえ，1000 万年以降に高ヒマラヤ前面に発達する衝上断層群の活動が
はじまったとした．ヒマラヤ山脈は高ヒマラヤとその北側の地帯に貫入上昇した中
新世中期の花崗岩マグマによって，大規模な隆起や変成作用，構造運動がおこなわ
れたと考えられる．

　インド大陸の東側にあるベンガル湾にはヒマラヤ山脈が隆起したために，そこか
ら侵食されて流れ出た砕屑物により，ベンガル深海海底扇状地（ベンガルファン）
が形成されていている．ベンガルファンでの深海掘削の結果，Amano and Taira
(1992) は，今から1700 万年以降にヒマラヤ山脈の上昇が開始し，約1500 万年前
にはヒマラヤ山脈の変成岩の露出がはじまり，約1100 万年前には大規模な変成岩
が露出して，90 万年前以降にさらに大規模な隆起があり，それは現在まで継続して
いるとのべている．すなわち，隆起の時期やその様相についても，日本列島とヒマ
ラヤ山脈はよく似ていると思われる．

静岡県にもゾウがいた

　日本に棲んでいたゾウとしてよく知られるナウマンゾウの化石は，約36万年前～3万年までの日本列島の各地の地層から発見されている．ナウマンゾウの化石の模式標本は，静岡県浜松市の佐浜から発見されたものであり，その標本は京都大学の総合博物館に保管されている．それ以外にも静岡県では，ナウマンゾウの化石が有度丘陵の久能山層や牧ノ原台地の古谷層から発見されている（図8-12）．ゾウの化石としては，それ以外にも庵原層群からはトウヨウゾウの化石が発見されている．

　現在生きているゾウは，アジアゾウとアフリカゾウの二種類であるが，中新世から更新世（約2300万～12万年前）にはたくさんの種類のゾウがいた．ナウマンゾウの前に日本にいたゾウとしてトウヨウゾウがいるが，この化石は約60万～50万年前の日本の地層から産出され，これとともにマチカネワニやウシ，カズサジカも発見され，そのほかにも楊氏トラ，徳氏スイギュウ，マツガエサイなど中国中北部の哺乳類動物相をともなう．このことから，これらの動物は今から約60万年前に対馬海峡にできた陸橋を渡って，日本列島にやってきたと考えられている（小西・吉川，1999）．

　ナウマンゾウに近縁なゾウとして，東シナ海や台湾，琉球列島で発見されているナルバ

図8-12　有度丘陵の久能山層から産出したナウマンゾウの切歯化石
　　　　（写真提供：東海大学自然史博物館）．全長約50 cm.

ダゾウというゾウがある。しかし、ナウマンゾウの頭蓋骨のタイプはナルバダゾウよりも古いアンティクゾウに近縁で、このことから今から約40万年前にアジアにいたアンティクゾウが日本列島にわたり、日本列島で固有化してナウマンゾウとなったと考えられている（三枝，2005）。

　北海道と沖縄をのぞく日本列島は、そのアンティクゾウが渡ってきて以降、大陸と陸つづきにならなかった。そのため、現在の日本にいるさまざまな、とくに哺乳類の動物たちはそのときに大陸から渡ってきて、日本列島の固有種として発展してきたものと考えられている（河村，1991，1998）。

図8-13　日本列島周辺の水深1,000 mと2,000 mの等深線と陸生動物の生物地理境界線。

このように，小笠層群の上部の地層が堆積した時代である，今から約60万年前と約40数万年前には，日本列島は大陸と陸つづきになっていた．現在の水深1,000mの等深線をたどっていくと，そのころの陸地のおおまかな形が描ける．日本列島は，太平洋側と日本海側に幅をひろげて，ところによって大陸や島々とつながっていることがわかる．

　図8-13に現在の水深1,000mと2,000mの等深線を描いた日本列島周辺の地形図をしめす．この図には日本列島のおもな生物地理境界線も加えてある．北海道のヒグマと本州のツキノワグマなどの北海道と本州の陸生動物の違いから設定されたブラキストン線は，北海道と本州の間の水深約100mの津軽海峡にあり，これはウルム氷期の低海水準期に海だったところにあたる．

　この図の水深1,000mの等深線をたどると約40万年前の日本列島の陸域の輪郭が想像できる．慶良間ギャップにある蜂須賀線はそのときの陸生生物の境界線である．また，水深2,000mの等深線をたどると，次の第9章以降でくわしくのべるが，中新世末期の海水準の位置，すなわち日本列島の陸域の輪郭になる．トカラギャップにある渡瀬線は，沖縄のハブと日本のマムシの生息境界であるが，それは中新世末期の陸生生物の境界線である．

第9章

掛川層群の地層と化石

—地層の形成と海水準変動—

掛川市杉野で見られた掛川層群大日層の砂泥互層（1998年ごろ）. 灰色の層は泥層で,
暗色の層は砂層からなる.

掛川層群という地層

　静岡県で化石といえば，掛川の貝化石がよく知られている．掛川市街の北西側から袋井市にかけての丘陵には，かつて大量の貝化石が見られた．これらの貝化石には，モミジツキヒガイ（*Amussiopecten praesignis*）やパンダフマガイ（*Megacardita panda*），スウチキサゴ（*Umbonium（Suchium） suchiense suchiense*），トウトウミタマキガイ（*Glycymeris totomiensis*）など，掛川層群に特有の鮮新世〜更新世前期の種類が含まれている（図9-1）．これらの貝化石と地層については，戦前から京都大学の槇山次郎教授によって調査され（槇山，1941，1950，1963），掛川地域は日本の太平洋岸の新第三紀の地層（新第三系）の模式地とされた

　掛川層群は，今から約500万〜180万年前に堆積した砂層と泥層からなる地層で，掛川市を中心に牧之原市の西部から菊川市，袋井市の北部にかけて分布する（図9-2）．掛川層群の地層は，西または南西に20〜40度傾斜しているため，分布の東側に古い地層があり，西側にいくほど新しい地層が連続的にみられる．

　私たちは，1990年からはじめた御前崎〜掛川地域の地質調査の中で，掛川層群の分布地域全域の地層が露出しているところを観察して，どのような地層がどこに

図9-1　掛川層群の貝化石（写真提供：東海大学自然史博物館）．
*Amussiopecten praesignis*の化石が重なって集まっている．

分布しているか，地層に含まれる貝化石や有孔虫化石，はさまれる火山灰層とその連続などを調べてきた（柴ほか，1996, 1997, 2000, 2007, 2010a；柴，2005a）．火山灰層については，掛川層群から300層以上の火山灰層を発見し記載して，それらの連続を確かめた．これらの成果によって，掛川層群の地層の重なり（層序）と地質時代，それと地層の堆積のしかた（堆積過程）などについてあきらかにした．

　ここでは，これまでの成果をもう一度整理して修正した掛川層群の層序と地質時代，堆積過程をのべる．そして，掛川層群の調査から学んだ地層がどのように形成されるかということについてものべる．

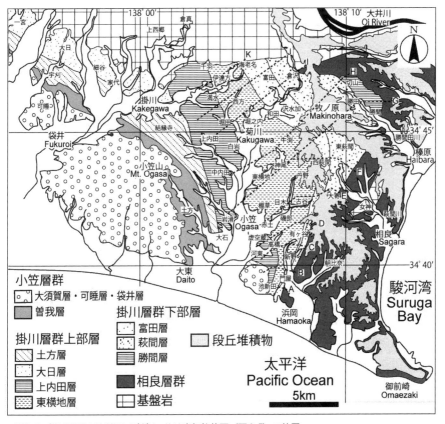

図9-2　掛川層群の地質図．破線A～Kは岩相柱状図（図9-5）の位置．

掛川層群について，従来の研究ではそのほとんどの地層が「堀之内互層」とよばれる砂泥互層とされ，それ以外に「縁辺礫層」と，堀之内互層の上位に重なる「土方泥層」，浅海で堆積した北西側に分布する「大日砂層」とに区分されていた．しかし，ここでは掛川層群の詳細な岩相の区別と，はさまれる火山灰層の連続，化石による各層の地質時代，堆積シーケンスによる区分などから，掛川層群を七つの層にわけ，それらを大きく下部層と上部層の二つにわけた．

　掛川層群の下部層は，下位から泥層と礫層からなる勝間層と，砂勝ち砂泥互層からなる萩間層，泥勝ち砂泥互層からなる富田層からなり，上部層は下位から泥層や砂泥互層からなる東横地層，砂勝ちおよび泥勝ち砂泥互層からなる上内田層，砂層からなる大日層，泥層と泥勝ち砂泥互層からなる土方層からなる．

　これらの地層が堆積した地質時代については，火山灰層や有孔虫などの微化石の年代などから，図9-3にしめすように，下部層は約500万年〜300万年前，上部層は300万年前〜180万年前に堆積したと思われる．

　掛川層群の地層のうち，大日層と土方層の一部をのぞくほとんどの地層は砂泥互層からなる．この砂泥互層をよく見ると，下から上に粗い砂から泥に移りかわるような級化構造をもっている．この級化構造とは，ビーカーに砂泥を投げ入れたときに大きな砂粒から早く沈んでできる構造であり，自然の中では波の影響のない閉じた海や湖の盆地の底に砂泥が流れこんでできる地層に見られる構造である．

　この砂泥を含む重力による流れは混濁流（タービディティ流）とよばれ，それによって形成された堆積物はタービダイトとよばれる．その多くは，大陸斜面を刻む海底峡谷を流れ下って，深い海盆の底に海底扇状地を形成しながら堆積したと考えられている．

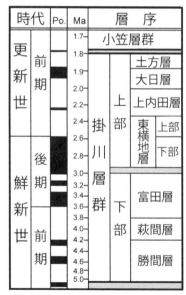

図9-3 掛川層群の層序と地質時代．Po.：
　　　古地磁極帯，Ma:百万年前．

図9-4　1：菊川市西富田で見られる富田層の崖錐状礫層，2：菊川市塩買坂で見られた東横地層，地層は南北走向で西に傾斜しているが道の断面方向によって地層の傾斜が異なって見える，3：菊川運動公園で見られた上内田層，スランプが見られる砂泥互層，　4：掛川市小貫で見られた上内田層の砂泥互層，5：菊川市中内田で見られる上内田層五百済火山灰層，6：掛川市高瀬の貝ヶ沢で見られた土方層の泥勝ち砂泥互層．

掛川層群の砂泥互層の多くはこのタービダイトからなり，含まれる底生有孔虫化石から，堆積した海底は水深が 1,000 m 以上の深い海底の盆地と考えられる．図9-4に掛川層群のいくつかの岩相を写真でしめす．

　掛川層群の大日層の砂には，天竜川の上流にある花崗岩に含まれる黒雲母という鉱物が含まれることから，天竜川から流れこんだ砂と考えられる．しかし，それ以外のほとんどの地層の砂には黒雲母がほとんど含まれないことから，大井川から運ばれた砂泥によって形成されたことが推定できる．そして，その海底扇状地は，掛川層群の堆積盆地に北東側にあった河口から南西方向にひろがって発達していたと考えられる．

火山灰層を追って

　掛川層群の地質図を作成するにあたって，地層のほとんどが同じような砂泥互層からなるため，それらの地層の上下の重なりと水平方向の地層の連続やひろがりを把握することが難しかった．そこで，掛川層群の地質調査では，岩相の記載と同時に，砂泥互層にはさまれる火山灰層の発見とその水平方向への連続を追うことに重きをおいた．

　火山灰層については，第6章でものべたが，異なった場所の異なった地層にはさまれる火山灰層の鉱物や火山ガラスの化学組成が一致すると，それらはある火山のあるときに起こった噴火によってもたらされ，地層に「同時」という目印（鍵）をあたえてくれる「鍵層」となる．したがって，地層にはさまれる火山灰層を同定しながら，それらの重なりと横へのひろがりを調べると，地層がどのようにひろがって累積していったかを具体的に知ることができる．

　掛川層群にはさまれる火山灰層と広域火山灰層との対比，および年代測定については, Shibata et al. (1984), 水野ほか (1987)，里口ほか (1996, 1999), 黒川 (1999)田村ほか (2005), Nagahashi and Satoguchi (2007) などの研究があり，私たちの研究としてはおもに掛川層群上部層の火山灰層について記載した柴ほか (2000) と下部層の火山灰層について記載した柴ほか (2010a) がある．柴ほか (2010a) では,東横地層を下部層としたが，本書では東横地層を上部層として改める．

　図9-5は，掛川層群の下部層から上部層の上内田層下部にかけての地層の重なりを火山灰層の重なりと連続をもとに, 南 (A) から北 (K) にかけての 11 本の岩相柱

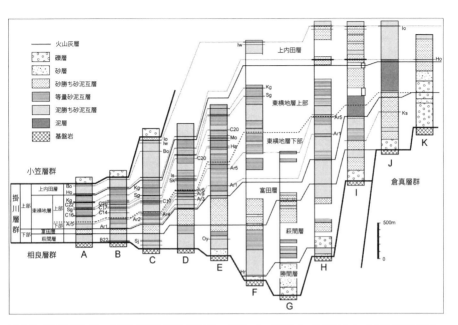

図9-5　掛川層群下部〜上部の岩相柱状図（柴ほか，2010a を一部修正）．柱状図の A〜K の位置は図 9-2
にしめす．火山灰層の名称は，Sj：想慈院，Hr：蛭ヶ谷，Oy：大寄，Ar1：有ヶ谷 I，Ar2：有ヶ谷 II，
Ar3：有ヶ谷 III，Ar4：有ヶ谷 IV，Ar5：有ヶ谷 V，Ar6：有ヶ谷 VI，Sk：塩買坂，Is：磯部，Ha：畑
崎，Mo：目木，Sg：下組，Kg：上組，Ho：堀田（白岩），Bo：坊之谷，Iw：岩滑，Io：五百済．

状図（垂直分布）をしめしたものである．また，図9-6 に掛川層群全体の岩相分布，
すなわち各層ごとの岩相や火山灰層の水平分布をしめした．

　このような図は，これまでの各章で私がしめした地質図や岩相分布図と同様に，
地表に露出する地層（露頭）を歩いて発見して，一つひとつ観察してそれをルート
マップに記載して地形図にプロットし，そのひろがりを確かめて作成したものであ
る．掛川層群の調査とまとめには，1992 年〜2012 年までの 20 年間を要した．

掛川層群の地質時代

　掛川層群の地質時代については，貝化石や浮遊性有孔虫などの微化石などはもち
ろん，広域火山灰層やフィッショントラック（以下 F. T. とする），古地磁気層序によ
り各層準の地質時代の推定がおこなわれている．

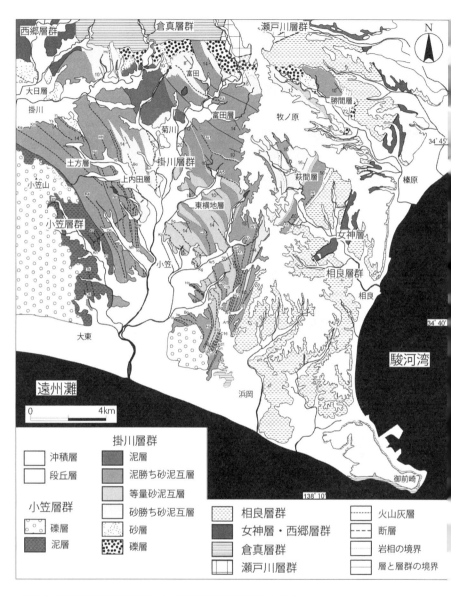

図9-6　掛川層群の岩相地質図．火山灰層は略名は図9-5にしめす．

広域火山灰層では，田村ほか（2005）により萩間層のB22火山灰層が4.1 Ma付近の広域火山灰層の坂井火山灰層に相当するとされ，Shibata et al. (1984) は萩間層の蛭ヶ谷火山灰層と東横地層下部層の有ヶ谷Ⅰ火山灰層，上内田層の五百済火山灰層のF. T.年代値をそれぞれ，4.1±0.2 Ma，3.2±0.6 Ma，2.3±0.5 Maとした．また，水野ほか（1987）は，東横地層下部層の有ヶ谷Ⅳ火山灰層のF. T.年代値を2.5±0.2 Maとした．

　日本各地の広域火山灰層のまとめをおこなった Nagahashi and Satoguchi (2007) は，有ヶ谷Ⅰ火山灰層が東海層群の長明寺Ⅱ火山灰層や古琵琶湖層群の相模Ⅰ火山灰層，大阪層群の土生滝Ⅰ火山灰層に対比されるとして2.85 Maに，有ヶ谷Ⅳ火山灰層は新潟地域の西山層中部にはさまれる二田城火山灰層に対比されるとして2.7 Maに，また堀田火山灰層（白岩火山灰層）は東海層群の小社火山灰層と古琵琶湖層群の虫生野火山灰層に対比されるとして2.25 Maに相当するとした．

　掛川層群の古地磁気層序学的研究をおこなった Yoshida and Niitsuma（1976）のデータと前述の年代データから，富田層から東横地層下部層にあたる層準はほぼガウス正磁極帯（C2An: 3.6〜2.58 Ma）にあたり，東横地層上部層の基底は2.58 Ma以降に相当すると考えられる．これらの結果から，萩間層の基底は少なくとも約4.1 Maより古く，富田層から東横地層下部層は3.6〜2.58 Maにあたり，東横地層上部層は2.58 Ma〜2.25 Maの間に堆積した地層と推定できる（図9-3）．

　そして，掛川層群における第四紀の下限は，2013年にジェラシアン階（Gelasian）の基底の2.588Maとなったために，東横地層上部層の基底がほぼ鮮新／更新世の境界に相当し，東横地層上部層から掛川層群上部層の土方層までがジェラシアン階に対比される．

地層はどのようにつくられるか

　地層はどのように形成されたのか．私は，大学に入学してから現在までの40年以上，海や山で地質調査をしてきた．地質調査では，地層を調べ，それらがどこに分布し，それぞれの地層がどのように形成し，今にいたったかをあきらかにする．したがって，学生のときの私には「地層はすでにあるもの，存在するもの」であったため，それがなぜあるかということについて，まったく疑問に思わなかった．しかし，研究をはじめて10年以上して，とくに掛川層群の調査にあたっては研究対

象である地層がなぜ存在するのか，ということについて深く考えるようになった．

　泥層や砂層，礫層など陸源性の地層であれば，まずその地層をつくっている泥や砂，礫などの①砕屑物の供給が必要である．そして，それが堆積するための②堆積空間が用意される必要があり，そしてそれが③保存され累積して地層が形成される．

　①の砕屑物の供給には，供給河川が必要であるが，後背地の相対的隆起（または海水準の相対的下降）が必要で，②の堆積空間の形成と③の地層の累積には地殻の相対的沈降（または海水準の相対的上昇）が必要である．すなわち，地層が形成するには，地殻の相対的隆起と沈降，または海水準の相対的下降と上昇のどちらかが，ほぼ同時に起こらなくてはならないことになる．

　従来，地質学者は，陸側は隆起して海側は沈降するという単純なモデルでそれを説明していた．しかし，海水準は上下に変化するため，陸地と海水準の接合部がつねに地殻の上下変動の境界とはなりえない．また，陸上には海底に堆積した地層が分布しているが，これは海側の地殻も隆起することをしめしている．すなわち，陸側は隆起して海側は沈降するという単純なモデルは成立しないことになる．同様に海水準が陸側では下降し，海側では上昇するということも矛盾する．

　したがって，地層が形成するには，地殻が隆起して海水準が上昇するか，または地殻が沈降して海水準が下降するかのどちらかが起こったことになる．海水量が一定であれば，海洋底を含む地殻が隆起して海洋底が上昇すれば，海水準も底上げされて上昇して前者の現象が起こる．反対に地殻が沈降して海洋底も沈降すれば，海

① 砕屑物の供給	： 相対的　隆起　または　海水準下降
② 堆積空間	： 相対的　沈降　または　海水準上昇
③ 累積して保存	： 相対的　沈降　または　海水準上昇

この3要素が同時にはたらき地層が形成される

地殻		海水準		地球
隆起	と	上昇	➡	膨張
沈降	と	下降	➡	収縮

図9-7　地層形成のための地殻の隆起・沈降と海水準の変動の関係
　　　　（柴，2016c を一部修正）．

水準は下降して後者の現象が起こる．地殻の隆起が起こりつづけて，地層ができれば地球は多少ではあるが膨張しつづけることになる．また，地殻が沈降する場合，地球は収縮することになる（図9-7）．

　アルプス山脈の形成を論じたSuess（1885-1909）をはじめ従来の地質学者は，褶曲山地の形成をめぐって地球が収縮することを前提としていた．しかし，プレートテクトニクスでは，水平方向にプレートが移動するという地殻の循環的な運動で地球のテクトニクスを説明することから，地球じたいの収縮と膨張が考慮されていない．したがって，プレートテクトニクスでは，地層はそれぞれの構造場でのプレートの沈みこみや衝突などによって，地域的な隆起と沈降があり，さまざまな要因によって堆積が起こるとしている．すなわち，プレートテクトニクスでは垂直的な地形変化は二次的なものとされている．

　地層がどのように形成したかを，世界中の大陸縁辺の地層を調べて一般化した試みが，Haq et al.（1987）によって提案された．彼らは，世界中の大陸棚や大陸斜面での石油探査記録をもとに，海底の地層の重なりと分布をこまかく調べ，ある地層の連続した重なりの単位が，連続する三つの特徴的な堆積体から構成されていることをあきらかにした．

　その地層の重なりの一つの単位を，彼らは「シーケンス」，正確には「第三オーダーシーケンス」とよんだ（図9-8）．シーケンスとは，連続する一つの束（範囲）または単位という意味である．そして，それが海水準変動と地殻の沈降によって形成されたと説明した．そして，彼らはそれぞれの第三オーダーシーケンスの海水準の変動量を推定し，それをもとに中生代以降の海水準の変化曲線を提案した（Haq et al., 1987）．このシーケンスによる地層形成モデルは，地殻がほぼ同じ速さで沈降するということが前提条件になっている．地殻が海水準に対して沈降しなければ，海水準変動で形成された地層も削剥されてしまうため，このモデルは地殻の沈降を前提としている．その点でこのモデルは問題があるが，地層の形成を海水準の変化というメカニズムで明確なかたちで説明したものとしてひじょうに重要である．

堆積シーケンスと海水準変動

　この地層形成のモデル（図9-8）では，海水準が相対的に下降して大陸斜面に堆積物が供給され，つづく海水準の上昇で海進が起こり，すでに侵食され形成された陸

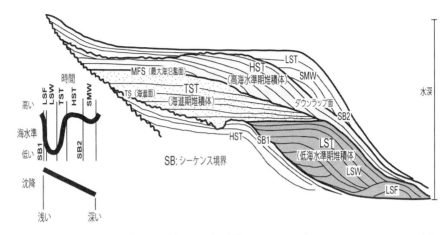

図9-8 Haq et al. (1987) による第三オーダー堆積シーケンスモデル. SB1とSB2: シーケンス境界,
SMW: 陸棚外縁堆積体, LSW: 低海水準期楔状堆積体, LSF: 低海水準期海底扇状地堆積体.

棚域に堆積がおこなわれ，そして海水準が停滞ないし相対的に下降して，それらを
おおって堆積がおこなわれたとした．このような海水準変動が起こる過程で，それ
ぞれの時期にそれぞれの堆積体が形成される．最初の海水準下降期には低海水準期
堆積体が，海水準上昇期には海進期堆積体が，その後の海水準停滞期には海進期に
ひろがった堆積空間を埋めるかたちで高海水準期堆積体が堆積したとした．

　地層がなぜ存在するのかという謎は，このシーケンスセットによる地層の形成だ
けではなく，ひとつの海水準変動によって形成された地層の単位 (第三オーダーシ
ーケンスセット) が保存され，さらにその上に新しいシーケンスセットがつぎつぎ
に重なっているという事実があることである．ひとつの海水準変動によって地層が
形成されても，それらが保存，すなわち相対的に地殻が沈降しなければ，形成され
た地層は削剥されて残らないのである．

　地層を保存した相対的な沈降を，Haq et al. (1987) はプレートの沈降や沈みこみ
によるほぼ同じ速さでの地殻の沈降であるとした．しかし，私は地層を保存した相
対的な沈降は，地殻の沈降ではなく，海水準上昇による沈水と考えている．そして，
Haq et al. (1987) が海水準下降としたものは，海水準の下降ではなく地殻の上昇で
あると考えている．Haq et al. (1987) の海水準の変化曲線で特徴的なことは，シー

ケンス境界の海水準下降が曲線ではなく直線になっていることである．この直線的な海水準下降について，Haq et al. (1987) では明確な見解をしめしていないが，これはまさに急激な地殻の隆起をあらわすもので，見かけの海水準下降と思われる．

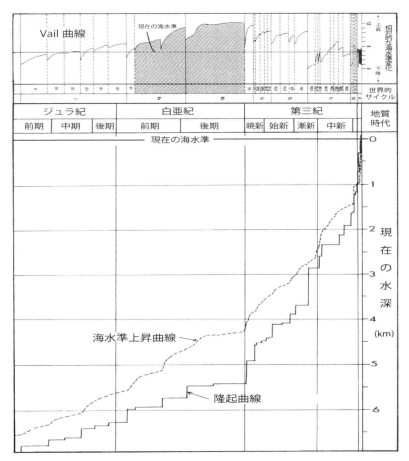

図9-9 Vail et al. (1977) の海水準変化曲線 (Vail 曲線) の海水準下降量を隆起量におきかえて累積して地殻の隆起曲線 (折れ線) とし，一方，海水準の上昇量のみを累積させて海水準上昇曲線とした図 (Shiba, 1992)．中新世後期以降，隆起量が増大していて，隆起曲線が海水準上昇曲線を上まわっている．また，地域ごとに隆起量をかえることにより，両曲線の重なりからその地域の不整合や海進・海退が表現される．

私は, 1992 年に京都市でおこなわれた万国地質学会 (IGC) で, Haq et al. (1987) の研究の基礎となった Vail et al. (1977) の海水準変化曲線を使って, その海水準下降を隆起量として, また海水準上昇量をすべて累積させた海水準上昇曲線 (図 9-9) をしめした (Shiba, 1992). それによると, ジュラ紀以降の海水準上昇量は約 5.6 km となり, 鮮新世以降のそれは約 1,500 m となった. なお, Haq et al. (1987) の曲線で同じことをおこなっても海水準の上昇量はほとんどかわらなかった.

　この図 9-9 で特徴的なことは, 中新世後期以降に海水準上昇量が急激に大きくなり, さらに隆起量はそれを超えるほどに大きくなっていることである. この隆起量とは, Vail et al. (1977) の調査が大陸や島弧の縁辺の地層を対象としたことから, その地域での隆起量である. もちろん, 現在の陸上域では隆起量はもっと大きかったと思われ, そのために過去に海底で堆積した地層を, 私たちは現在, 陸上で見ることができるのである.

　堆積シーケンスを研究する多くの人が, 海水準の上下の変化を氷期と間氷期のような気候変動にその原因を求めている. しかし, すでに第 5 章のコラム (93-94 頁) でのべたが, これまでの世界各地の過去の気候の推定から, 更新世前期を含めてそれ以前の中生代以降の地質時代に, 更新世後期と同様の規模の大陸氷床が発達した可能性については疑わしい. とくに鮮新世 (今から約 250 万年前) 以前に, 海水準の大規模な変化をともなう氷期を考えることはできない. したがって, 掛川層群の第三オーダーシーケンスを形成した海水準変化を, 気候変動による氷床の拡大と縮小に原因を帰することはできない.

掛川層群の堆積シーケンス

　図 9-10 に上内田層から上位の掛川層群上部層の地質図をしめし, 図 9-11 にそれらの地層の重なりを並べた地質柱状図をしめす. 図 9-11 の左側が北西で, 右側が南東側になる. これらの図でしめした掛川層群上部層は, 下位から泥勝ち砂泥互層からなる上内田層と, おもに砂層からなる大日層, 泥層からなる土方層からなる. それぞれの地層にはさまれる火山灰層とその連続もしめした.

　大日層の地層をくわしくみると, 砂層の上に突然シルト層が重なることがある. 大日層の地層は波浪の高い砂浜の海岸から沖合にかけて堆積したもので, その砂層は下部外浜で堆積したものである. 砂層の上位に重なるシルト層は, 外側陸棚で堆

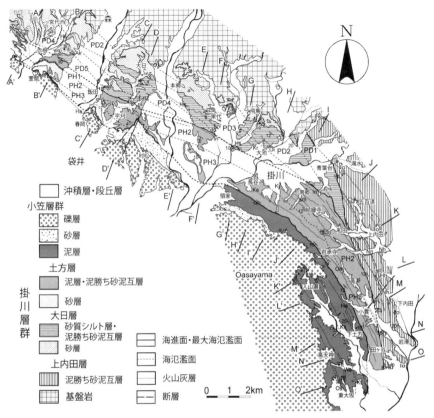

図9-10 掛川層群上部層の地質図（柴ほか, 2007を一部改変）. A-A'等は岩相柱状図（図9-11）の断面
　　　線. PDとPHは大日層と土方層のパラシーケンスセット. 火山灰層については図9-11を参照.

積したものである. 下部外浜は 20 m の水深であり, 外側陸棚は 100〜150 m ほど
の水深なので, その砂層とシルト層の境界では 100 m 以上の急激な海水準上昇が起
きたと推定される. その境界は, 海が氾濫したという意味で「海氾濫面」とよばれ,
上下を海氾濫面で区切られた地層の連続を「パラシーケンスセット」とよぶ.

　大日層では, このパラシーケンスセットが五つ重なり, 海水準上昇が段階的に 5
回起こったと考えられる. 海氾濫面では海進が起こり, 海進により海岸線が南東か
ら北西の陸側へ段階的に進み, 南東側がより深い海底になった. 大日層はこのよう

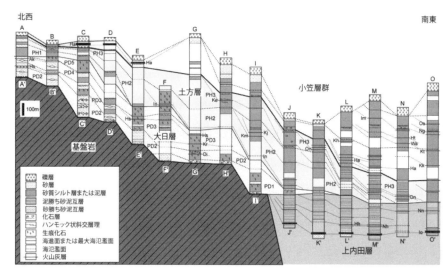

図9-11　掛川層群上部層の地質柱状図と地層の重なり（柴ほか，2007を一部修正）．大日層と土方層の境界はコンデンスセクションで，上内田層と土方層の境界はダウンラップ面となる．PDとPHは大日層と土方層のパラシーケンスセット．火山灰層の名称は，Io:五百済，Iw:岩滑，Nh:西平尾，Hh:東平尾，Nn:七曲池，Oi:大池，Kr:蔵人，Hs:細谷，Ak:赤根，In:インターV，Km:亀の甲，Kj:結縁寺，Ke:結縁寺奥，On:小貫，Ha:春岡（曽我），Kk:川久保，Kh:上土方，Kt:釜田東，Wa:渡辺池，Ht:畑ヶ谷，Im:今滝北，Ng:長谷池，Os:大坂．

に，海水準の上昇期の地層であり，Haq et al.（1987）の海進期堆積体と考えられる．

　大日層の上位に重なる土方層は，そこにはさまれる火山灰層やパラシーケンスセットの重なりから，新しい地層が沖側につぎつぎと重なっているようすがみられるこれは，海水準が停滞して堆積物の供給が増加したために，沖側の海底を埋め立てるように堆積したもので，Haq et al.（1987）の高海水準期堆積体に相当する．また，大日層の下位の上内田層は砂泥互層からなり，砂泥の供給により深い海底に堆積したもので，大日層の海進の前に堆積した地層であることから，Haq et al.（1987）の低海水準期堆積体に相当する．

　このように，掛川層群上部層は上内田層の下位の東横地層も含めて一つの第三オーダーシーケンスを形成し，掛川層群下部層では三つの第三オーダーシーケンスが

認められる.

　掛川層群下部層は,下位から勝間層,萩間層,富田層からなり,勝間層は下位に淘汰の悪い礫層があり,それを泥層がおおう地層である.萩間層と富田層は,下部に礫層や砂層,砂勝ち砂泥互層があり,上部に泥層または泥勝ち砂泥互層が重なる.これらの地層の下部は急傾斜の海崖からなる後背地の急激な隆起により堆積物が供給されて形成した低海水準期堆積体の特徴的な岩相であり,上部の泥層と泥勝ち砂泥互層は高海水準期堆積体と考えられる.そのことから,掛川層群下部層の三つの地層は,それぞれが第三オーダーシーケンスを形成するものと考えられる.

　すなわち,掛川層群は,四つの第三オーダーシーケンスの重なりによって構成されていて,それらは Haq et al. (1987) の設定したステージ 3.4〜3.7 のシーケンスサイクルにほぼ相当するものと思われる.

地層は連続して堆積するか

　掛川層群上部層の地層の重なりでは,大日層を堆積させた海水準上昇が終わり,海水準が停滞して高海水準期堆積体である土方層が堆積しはじめる前に,海水準が最高に達した.この大日層と土方層の境界面を堆積シーケンスモデルでは「最大海氾濫面」とよぶ.また,海進期堆積体である大日層では堆積物は陸側に堆積して,沖側に堆積物がほとんど堆積せず,沖合では薄い地層に時間が凝縮されるため,最大海氾濫面の沖側延長部を「凝縮層(コンデンスセクション)」とよぶ.そして,高海水準期堆積体である土方層は,沖合により新しい地層が前進しながら重なり,低海水準期堆積体である上内田層の上位に直接重なっている.このような土方層の堆積のしかたをダウンラップといい,その底部の面を「ダウンラップ面」とよぶ.

　このダウンラップ面の上下の地層は,連続に堆積したわけではなく,その下位の上内田層が堆積してから,海進期をへて上位の土方層が堆積するまで堆積物がほとんど堆積しなかったことになる.しかし,上内田層と土方層が接している部分の両者の地層は,泥勝ち砂泥互層かまたは泥層で両者を岩相から区別することが難しい.また,両者の地層の走向・傾斜などの構造もあまり変化がみられない場合も多く,従来の研究者の多くが両者を区別することはなく,整合の地層の重なりとしていた.

　たとえば,従来の微化石層序学の研究者は,掛川層群の堀之内互層が整合的に重なっているように見えることから,下位から連続的に試料をサンプリングして微化

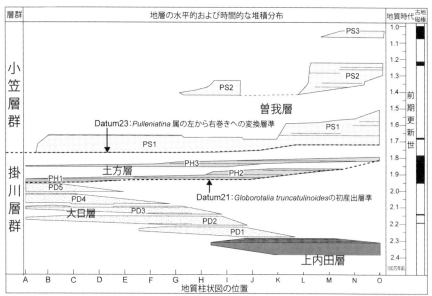

図9-12 掛川層群上部層の地層（パラシーケンスセット）がいつどこに堆積したかをしめす図
（柴ほか，2007 を一部修正）．横軸は柱状図の場所で縦軸は時間の経過をあらわす．
各パラシーケンスセットは時間的に不連続に，平面的に限られて堆積している．
破線でしめした Datum21 も 23 も堆積する場所によって堆積がはじまる時間が異なって
いるため，どちらも同時間面ではない．点線は火山灰層．柱状図の位置は図 9-10 参照．

石の垂直的な分布を調べ，ある種が出現したり消失したりする層準を決定して，そ
れを水平方向に連続させた層準をそれらの種の出現または消失した同時間面
（Surface または Datum）とした．しかし，それらの同時間面は同一時間に形成さ
れたものではなく，シーケンス境界や堆積体の境界にあたることがあきらかになっ
た（柴ほか，2007）.

　高海水準期堆積体にあたる土方層の基底からは，約 200 万年前に温帯域で出現す
る浮遊性有孔虫の *Globorotalia truncatulinoides* が出現する．そのため，茨木
(1986) は *Globorotalia truncatulinoides* の出現層準を Datum 21 としてこの層準
を同一時間面とした．しかし，土方層の基底は北西側の浅海域から南東側の沖合に
かけて堆積物が順次重なるダウンラップ面にあたり，沖合により新しい地層が累積

している．したがって，土方層の基底は *Globorotalia truncatulinoides* が出現した以降に堆積した地層とそれ以前の地層との境界にあたり，図 9-12 でしめすように Datum 21 は 190〜180 万年前の期間に形成され，それは同時間面とはいえない．そして，沖合のダウンラップ面では，土方層の基底とその下位の上内田層との時間間隙は最大で約 50 万年間もあることになる．

　整合とは地層が連続して堆積していたことであり，沖合のダウンラップ面では上内田層が堆積して土方層が堆積するまでの間には，沿岸で大日層が堆積した時間の堆積物が沖合ではなく不連続がある．すなわち，上内田層と土方層の関係は，連続して地層が堆積していた整合関係とはけっしていえない．

　掛川層群では，このような堆積体やパラシーケンスセットの境界は，これまで有孔虫化石などの微化石のある種類が消滅したり，出現する生層序層準または基準面だったり，古地磁気の極性が変化する境界面として認識されている場合がある．すなわち，堆積体やパラシーケンスセットの境界面は，地層がある期間堆積していない面であり，その間に生物進化や古地磁気の極性が変化したために，この境界面が結果的に明確に識別できるものになったと思われる．

　しかし，これまでの研究では，地層は連続して堆積しているという仮定のもとに，微化石などの消滅や出現の基準面などとして，同時間面として考えられて，地層の地質時代を決める根拠とされてきた．化石などは，地層の中に含まれるものであり，地層が堆積しなければ化石も含まれない．したがって，このような生層序学的または古地磁気学的な同一時間面とされていたものの中には，同一の時間をあらわす面ではなく，その上位の地層がそこから堆積をはじめた面も含まれるという認識をもつことが必要である．今後，これらの研究をおこなう場合，事前に地質図を作成して地層の堆積シーケンスをあきらかにすることが重要である．

　地層は，このように堆積体ごとまたはパラシーケンスセットごとに，不連続に堆積するものである．また，一つのタービダイト層（砂泥互層）が 1 回の混濁流で形成され，その上に重なるタービダイト層を形成する混濁流が起こるまでには，やはり数 10 年〜数 100 年かかる場合があり，その間に地層はほとんど堆積していないことになる．また，単層の境界である層理面とは，地層が堆積する環境が変化することによって形成されるものであり，地層の境界には時間の不連続が隠されていることを強く認識すべきである．そして，地層は連続して堆積したものではないこと

と，地層が堆積していない時間（時代）を地層の層間からきちんと認識することが地質学者にとって重要である．

貝化石密集層はどのようにできるか

　掛川層群の大日層には，貝化石の密集層が以前はたくさん見られ，私たちはそこから貝化石以外にもサメの歯や，クジラやカイギュウなどの化石を発見し記載した（横山ほか，2000，2001，2003；柴ほか，2001；新村ほか，2001，2005；Tomida et al.，2006）．そして，これらの化石がどのようにして密集して地層に保存されたかを考えるようになった．

　ここでは，柴ほか（2012b）にしたがい，掛川層群大日層の化石密集層がどのようにして形成されたかをのべる．まず，化石ができる要因として，次の四つがあげられる．①化石となる生物が繁栄していてその数量が多いこと，②堆積物が堆積す

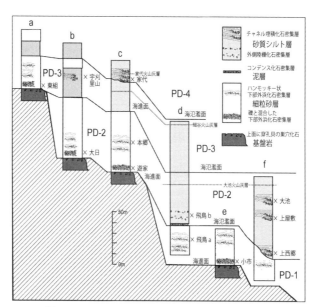

図9-13　掛川層群大日層の化石密集層とパラシーケンス（PD）の重なり（柴ほか，2012b を一部修正）．海水準の上昇にともなって f から a（東から西）へ下部外浜が移動し，それぞれの環境と時期に貝化石密集層が形成される．

る場所があること，③化石となる生物またはその遺骸が腐食や破壊される前に砂泥などの堆積物によってすみやかに埋積されること，そして④それが侵食されずに地層として保存されることである．

　大日層にみられる貝化石の密集層には，堆積した環境と堆積した時期によって五つのタイプが区別できる．まず，下部外浜〜内側陸棚（水深20〜70 m）の細粒砂層中にあるものと，外側陸棚（水深70〜200 m）の砂を含むシルト層（泥層）中にあるものがあり，前者を下部外浜化石密集層，後者を外側陸棚化石密集層とする．また，海水準上昇期（海氾濫期）に堆積物がほとんど堆積しない状況で生物が密集して形成されたコンデンス化石密集層と，海進期のあとに外側陸棚〜陸棚斜面上部の堆積環境に浅海の堆積物が沖合の陸棚斜面上部に運搬されて谷（チャネル）を埋積したチャネル埋積化石密集層がある．さらに，陸棚斜面の水深500〜1,000 m以深にはアケビガイやシロウリガイなどの化学合成二枚貝密集層がみられる．

図 9-14　掛川市飛鳥で見られる掛川層群の砂層とシルト層の重なり．露頭下段の砂層には下部外浜の海底に堆積した化石密集層があり，上段の砂質シルト層には海水準上昇のあとに外側陸棚の海底に堆積した化石密集層がある．両者の境界には海氾濫面があり，その直上にコンデンス化石密集層（CSF）が見られる．

図 9-13 に掛川層群大日層の海浜―外浜システムの地層柱状図を東（右）から西（左）へ並べたものをしめす．左から四番目の飛鳥 (d) では，下部外浜の細粒砂層の上に外側陸棚の砂質シルト層が重なり，その海氾濫面を境に急激な海水準の上昇が推定される．そして，海氾濫面の直上には堆積がほとんどおこなわれなかったために形成されるコンデンス化石密集層が見られる（図9-14）．

　図 9-13 では，上下を海氾濫面で区切られた地層の連続であるパラシーケンスセットが四つ重なり，海水準上昇が段階的に4回起こり，海進が東から西へ進み，東側はより深い海底になったことが推定される．たとえば，2 回目 (PD-2) の海水準上昇のときに，下部外浜になった大日では化石密集層が形成し，それは海水準上昇によって保存され，外側陸棚になった飛鳥ではコンデンス化石密集層が形成した．その後の海水準停滞期に堆積物が供給され，飛鳥では外側陸棚化石密集層が形成され，さらに東側の沖合にあたる上西郷などではチャネル埋積化石密集層が形成した．

　このように，パラシーケンスセットの形成，すなわち各海水準上昇期とその停滞期に，それぞれの海底環境（外浜～陸棚斜面）に，特徴的な貝化石密集層が形成された．大日層でみられた海水準上昇は，北西に海進することで大陸棚の海域がひろくなり，そのために生物の生産性が拡大し，地層が堆積する範囲も拡大して，化石密集層の形成に適した環境がつくられたものと考えられる．

相良油田と女神石灰岩

　現在は牧之原市に含まれるが，以前に相良町（さがら）とよばれた地域は，私が先輩の故岩田喜三郎氏に連れられて，掛川層群と相良層群を最初に見学した場所であり，私が掛川層群の研究をはじめた場所でもある．

　旧相良町菅ヶ谷（すげがや）付近には，わが国の太平洋岸で唯一の油田があった．そのため，菅ヶ谷にはそれを記念して相良油田の里公園があり，園内には手堀井戸の小屋や，相良油田に関する資料館が設けられている．その油田の最盛期には，産油量が年間 721 kℓ もあり，油の色は琥珀色で，世界的にもまれな軽質油で，精製せずにそのままでバイクが動くほどだったという．

　相良油田の貯留層は，砂岩泥岩互層からなる相良層群で，それは掛川層群の下位にあたる中新世後期（今から約 1100 万年前～600 万年前）の地層で，牧之原市から御前崎市にかけて分布する（図9-15）．相良油田の場所は，その中心にある女神山を

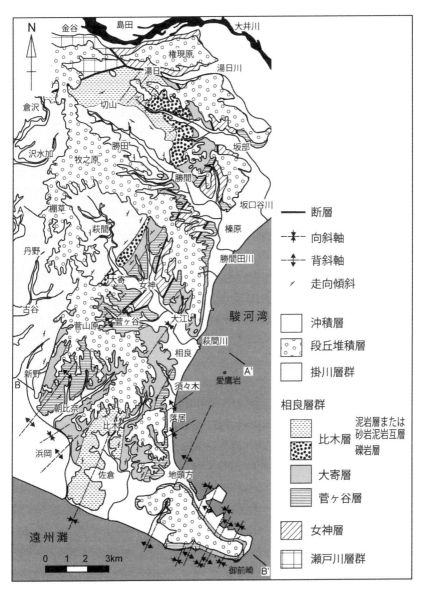

図9-15　御前崎市から牧之原市にかけての相良層群の地質図. A–A'とB–B'は図9-16の地質断面図の断面線.

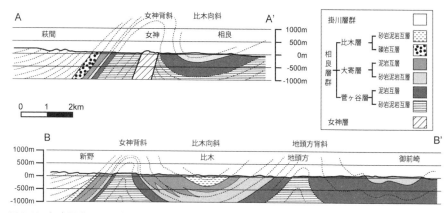

図 9-16 相良層群の北西-南東方向の地質断面. 地層の褶曲と褶曲の東西での地層の連続, さらに褶曲軸を境に地層の岩相と層厚が変化する.

とりまくように, 相良層群が背斜構造をなしているところである. 原油は, 水より軽いために, 地層が高まった背斜構造などに溜まりやすい.

　相良層群の地層は, その砂の組成から天竜川ではなく大井川から供給されたもので, それらは掛川層群よりも泥岩層が多い砂岩泥岩互層で, その堆積した海底の深さも 2,000〜3,000 m と深いと思われる. これらタービダイトからなる相良層群のほとんどの地層は, 深い海盆の底に海底扇状地を形成しながら堆積したと考えられる. 相良層群には, 女神山を中心にした北東—南西方向の背斜構造 (女神背斜) と, 地頭方から御前崎にも北東—南西方向で同じような方向にいくつもの褶曲軸をともなうひとつの大きな背斜構造 (地頭方背斜) があり, 背斜構造の軸部を境に地層の岩相や層厚が変化する.

　相良層群については, 私の研究として柴ほか (1996, 1997) と柴 (2005a) があるが, 全体の層序についてここで改めてまとめておく. 相良層群の背斜構造に直交する北西—南東方向の地質断面図を図 9-16 にしめす.

　相良層群は, おもに泥岩層と砂岩泥岩互層からなり, 砂岩層や礫岩層もはさむ. 図 9-17 の a〜c に相良層群のおもな岩相の写真をしめす. 相良層群は, 下位から菅ヶ谷層, 大寄層, 比木層に区分し, 菅ヶ谷層と大寄層の境界を相良でみられる砂岩泥岩互層の基底付近とする. この境界は, 温帯の海域で *Globoquadrina dehiscens*

図9-17 相良層群の岩相（a〜c）と女神石灰岩からなる女神山（d）．a：大寄層の砂岩泥岩互層
（御前崎），b：W字状にスランプする大寄層の砂岩泥岩互層（相良），C：比木層下部の礫
岩層（萩間の和田）．

という浮遊性有孔虫化石が消滅する層準付近の約850万年前と考えられる（柴ほか，
1997）．

　相良層群は深い海底で堆積したため，掛川層群上部層のように正確に堆積体を区
分することが難しい．しかし，各層の下部には礫岩層や砂岩泥岩互層があり，上部
に泥岩層が多いことから，前者を低海水準期堆積体，後者を高海水準期堆積体と考
えると，相良層群を構成する三つの層はそれぞれが一つの第三オーダーのシーケン
スを構成すると思われる．

　相良油田の中心にある女神山（図9-17のd）は，中新世中期の初期（今から約
1600万年前）の石灰岩や泥岩層からなる女神層からなり，女神山とその北東側に離
れてある男神山は，ほとんどが石灰岩からなる．これらの石灰岩は，背斜構造の軸
部に露出することと，まわりの相良層群より硬いために高くそびえて目だった存在

でもある．これらの女神層は両側の相良層群とは断層で区切られ，ブロックとして隆起している．なお，男神石灰岩の周辺には玄武岩の貫入岩体が推定される．

女神層の石灰岩は，サンゴやサンゴ礁の生物の遺骸によって構成されていて，それらはサンゴ礁またはそのまわりで形成されたことが推定されている．女神層とほぼ同じ時代の地層は，この周辺では掛川市北部に分布する泥岩層からなる西郷層群がある．

相良層群と掛川層群の層序関係

中新世後期の相良層群と鮮新世の掛川層群の区別や地質時代についてと，この二つの地層の重なりの関係については，今まで研究者によって異なった見解があった図 9-18 に両層群の分布の北側の境界付近の，西から東（切山から勝間まで）にかけての岩相の柱状図と各研究者が設定した境界をしめす．

槙山（1941, 1950, 1963）は，相良層群の最上部層の泥岩層を切山層とし，掛川層群は相良層群を不整合におおうとした．しかし，氏家（1958）と Ujiié（1962）は，槙山（1941）の切山層の一部を切山部層としてこれを掛川層群の基底とし，相良層

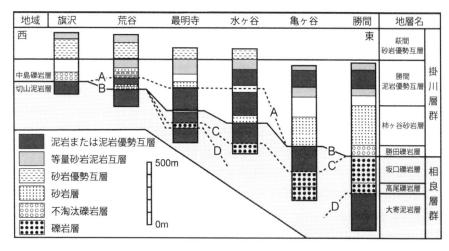

図 9-18　切山から勝間にかけての相良層群と掛川層群の各研究者の境界（柴ほか，1996）．A:槙山（1941），B:柴ほか（1996），C:Ujiié（1962），D:Tsuchi（1961）．

群と掛川層群の関係を整合とした．Tsuchi (1961) は，掛川層群の基底を槇山 (1950, 1963) の縁辺礫岩と切山層の下位の礫岩層（相良層群の高尾礫岩と坂口礫岩）を含む萩間礫岩とし，両層群が北部で不整合，南部で整合の関係とした．しかし，Tsuchi (1961) の層序にしたがって浮遊性有孔虫化石による生層序層準を検討した Ibaraki (1986) および茨木 (1986) は，相良層群最上部と掛川層群最下部を鮮新世としたうえで，両層準から *Pulleniatina* 属の殻の巻き方向が左から右に変化することを認めて，相良層群最上部と掛川層群最下部の層準を同一層準とした．

相良層群とその上に重なる掛川層群は，どちらも泥岩層や砂岩層，礫岩層が含まれ，岩相がとても似ていて，地層の構造も類似していることから，その境界を判断することは難しかった．

掛川層群の基底は，北西側では神谷城_{かみやしろ}や中島に分布する崖錐状の礫岩層が特徴的で，南東側では泥岩層や礫を含む淘汰の悪い砂岩層からなる．これに対して相良層群は，泥勝ち砂岩泥岩互層が主体で，坂口や高尾で円礫からなる厚い礫岩層がはさまれる．掛川層群は，相良層群の堆積後に後背地の隆起にともない，沖合の泥が堆積する大陸斜面に崖錐状の淘汰の悪い礫が堆積して地層の形成がはじまった．その礫岩層は，連続したものではなく，何度も大陸斜面に流出したもので，傾斜した基盤の相良層群に対して水平に順次上位に堆積したような，すなわちアバットやオンラップとよばれる重なりかたをしている．

したがって，相良層群と掛川層群の境界は，掛川層群の礫岩層の基底，図 6-18 の範囲では勝間の中島礫岩層の基盤にあたり，その南東側への延長をたどると柿ヶ谷砂岩層と勝間礫岩層の基底に連続する．この掛川層群の基底は，勝間から南側では勝間層の上位の萩間層の砂勝ち砂岩泥岩互層の基底にあたり，さらにその南側の御前崎市新野では萩間層の泥勝ち砂岩泥岩互層が相良層群の泥岩層の上位に重なる．掛川層群の相良層群に対する重なりかたは，全体として北側でオンラップして南側でダウンラップする形をとり，地層の構造も全体としてみると両層群は斜交した関係にあり，陸側で不整合にあたるシーケンス境界をなす．

相良層群の地質時代

柴ほか (1997) では，柴ほか (1996) であきらかにした両層群の境界をもとに，浮遊性有孔虫化石によって両層群の地質時代を検討した．また，柴 (2005a) では，

両層群の浮遊生有孔虫化石による生層序帯を提案した.

　浮遊性有孔虫化石をもちいた相良層群と掛川層群の従来の研究は，遷移帯（温帯）域の生層序層準が確立していなかったこともあり，Blow (1969) の熱帯または亜熱帯の生層序層準に合わせたものが多かった．しかし，実際に相良層群と掛川層群の泥岩層から浮遊生有孔虫化石をとり出してみると，熱帯・亜熱帯域の化石種よりも北太平洋の遷移帯域の生層序の層準を決定する化石種が多く産出した．そのため，相良層群と掛川層群の浮遊性有孔虫の生層序区分をおこなうにあたって，私は北太平洋の遷移帯域の生層序層準にかかわる重要な化石種を示準種としてもちいた．

　相良層群では，その下部から *Globoquadrina dehiscenss* という熱帯域に生息していたと推定される種が連続的に産出するが，その種が産出しなくなる層準に

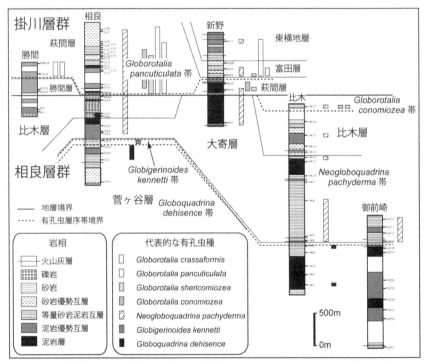

図9-19　相良層群と掛川層群基底の地域別の地質柱状図と浮遊性有孔虫化石の産出と生層序層準．柴ほか（1997）に比木と御前崎のデータを追加し，修正して作成した．

Globigerinoides kennetti が産出し，その上位には温帯域に特徴的な *Neogloboquadrina pachyderma* が多産した．相良層群にみられる，この *Globoquadrina dehiscenss* が消えてから *Neogloboquadrina pachydema* が出現する変化は，この海域が熱帯域から温帯域に変化したことをしめすと考えられる．そして，その変化の層準は，相良層群の分布地域全体でとらえられる（図 6-19）．

赤道太平洋地域では，*Globoquadrina dehiscens* の最終出現層準は中新世と鮮新世の境界付近をしめす重要な生層序層準とされている（Saito et al., 1975）．しかし，中緯度地域ではこの種の消滅層準は房総半島において *Globorotalia tumida plesiotumida* 帯の下部に認められ（Oda, 1977），中・高緯度地域では赤道地域よりもはやい時期に消滅したことが指摘されている（Oda et al., 1984）．

また，Keller（1980）は，北太平洋の深海掘削（DSDP）のサイト 310, 173, 296, 292, 319 などの結果をもとに，*Globoquadrina dehiscens* の消滅を Blow（1969）の N16 の中に位置づけ，その上位に存在する *Globigerinoides kennetti* の出現と消滅をもって N16 と N17 の境界である 850 万年前とした．相良層群でもこれと同様に，*Globoquadrina dehiscens* の消滅のあとに *Globigerinoides kennetti* の出現と消滅があることから，相良層群の *Globoquadrina dehiscens* と *Globigerinoides kennetti* の消滅と *Neogloboquadrina pachyderma* の出現の境界を今から約 850 万年前と推定した．

Globorotalia conomiozea の初出現は，相良層群最上部の比木層の下部にあり（尾田, 1971），この種の初出現層準は地中海地域では中新世最末期のメッシニアン階の基底にあたり（D'Onofrio et al., 1975），その年代は今から約 720 万年前となる．このことから，相良層群最上部はメッシニアン期の地層と考えられる．

掛川層群の浮遊性有孔虫化石層序

掛川層群の最下部の勝間層からは，*Globorotalia tumida tumida* が産する．*Globorotalia tumida tumida* の初出現層準は，次にしめす *Globorotalia puncticulata* の初出現層準（N19）の下位にあることから，Blow（1969）にしたがい N18 とした．

萩間層の下部からは，*Globorotalia puncticulata* と *Globorotalia crassaformis* が特徴的に産出する．従来の掛川地域の研究者で *Globorotalia puncticulata* を報告

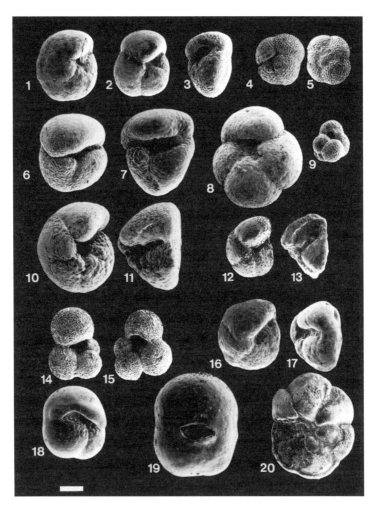

図 9-20 掛川層群の浮遊性有孔虫化石. Scale bar: 0.1mm. 1-3: *Globorotalia puncticulata*, 4-5: *Neogloboquadrina pachyderma*, 6-7: *Globorotalia inflata*, 8: *Neogloboquadrina asanoi*, 9: *Globigerina rubescens*, 10-11: *Globorotalia tosaensis*, 12-13: *Globorotalia truncatulinoides*, 14-15: *Globigerina falconensis*, 16-17: *Globorotalia crassaformis*, 18: *Pulleniatina obliquiloculata*, 19: *Sphaeroidinella dehiscens*, 20: *Globorotalia limbata*,

した人はいないが，この種は*Globorotalia inflata*の祖先型であり，従来の日本の研究者の多くはこの種を*Globorotalia inflata*に含めていたと考えられる.

ニュージーランドでは*Globorotalia puncticulata*の初出現層準は鮮新世の基底にあり（Loutit and Kennett, 1979），南太平洋の遷移帯域のいくつかの深海掘削のサイトにおいてその生層序層準は中新世と鮮新世の境界におかれた（Kennett, 1973）. Keller（1978）は北太平洋中央部での深海掘削のサイト310で*Globorotalia puncticulata*と*Globorotalia crassaformis*の出現をもってN19の基底とした. この両種はあいともなって出現し，その出現層準は北太平洋の遷移帯域でのいくつかのセクションでも認められ，生層序層準として重要であることがKeller and Ingle（1981）やBerggren et al.（1995）によって指摘されている. したがって，掛川層群でも*Globorotalia puncticulata*と*Globorotalia crassaformis*の出現をもってN19の基底とした. 掛川層群に含まれる浮遊性有孔虫化石の写真を図9-20にしめす.

柴ほか（1997, 2007）と柴（2005a）を含めて，掛川層群の浮遊生有孔虫化石を，地層を下位から上位に横断できるいくつかのルートで試料を採集して調べた結果，下位から，①*Globorotalia tumida tumida*帯，②*Globorotalia puncticulata*帯，③*Globorotalia margaritae*帯，④*Spheroidinelopsis seminulina*帯，⑤*Globoquadrina altispira altispira*帯，⑥*Neogloboquadrina acostaensis*帯，⑦*Neogloboquadrina asanoi*帯，⑧*Globorotalia inflata*帯，⑨*Globorotalia truncatulinoides*帯の九つの生層序帯に区分した.

掛川層群における上にしめした生層序帯区分と，これら生層序帯の代表的な浮遊生有孔虫化石の産出範囲を図9-21にしめす. これらの生層序帯はそれぞれ，①が勝間層，②が萩間層下部層，③が萩間層上部層，④が富田層下部，⑤が富田層上部，⑥が東横地層下部層，⑦が東横地層上部層，⑧が上内田層と大日層，⑨が土方層にあたる. これらの生層序帯は，①〜③が鮮新世前期に，④〜⑥が鮮新世後期に，⑦から上位が更新世前期に相当する.

掛川層群における鮮新世と更新世の境界は，掛川層群上部層の低海水準期堆積体である東横地層の中にあり，有ヶ谷Ⅵ火山灰層より上位の東横地層上部層の基底の層準から松山逆磁極期にあたり，第四紀の基底にあたる. ただし，その基底は，パラシーケンスセットのダウンラップ面であることから，その基底面は時間面ではなく，その上位の地層は250万年前より新しい時代の地層となる.

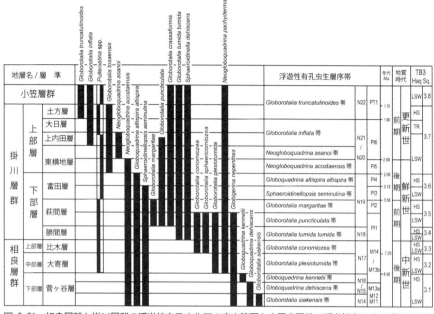

図 9-21　相良層群と掛川層群の浮遊性有孔虫化石の産出範囲と生層序層準. 浮遊性有孔虫の帯区分は左がBlow (1969)で右がBergeren et al. (1995), 年代のMaは100万年前, TB3 Haq Sq. はHaq et al. (1987)のシーケンスサイクルで, LSW:低海水準期楔状堆積体, HS:高海水準期堆積体, TR:海進期堆積体. *Pulleniatina* spp. のグラフの黒の部分が左巻きと右巻きの範囲をしめす.

マイナス 2,000 m の海水準

　大陸斜面には, その上部に海底峡谷とよばれる海底の谷があり, その谷のほとんどが水深2,000 mの深海平坦面で終わっている. また, 水深2,000 mの海底では, しばしば鮮新世の浅い海底で堆積した化石を含む地層が発見され, 陸上や海底の鮮新世の地層をためた堆積盆地の基底が, 現在の海水準より2,000 m低いところにある例が知られている.

　星野 (1962) は, 海底峡谷がどのようにできたかを考える中で, 海底峡谷はもともと陸上の川の谷であり, それが鮮新世以降に沈水したのではないか, すなわち鮮新世以降に海水準が2,000 m上昇したという結論に達した.

1970年代のはじめ，地中海の水深2,000mの海底から中新世後期（メッシニアン期）の蒸発岩が発見された．蒸発岩とは，海水が干潟などの浅い海で煮詰められて岩塩や硬石膏などが堆積してできる岩石である．

　これを掘削した深海掘削船グローマ・チャレンジャー号で調査した科学者たちは，中新世後期に地中海全体の海水が干上がり，水深2,000mの海底に蒸発岩が形成されたと考え，このイベントをメッシニアン期塩分危機（Messinian Salinity Crisis; MSC）とよんだ（Hsü et al., 1977）．しかし，地中海の大西洋の出入口であるジブラルタル海峡は，鮮新世からの隆起で形成されたもので，中新世後期には地中海は大西洋と広い出入口で連結していた．

　地中海の水深2,000mの海盆で発見された中新世後期の蒸発岩は，星野（1962）のいう中新世後期の海水準のまさにその深さにあり，その海盆の陸側の海底斜面にある海底峡谷もその海盆の深さである水深2,000mでその姿を消している．

　中新世後期の海水準は，星野（1962）がいうように，現在の水深2,000m付近にあったと思われる．現在の海底地形図で，水深2,000mの等深線をたどっていくと，日本列島の周辺の琉球列島や九州北部は，台湾や中国，朝鮮半島と東シナ海で陸つづきになり，北海道はロシアのサハリンや沿海地方とつながり，日本海は湖となる（154頁の図8-13参照）．また，太平洋側には，伊豆半島は南にひろがって，八丈島の南方までも陸地となる．

　また，中新世後期には島弧を形成する大規模な隆起運動が起きた．その隆起運動により堆積物が大量に供給され，中新世後期には多くの場所で厚い地層が形成され，そしてそれは変形され，その後に鮮新世前期の海水準上昇と地殻の隆起による堆積物の供給により，不整合が形成された．このような地殻の隆起により，今から約40万年前の海水準が1,000m低かったときと同じように，中新世後期には陸域が相当に拡大した．そして，陸域の拡大によって，陸上の山地の侵食量が増大して，より沖合へ，すなわち現在の太平洋側では海溝の近くまで大量の堆積物が供給された．

　Shiba（1992）の地殻の上昇と海水準上昇の曲線（169頁の図9-9）を見ると，中新世後期以降の隆起量と鮮新世前期からの海水準の急激な上昇が認められる．まさに，中新世後期以降の地殻の隆起が，島弧など現在の地形をつくったといえる．このうち鮮新世以降の新しい地殻変動を藤田（1970）は島弧変動とよび，星野（1991）はそれに大規模な海水準上昇を加えてネオテクトニクス期の変動とよんだ．

第四紀のはじまり

　第四紀という地質時代の名称は，1829 年にデノアイエ（J. Desnoyers）が，パリ盆地の第三紀の地層の上に重なる海成層の年代名として用いた．その後，1833 年に「地質学原理」を著したライエル（C. Lyell）が，地層に含まれる貝化石の現生種割合によって新生代の時代区分をした際に，現生種を 70％以上含む第三紀の最後の時代を「最新の時代」という意味のPleistocene（更新世）とし，その後の人類の遺物を含む地層の時代をRecent（現世）とした．ライエルが更新世と定義した地層は，2013 年 5 月に改訂される前の「更新世」にほぼ対応する．

　新生代の時代区分は哺乳類化石で区分されることが多く，1911 年にオー（E. Haug）が，第三紀と第四紀の境界を現代型のウシ，ゾウ，ウマの化石が最初に出現するときを第四紀のはじまりと定義した．また，第四紀は氷河期が特徴であると同時に新しく出現したヒトが特徴となる時代で，1920 年代からは「人類紀（Anthropogene）」ともよばれた．

　1948 年のロンドンでの万国地質学会で，第四紀の基底を定義するにあたって第三紀との境界を海生動物群の変化にもとづいて決めることが提案され，イタリアの陸成で哺乳類化石を多産するビラフランカ層とほぼ同時代に海で堆積したカラブリア層分布地域が模式地として提案された．その結果，「更新世」の基底の境界模式は，イタリアのブリカに露出するカラブリア層が選ばれ，第四紀の基底マーカー層としてオルドバイ正磁極期上限付近の腐泥層 e 層の上面が，1985 年に国際地質科学連合（IUGS）で認定された．

　しかしその後，深海底の地層や海洋酸素同位体ステージなど国際的な対比において，その境界では海洋環境の大きな変化がないことや，ホモ属（ホモ・ハビリス）の人類化石が今から 250 万年前の地層から発見されたことなどから，国際第四紀学会（INQUA）などから，第四紀の基底の模式地および模式の地層を変更すべきという意見が出された．

　そんな矢先に，2004 年の万国地質学会で国際層序委員会（ICS）から「第四紀」を地質時代として廃止するような地質年代表（GST2004）が提案され，国際第四紀学会は即座に反論して，地質年代の中に「第四紀」を残し，あわせて第四紀の基底をカラブリア層の基底からジェラ層の基底に変更する提案をおこなった．そして，2013 年 5 月に国際層序

委員会でその提案が採択され，第四紀のはじまりは80万年古くなった（図9-22）.

　ジェラシアン階，すなわちジェラ層の模式地は，イタリアのシシリー島南西部の海岸付近にあり，ジェラ（Gela）町の北北西10kmにあるモンテ・サン・ニコラ（Monte San Nicola）の南斜面に161mにわたって露出する．ジェラ層の基底は，松山逆磁極期（C2r）と海洋酸素同位体ステージ（MIS）103の基底で，そこは石灰質ナンノ化石 *Discoaster pentaradiatus* と *Discoaster surculus* の絶滅する層準でもあり，年代値でいう258.8万年にあたる.

　新しくなった第四紀の基底は，気候の顕著な寒冷化がはじまる時期という考えかたに対して，それを認めない研究者も多い．掛川地域では新しくなった第四系の基底は，掛川層群上部層の低海水準期堆積体である東横地層上部層の基底にあたり，それはパラシーケンス境界の一つにすぎない．それに対して，2013年以前の従来の「更新世」のはじまりとされていた今から約180万年前の時代は，赤石山脈をはじめ島弧の顕著で大規模隆起がはじまり，それらによって小笠層群が堆積しはじめた時代（小笠変動がはじまった時代）に相当し，掛川層群と小笠層群の重要なシーケンス境界にあたる．また，貝化石の種類をみても，その時代は掛川層群のいわゆる鮮新世を代表するスウチキサゴなどの貝化石群集が絶滅して，ダンベキサゴなど現在生息する種が出現する時期に相当する.

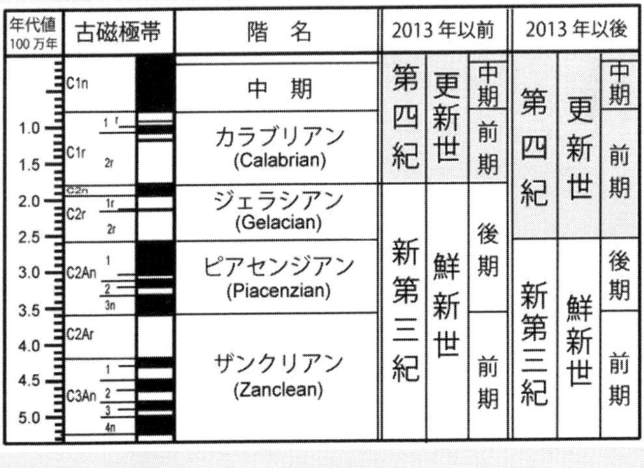

図9-22　第四紀の時代区分と定義の変更.

これらのことから，私は第四系の基底は，従来のカラブリア層の基底とした定義に賛成する．それは，掛川地域を含む駿河湾周辺地域において，今から 180 万年前の時代が第四紀を特徴づける島弧の大隆起運動のはっきりとしたはじまりであり，さらに現在生息する多くの動物群集が誕生した時代にもあたるからである.

第10章

富士川谷の地層と褶曲

―陸上で見られる駿河湾の基盤―

東名高速清水インター東側（尾羽）付近で2000年ころに見られた浜石岳層群中河内層神沢原砂岩部層の「Z」の字が90度右に傾いたように褶曲した砂岩泥岩互層.

フォッサマグナ

　静岡県は，南を太平洋に面し東西に長い県であり，その地質は静岡市付近を通る糸魚川—静岡構造線（糸静線）という断層を境にして，その東西で大きく異なっている．糸静線の西側は一般に西南日本弧とよばれ，静岡から九州まで東西方向に地質構造帯が連続する本州弧の半分をしめる地帯である．一方，糸静線の東側は，フォッサマグナ地域とよばれ，西南日本弧の地質構造帯がいったん途切れて，今から約 2300 万年前よりも新しい新第三紀（中新世）以降におもに海底で堆積した地層が分布する地域である（146 頁の図 8-9 参照）．

　糸静線は，北は日本海に面する新潟県の糸魚川市から，姫川を南下して松本盆地の西縁を通り，諏訪湖から小淵沢を通って，巨摩山地の西側を富士川にそって南下し，静岡市にいたる．その断層より西側には新第三紀よりも古い地層や岩体が分布し，その東側には新第三紀以降の地層が分布する．

　地質学では，基本的に地層は古いものの上に新しいものが重なると考える．このことから，ある地域にある地質時代の海底で堆積した地層が分布していることは，その地質時代にその地域が相対的に沈降して海底になっていたと考える．したがって，フォッサマグナ地域は，新第三紀以降に，糸静線より東側がその西側の地域に対して相対的に沈降して，海底だったということになる．そのため，フォッサマグナ地域は，ラテン語で「大きな溝」という，西側の地域に対して新しい時代の大地溝帯（大陥没地帯）という意味で，「フォッサマグナ」と名づけられた．

　また，フォッサマグナ地域の東側の境界は，新潟県の柏崎から千葉県の銚子をつないだ柏崎—銚子構造線または棚倉破砕帯ともいわれ，フォッサマグナ地域は中部地方の東部から関東—甲信越地方にまたがったひろい地域にあたる．

糸魚川—静岡構造線

　フォッサマグナの西縁を区切る糸静線は，静岡県ではどこを通るのか．静岡市地域では，安倍川から富士川にかけて，西側から東側へ順に古い地層から新しい地層が南北性の断層で接して分布している（図 10-1）．それらは，西側から順に瀬戸川層群，竜爪層群，静岡層群，浜石岳層群，庵原層群が，それぞれ南北方向の断層で接して分布している．

　これらそれぞれの地層は，瀬戸川層群が今から約 5000〜3000 万年前の古第三紀

に海底で堆積した砂と泥の地層で，竜爪層群は約 1600 万年前の中新世中期のはじめに海底火山で噴火した溶岩などからなる地層，静岡層群は約 1000 万年前の中新世後期に海底で堆積した砂や泥からなる地層，浜石岳層群は約 400〜300 万年前の鮮新世に海底で堆積した砂や泥，礫からなる地層，庵原層群は 100 万〜40 万年前

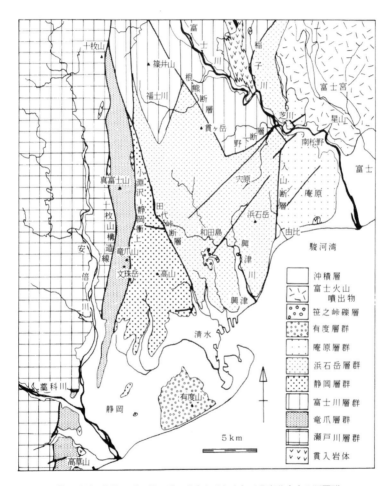

図 10-1　静岡地域の新第三系〜第四系の分布とそれをわける南北方向の断層群
　　　　（柴，1991）．

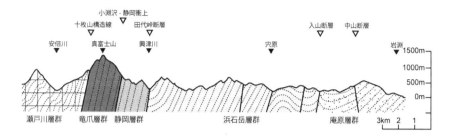

図 10-2　静岡地域の新第三系〜第四系の分布の断面．西側から東側に衝上断層に境されて新しい地層が東側に分布し，その断層て区切られた層群の内部では西側がより新しい地層となる傾向がある．本書では，十枚山構造線を糸静線とし，小淵沢－静岡衝上を真富士山衝上とする.

に海底や陸上で堆積した砂礫や火山岩からなる地層である.

　瀬戸川層群と竜爪層群は十枚山構造線，竜爪層群と静岡層群は小淵沢―静岡衝上，静岡層群と浜石岳層群は田代峠断層，浜石岳層群と庵原層群は入山断層によってそれぞれが接している．これらの層群を境する断層は，西に傾くため，古い時代の地層が上盤に位置し，いわゆる上盤側が見かけのし上がった逆断層であり，その逆断層の傾斜が 45 度近くまで低角の部分があるものを衝上断層（スラスト）という．そして，この地域ではそれらが西側から東側に順次，衝上断層によって境されて新しい地層（層群）が分布し，その層群の中では西側がより新しい地層が分布する傾向がある（図 10-2）.

　一般的に静岡地域の糸静線とされているものは，竜爪―真富士山地の東側が急峻なためか，竜爪層群と静岡層群の境界断層である小淵沢―静岡衝上とされている．また，杉山・下川（1989）は竜爪層群を瀬戸川層群に含めて小淵沢―静岡衝上を糸静線としている．しかし，糸静線を新第三紀以降の地層とそれ以前の地層の境界と定義するならば，静岡市北側では糸静線は古第三紀の地層である瀬戸川層群と新第三紀（中新世）の地層である竜爪層群とが境界を接する十枚山構造線とすべきであると，私は考える.

　なぜなら，今から約 1600 万年前の中新世中期のはじめに海底火山の噴火による溶岩などからなる竜爪層群と同じような地層が，竜爪層群の分布の北側にあたる富士川上流域西側の巨摩山地に分布する．これは巨摩層群とよばれ，もし竜爪層群の分布の東縁断層を糸静線と定義するならば，巨摩山地では巨摩層群の分布の東縁を

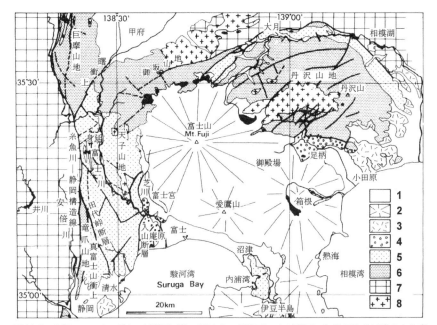

図 10-3　南部フォッサマグナの地質図（柴，1991 を一部修正）．1：沖積層，2：40 万年前以降の火山噴出物，3：40 万年前以降の地層，4：更新世前期～中期の地層，5 中新世後期～鮮新世の地層，6：中新世中期の火山岩類，7：古第三紀～白亜紀後期の地層，8：深成岩体．

区切る曙衝上が糸静線となる．しかし，曙衝上を糸静線にする研究者はなく，糸静線は巨摩層群の西縁を区切る断層とされている．したがって，静岡地域でも糸静線は竜爪層群の西縁を区切る十枚山構造線にするべきであると考える．そのため，図 10-3 では十枚山構造線を糸静線としてある．また，竜爪山地の東側の小淵沢―静岡衝上は糸魚川―静岡構造線と間違われるので，「真富士山衝上」と改める．

　巨摩山地の東側の御坂山地には西八代層群または御坂層群が分布し，さらにその東側には丹沢層群が分布する（図 10-3）．巨摩層群や西八代層群，丹沢層群については，伊豆半島と同じように，それよりも古く南から来た衝突体とする見解がある．しかし，古い地層の上に新しい地層が重なるという地質学の基本的な考えかたからすると，竜爪層群を含めてそれらは，それよりも新しい地層の下にある基盤をなすものであり，他から移動してきた地質体ではないと考えられる．そしてそれらは，

今から約1600万年前の中新世中期のはじめの時代にフォッサマグナ地域で起こった活発な海底火山活動によって，フォッサマグナ地域南部全体にわたってひろく分布したものが，その後の地塊ブロックの隆起によって断層に区切られて隆起して，地表に地塊として分布し，隆起量が小さく盆地となった地域に富士川層群のようなそれ以後の新しい地層が堆積して，それらをおおったにすぎないと考えられる．

浜石岳の浜の石

　三保半島先端の真崎から富士山をのぞみ，左側に目をむけると興津川の谷の奥に浜石岳が見える．浜石岳は，山頂の標高が約700 mで，薩埵峠の海岸から南北に連なった山地のもっとも高い山である．その名前は，山頂に海浜にあるような円礫があるためにつけられたもので，浜石岳は海底で堆積した礫岩層や砂岩層などからできている．この浜石岳をつくる地層は浜石岳層群とよばれる．

　浜石岳層群は浜石岳だけでなく，その西側の興津川の流域全体や清水平野の東部を流れる庵原川の東側の地域までひろく分布している．浜石岳層群からは，掛川層群の特徴的な貝化石であるモミジツキヒガイ（*Amussiopecten praesignis*）が発見されていて，浮遊性有孔虫化石からも掛川層群下部層が堆積した鮮新世に，浜石岳層群が堆積したと考えられる．

　私たちは，1976年から1984年にかけて，東側の由比川ぞいを南北に通る入山断層から，西側の竜爪—真富士山地の東側の興津川上流を北北西—南南東方向に通る田代峠断層にはさまれた，浜石岳から興津川流域の地質を調査して浜石岳層群全体の地質図を作成した（駿河湾団体研究グループ，1981；柴・駿河湾団体研究グループ，1986）．そして，柴（1991）で浜石岳層群の岩相（地層がどのようなものからできているか）と地質構造（地層の褶曲や断層などの構造）の全容をあきらかにした．ここでは，浜石岳層群の層序について再検討して修正を加え，堆積シーケンスも考慮に入れて浜石岳層群がどのように堆積したかの概略をのべる．

　図10-4に浜石岳層群の地層の層序の概略をしめし，図10-5に浜石岳層群の地質図をしめす．浜石岳層群は，下位から薩埵峠層と中河内層，和田島層に区分できる．薩埵峠層は，薩埵峠から浜石岳，芝川にいたる山地に分布し，下位から室野火砕岩部層，陣馬山礫岩砂岩部層，小河内泥岩部層からなり，陣馬山礫岩砂岩部層と小河内泥岩部層は指交関係にある．中河内層は，下位から桜野礫岩部層，逢坂泥岩部層，

地　層　名			シーケンス区分
浜石岳層群	和田島層	川合野礫岩部層 ＞石合砂岩部層	HST
		葛沢火砕岩部層	TST
		戸倉砂岩部層	LST
	中河内層	神沢原砂岩部層 ＞貫ヶ岳礫岩部層	HST
		中一色火砕岩部層	TST
		逢坂泥岩部層＜桜野礫岩部層＜芝川礫岩部層	LST
	薩埵峠層	小河内泥岩部層＜陣馬山砂岩礫岩部層	HST
		室野火砕岩部層 ｜ 城山砂岩部層	TST

図10-4　浜石岳層群の層序とシーケンス区分.

中一色火砕岩部層，神沢原砂岩部層が重なり，桜野礫岩部層と逢坂泥岩部層もま
た指交関係にある．また，芝川から北には芝川礫岩層が分布し，北側の山梨県側の
貫ヶ岳の東麓では神沢原砂岩部層と貫ヶ岳礫岩部層が指交関係にある．和田島層は，
下位から戸倉砂岩部層，葛沢火砕岩部層，川合野礫岩部層からなり，北側の貫ヶ
岳の西麓から石合の西にかけて川合野礫岩部層と石合砂岩部層が指交関係にある．

　浜石岳層群はおもに砂岩層と礫岩層からなり，ファンデルタの前置層のような礫
岩層やタービダイトの砂岩層が主体をなす．また，礫岩層には一辺が 10 m にもお
よぶ巨大な岩塊やスランプした地層の断片の礫も含まれていて，それらは急な崖か
ら崩落して堆積した岩砕流堆積物と考えられる．また，礫岩層は幅のせまい向斜構
造の中に分布する場合が多く，泥岩層は背斜構造の西翼や向斜構造の軸部に分布す
る．これらのことから，浜石岳層群の地層はファンデルタからその海側の急傾斜の
陸棚斜面に隣接してあるせまい海底の谷（チャネル）または海底扇状地に堆積した
と考えられる．図10-6 に浜石岳層群のおもな岩相の写真をしめす．

　浜石岳層群の地層を，掛川層群と同じように堆積シーケンスで区分すると，薩埵
峠層と中河内層，和田島層の各層が第三オーダーのシーケンスセットと考えられる．
薩埵峠層では，室野火砕岩部層は泥岩層と互層することから海進期堆積体と考えら
れ，その上位のチャネルに堆積した陣馬山礫岩砂岩部層とその西側の自然堤防に堆
積した小河内泥岩部層は高海水準期堆積体と考えられる．

　中河内層の桜野礫岩部層は巨礫も含む礫岩層で低海水準期堆積体と考えられ，そ
れと指交関係で西側に分布する逢坂泥岩部層も低海水準期堆積体と考えられる．そ

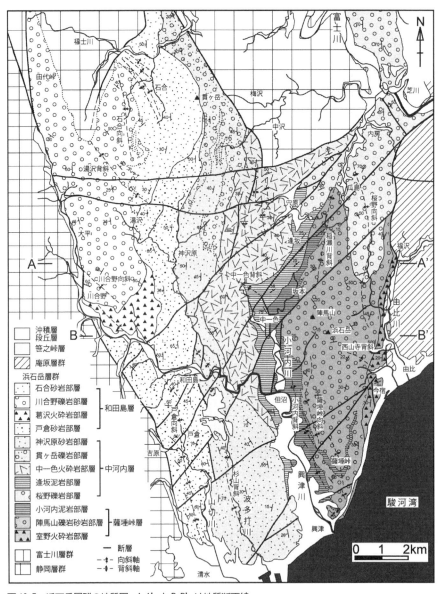

図 10-5　浜石岳層群の地質図．A–A' と B–B' は地質断面線．

凡例（浜石岳層群）:

沖積層
段丘層

笹之峠層

庵原層群

浜石岳層群

石合砂岩部層

川合野礫岩部層 ─ 和田島層

葛沢火砕岩部層

戸倉砂岩部層

神沢原砂岩部層

貫ヶ岳礫岩部層

中一色火砕岩部層 ─ 中河内層

逢坂泥岩部層

桜野礫岩部層

小河内泥岩部層

陣馬山礫岩砂岩部層 ─ 薩埵峠層

室野火砕岩部層

富士川層群

静岡層群

── 断層

─✦─ 向斜軸

─✦─ 背斜軸

図10-6　浜石岳層群のおもな岩相の写真. 1：興津川承元寺で見られる小河内泥岩部層の泥勝ち砂岩泥岩互層と背斜構造（左側の地層は左へ，右側の地層は右に傾斜している）. 2：芝川の富士川河床で見られる芝川礫岩部層の礫岩層. 3：和田島の興津川河床で見られる神沢原砂岩部層の砂岩勝ち砂岩泥岩層. 4：中河内の板井沢で見られる戸倉砂岩部層と川合野礫岩部層の境界.

　の上位には中一色火砕岩部層が重なり，さらにその上位には北部では貫ヶ岳礫岩部層と神沢原砂岩部層が指交関係で重なる．タービダイトからなる神沢原砂岩部層は南側にダウンラップする傾向にあり，神沢原砂岩部層は高海水準期堆積体と考えられ，その下位の中一色火砕岩部層は海進期堆積体と考えられる．

　和田島層は，砂岩優勢砂岩泥岩互層からなる戸倉砂岩部層の上位に泥岩層と火砕岩層からなる葛沢火砕岩部層が重なり，その上位に塊状の礫岩層からなる川合野礫岩部層が重なる．葛沢火砕岩部層は泥岩層をはさむことから海進期堆積体と考えられ，その下位の戸倉砂岩部層は低海水準期堆積体，上位の川合野礫岩部層は高海水準期堆積体と考えられる．このように堆積シーケンスを検討すると，浜石岳層群の火山活動は海進期に活動した特徴がみられる．

浜石岳層群の礫の組成は，そのほぼ半数が砂岩や泥岩からなり，30％が火山岩や凝灰岩で，残りが深成岩からなる．薩埵峠層の陣馬山礫岩砂岩部層の礫は，火山岩と凝灰岩が多く，花崗岩の巨礫が含まれる．中河内層の桜野礫岩部層も陣馬山礫岩砂岩部層の礫と同じ組成をしめし，巨礫も多く含まれる．貫ヶ岳礫岩部層の礫は，北東からの供給方向をしめし，現在の富士川の礫種組成と類似する．川合野礫岩部層には竜爪層群の岩石，とくに真富士山の流紋岩質の凝灰岩の礫が含まれ，礫の多くは西または南からの供給方向をしめす．

地層の堆積と褶曲構造

浜石岳層群の地層とその構造の特徴は，その褶曲，とくに背斜構造を境にして地層の岩相と層厚が急激に変化することである．たとえば，浜石岳の南東側にある北西─南東方向の西山寺背斜を境にして，南側の薩埵峠向斜には陣馬山礫岩砂岩部層が，北側の桜野向斜にはその上位の桜野礫岩部層が分布する．この西山寺背斜は浜石岳の西側ではいったんなくなるが，その北西側の延長部の小河内川の西で北西─南東方向の中一色背斜が出現する．中一色背斜の南側には神沢原砂岩部層が分布し，それに対して北側にはそれと指交関係にある貫ヶ岳礫岩部層が分布する．さらに，北西側の中河内川の東側では中一色背斜がなくなり，その北西側の延長部でやはり北西─南東方向の湯沢背斜があらわれる．そして，湯沢背斜の南側には川合野礫岩部層が分布し，北側にはそれと指交関係にある石合砂岩部層が分布する．

また，興津川にそって南北方向の小河内背斜があり，その北側の延長には小河内川の東側から稲瀬川にそって南北方向の稲瀬川背斜があり，それらの背斜を境に東側には下位から陣馬山礫岩砂岩部層と桜野礫岩部層が分布するが，西側には下位からそれぞれと指交関係に小河内泥岩部層と逢坂泥岩部層が分布する．

このような浜石岳層群の岩相と褶曲構造の関係は，地層の堆積と褶曲の形成が密接に関連していることを意味する．図10-7は，小河内背斜と西山背斜を切る東西方向の地質断面（図10-5のB-B'の東半部にあたる）である．

図10-7のaの陣馬山礫岩砂岩部層の堆積時には，基盤Cにあたる地区が他よりも相対的に低いために，礫岩層と砂岩層を厚く堆積させ，その西側の高まり（自然堤防）を越えた基盤Dの地区にはおもに泥層からなる小河内泥岩部層が堆積した．陣馬山礫岩砂岩部層は南北にのびたチャネルまたはトラフ状の凹みを埋積した砂

礫などの粗粒堆積物で，小河内泥岩部層は陣馬山礫岩砂岩層と，逢坂泥岩部層は桜野礫岩層と同じ時代に堆積した細粒堆積物である．

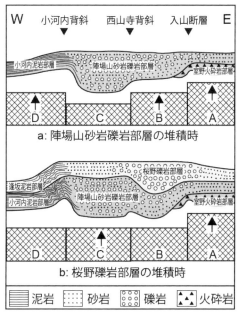

図 10-7　小河内背斜と西山寺背斜の形成モデル（柴，1991 を一部修正）．断面図は図 10-4 の B-B' の東半部にあたる．矢印は基盤ブロックの上昇をあらわす．

　bの桜野礫岩部層の堆積時には相対的な沈降部がその東側の基盤Bの地区に移り，そこに桜野礫岩部層を堆積させた．この相対的な沈降部の移動は，基盤Cの隆起が原因と考えられ，その隆起によって基盤 B の地区との間には西山寺背斜が形成され，基盤 D の地区との間には小河内背斜が形成された．

　すなわち，浜石岳層群の堆積は，地層が堆積しているときにすでに地形の高まりや低まりなどの起伏があり，それにより堆積物が選別されて堆積し，隆起の場所が変化することにより地層の岩相が変化して，同時に褶曲構造も形成されたと考えられる．また，背斜構造がその西側，すなわち地層の上位の地域でなくなるのは，背斜構造の高まりが堆積物によって埋められたためで，さらにその西側の上位の地層で背斜構造がふたたびあらわれるのは，西側の基盤が東側のものと異なっているためで，西側で上位の地層が堆積するときに，新たに背斜の高まりが形成されたと考えられる．

　図 10-8 は，浜石岳層群の堆積がどのようにおこなわれたかを推定してものである．a は薩埵峠層の堆積期にあたり，入山断層の西側の基盤が上昇して，その付近に室野火砕岩部層の火山活動があり，その後にその西側にできた南北方向のチャネル状の谷を埋めるように陣馬山礫岩砂岩部層が堆積した．b の中河内層の堆積のはじまりは，興津川下流の基盤が上昇して小河内背斜が形成され，その東側にできた

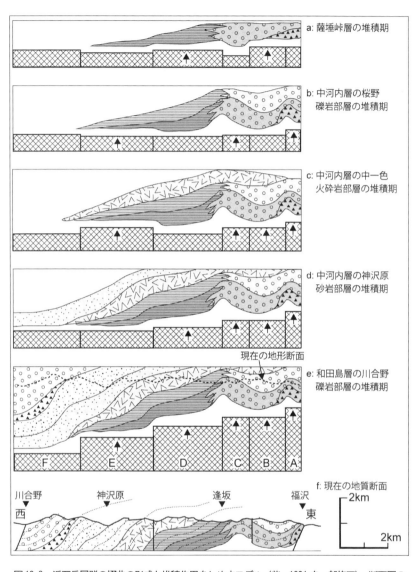

図10-8　浜石岳層群の褶曲の形成と堆積作用をしめすモデル（柴, 1991を一部修正）. 断面図の
　　　　位置は図10-5のA-A'にあたり、矢印は基盤ブロックの上昇をあらわす. 海面の位置
　　　　はしめしていない. f断面図は現在の地質断面で, e断面の和田島層の堆積期と地層の
　　　　変形はほとんどかわっていない.

204

南北方向の盆地を桜野礫岩部層が埋積した.

　cでは興津川下流から小河内川の東側の基盤がすべて上昇して，その境界付近で中一色火砕岩部層の火山活動が起こり，その後は堆積の場が現在の興津川中流域の中河内地域に移った．dでは山梨県側の北東部の隆起により，貫ヶ岳礫岩部層が堆積し，同時に中河内地域にタービダイトからなる神沢原砂岩部層が堆積した．その後，eではその西の興津川上流域の和田島の西側に堆積の場が移り，タービダイトからなる戸倉砂岩部層が堆積し，その後に泥岩層が堆積すると同時に葛沢火砕岩部層の火山活動が起こった．そして，その後に西側の竜爪─真富士山地側の基盤の上昇がはじまり，川合野礫岩部層が堆積した．湯沢背斜の東側では川合野礫岩部層の堆積時に石合砂岩部層が堆積した.

　もっとも下のf断面は，入山から興津川の川合野までを東西に切った現在の地質断面（図10-5のA-A'断面）であるが，eの浜石岳層群の川合野礫岩部層が堆積を終えた地質断面と比べると，いくつかの断層はあるが，現在の侵食された地形で輪郭がつくられているものの，浜石岳層群の現在の構造は浜石岳層群が堆積を完了したときにすでにほとんどが形成されていた，ということがわかる．すなわち，浜石岳層群の褶曲構造は，堆積したあとに横からの圧縮力などをうけて変形したものではなく，それが堆積したときにすでにそのほとんどが形成されたと考えられる.

基盤ブロックとその上昇

　このように，浜石岳層群の地層の形成と褶曲構造の形成を，浜石岳層群の下に推定した基盤ブロックのそれぞれの上昇運動で説明すると，浜石岳層群の複雑な岩相変化や褶曲構造の分布と形成を説明することができる．このような基盤ブロックの昇降運動によって地層の堆積が形成されるという考えかたは，すでに関東地方の三浦層群と新潟の新第三紀の地層で，三梨（1973, 1977）や鈴木ほか（1971）によりあきらかにされている．鈴木・小玉（1987）は，断裂によって基盤が地塊化したこのような基盤ブロックのそれぞれが相対的に異なった昇降運動をすることによって褶曲が形成されたとのべている．鈴木・小玉（1987）は基盤の昇降運動としたが，私はそれぞれの基盤の上昇量の違いにより生じた見かけの昇降と考えている.

　浜石岳層群の基盤ブロックの現在の分布をしめせば，図10-9のようになる．この図は，北西方向の斜め上から基盤構造を見たものだが，基盤は北北西─南南東方

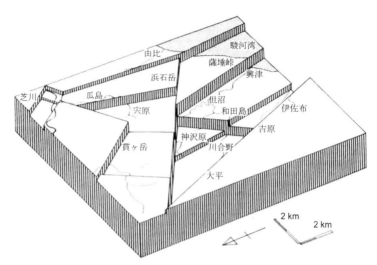

図10-9　浜石岳層群の基盤ブロックの形．北西方向から地下を鳥瞰した図
　　　　（柴，1991）．

向と北西—南東方向，そして北東—南西方向の断層によって，この地域は幅2 km
ほどの 10 数個の基盤ブロックにわけられている．これらの基盤ブロックが浜石岳
層群の堆積しているときに，それぞれが個別に上昇して高まりや盆地をつくること
によって，地層が堆積されて褶曲構造が形成された．

　浜石岳層群の西側には，竜爪—真富士山地との間に静岡層群というおもに砂岩層
からなる，中新世後期に海底扇状地で堆積した地層が分布する．この地層も，浜石
岳層群と同じように背斜構造を境にして岩相と層厚が変化し，背斜構造が上位の地
層でなくなる特徴があり，地層の堆積と同時に褶曲構造が形成されたと考えられる．
そのため，静岡層群の褶曲構造の形成過程の復元から，浜石岳層群と同じように地
下の基盤ブロックを推定できる（柴ほか，1989；柴，1991）．図 10-10 に南東方向の
斜め上から基盤構造を見た静岡層群の基盤ブロックの高低の推定図をしめすが，そ
れによると静岡市街の北西側に向って基盤が低くなっていることがわかる．

　静岡層群は，その北側の山梨県側の富士川中流域の，いわゆる富士川谷にひろく
分布する富士川層群の身延層に相当する地層であり，富士川層群の地層にも静岡層
群や浜石岳層群でみられた背斜構造を境に岩相が変化する特徴がある．そして，そ

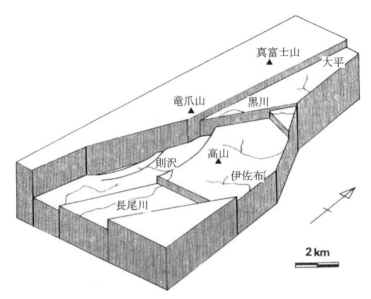

図 10-10　静岡層群の基盤ブロックの形．南東方向から地下を鳥瞰した図
　　　　（柴，1991）．

の岩相変化と褶曲形成の復元から，浜石岳層群や静岡層群と同じように地層の堆積とほぼ同時に褶曲構造が形成されたことが推定されている（松田，1958；角田ほか，1990；柴，1991）．そして，その地層の形成と褶曲構造の形成については，その地域の基盤ブロックの上昇量の違いにより説明できる．

富士川谷の地質構造

　駿河湾の河口から甲府盆地の手前までの富士川流域には，新第三紀のとくに中新世後期に堆積した富士川層群（松田，1961）などの地層がひろく分布する．このことから，それらの地層が分布する地域全体を「富士川谷」とよぶ．中新世中期の終わりには，現在の富士川から相模川にかけての南側の地域は陸側に入りこんだ幅のひろい湾だったと考えられ，とくに富士川谷は水深 2,000～3,000 m の深さの南北にのびた深い海底だったと考えられる．今から約 1100 万年前の中新世後期になると，富士川谷の北東側にある関東山地が隆起して，現在の大月―富士吉田―本栖湖付近

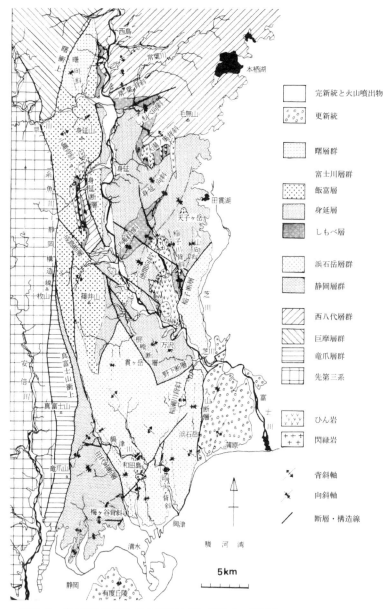

図10-11 富士川谷の新第三系の地質図（柴，1991を一部修正）.

を通って土砂が富士川谷の海底に運ばれてきた.

　富士川谷に中新世後期に堆積した地層である富士川層群は，下位からしもべ層，身延層，飯富層からなる.しもべ層は砂岩層をはさむ泥岩層からなり，身延層は礫岩層もはさむおもに砂岩層からなり，飯富層はおもに凝灰角礫岩層や凝灰岩層などの火砕岩層からなる.しもべ層と身延層は現在の富士川の東側におもに分布するが，飯富層は富士川の西側の身延山や篠井山（しのいさん）をつくって分布する（図10-11）.富士川の東側の富士川層群には北東—南西方向の背斜または向斜構造があり，西側の富士川層群には北北西—南南東方向の褶曲構造がある（柴, 1987）.

　富士川層群では，身延層の堆積のあとに富士川の東側でマグマ（深成岩）の貫入活動があり，東側が隆起してその西側の境界部で大規模な火山活動が起こり，相対的に低くなった西側の地域（富士川の西側）に飯富層の火砕岩層が厚く堆積した.図10-12に，浜石岳層群や静岡層群と同じ方法で推定した身延層が堆積していたときの基盤ブロックのかたちと，それ以後の基盤ブロックのかたちをしめす.

　柴（1991）ですでにのべたが，富士川谷の基盤は北東—南西方向と北北西—南南東方向，および北西—南東方向の断層によって区切られた基盤ブロック群によって構成されている.そして，身延層が堆積を終えるまでは，おもに北東—南西方向の断層にそって北側の基盤が上昇していたが，その後に飯富層が堆積しはじめたときには，北北西—南南東方向の断層にそって東側の基盤の上昇も加わったと思われる.

　また，鮮新世になると北東側の御坂山地は陸となり，その後に西側の赤石山脈側の基盤が急激に上昇した.そして，更新世になると富士川谷全体の隆起と南北方向の断層によって赤石山脈側から富士川谷に向って東側に押し上がる運動が起こり，西側に傾斜する衝上断層群が形成されたと推定できる.

　このような富士川谷の基盤ブロックの上昇と衝上断層群の形成は，この地域だけに起こった現象ではなく，関東山地なども含めた日本列島全体で起こった地殻の上昇運動の一部である.中新世後期には駿河湾のような海底だった現在の富士川谷でも，まわりの地殻の上昇とともに海底の基盤ブロックも上昇し，北東側の関東山地から流れこんだ砂泥や礫が富士川谷に堆積した.そして，それらの堆積物は，相対的に低かった堆積盆地を埋積していき，個々の基盤ブロックの上昇によって，その堆積の場所をかえると同時に褶曲構造を形成していった.

　すなわち，富士川谷の基盤の構造は，北東—南西方向と北北西—南南東方向，お

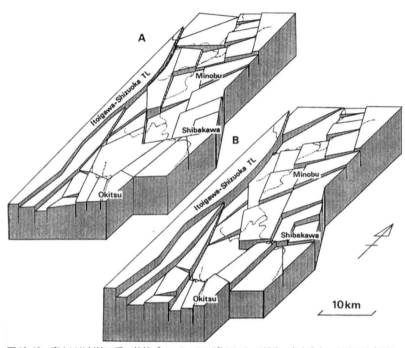

図10-12　富士川谷新第三系の基盤ブロックの形（角田ほか, 1990）. 南東方向から地下を鳥瞰した図. Aは身延層の堆積期のもので, Bは飯富層の堆積期以降のもの.

よび北西―南東方向の断層によって細分化された基盤ブロックからなり, この地域の地層の形成と褶曲はそれぞれの基盤ブロックの上昇運動によって, 中新世後期〜鮮新世にほとんどが形成された. なお, 各層群や層の中で西側に上位の地層が重なるのはその範囲で東側の基盤ブロックがより隆起したためであると考えられる.

南部フォッサマグナの基本構造

　富士川谷を含むフォッサマグナ地域の南部は, 基本的にどのような構造になっているのであろうか. これについては, 二つの対立する考えかたがある. その一つは, Matsuda (1962) が提唱した伊豆半島をとりまくように富士川谷―丹沢山地―南関東を連ねた形でいくつかの隆起・沈降軸が並行する弯曲構造 (図 10-13) としてとらえる考えかたである.

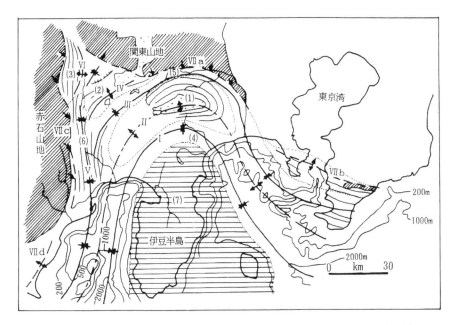

図 10-13 Matsuda (1962) による南部フォッサマグナの弯曲構造. I-VI：中新世中期以降の隆起・沈
　　　　降帯, (1) 丹沢山地, (2) 御坂山地, (3) 巨摩山地, (4) 足柄山地, (5) 桂川谷, (6) 富
　　　　士川谷, (7) 伊豆台地, VII a-d: 縁辺断層, 中新世前期以降の隆起軸.

　他の一つは，北東―南西方向にのびたいくつかの並行する中新世の火山活動と堆
積の場（グリーンタフ堆積盆）（藤田ほか, 1968）があり，それに加えて鮮新世以後に
その西縁に南北方向の断裂や盆地形成，火山活動などが発生して二重構造または交
叉構造が形成されたという考えかたである．矢野（1982）は，南部フォッサマグナ
地域は伊豆半島の曲隆運動と駿河湾の中央から西側の西南日本弧側の南東へ押し
上げる隆起運動が重なった交叉構造をもつとした（図 10-14）.

　松田（1958）は，富士川谷の静川層群（富士川層群）の褶曲構造が，地層の堆積
と同時に形成されたことをはじめてあきらかにした．そして，Matsuda（1978）で
は，この弯曲構造は古第三紀に本州中央部を通る海嶺の沈降により形成され，その
弯曲した古期山塊の前面に中新世の沈降・隆起帯が形成され，第四紀に伊豆―小笠
原弧の衝突をうけて著しく圧縮され逆断層が形成されて，弯曲構造が強化されたと

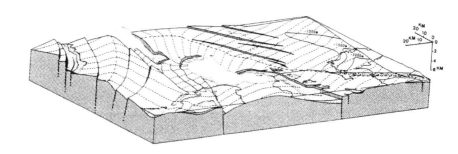

図 10-14　矢野（1982）による南部フォッサマグナの交叉構造. 南部フォッサマグナ地域は伊豆半島の曲隆運動と駿河湾の中央から西側の西南日本弧側の南東へ押し上げる隆起運動が重なった地質構造をもつ.

した.

　この弯曲構造または赤石・関東山地の八の字型配列について，新妻（1982, 1985）は新第三紀後期（約 600 万年前）以降に伊豆半島と丹沢地塊の衝突によって形成されたとした. また，石橋（1986）はこの弯曲構造の形成を日本海が拡大したこと（鳥居ほか, 1985）にともなって，伊豆―小笠原弧が相対的に本州弧に突入したことに求めた. しかし，このような新第三紀以降の衝突などによる弯曲構造の形成に対して，富士川層群中の堆積物の運搬経路からそれが新第三紀以前にすでにあったことが，松田（1984）によって指摘されている.

　すなわち，南部フォッサマグナ地域の弯曲構造は，新第三紀以降に丹沢山地や伊豆半島などの南からの衝突によって形成されたものでなく，新第三紀にはすでにあったことになる. また，Matsuda（1962, 1978）は，富士川層群の褶曲形成は新第三紀の隆起・沈降運動によって形成されたとするものの，第四紀の圧縮と逆断層の形成を重視し，それらは第四紀に起こった伊豆―小笠原弧の本州弧への衝突と考えた.

　すでにのべたが，富士川谷の基盤は北東―南西方向と北北西―南南東方向，および北西―南東方向の断層によって区切られた基盤ブロック群によって構成されていて，中新世後期に北側と東側の基盤の上昇があり，鮮新世には北東側の御坂山地は陸となり，その後に西側の赤石山脈側の基盤が上昇して，更新世中期には南北方

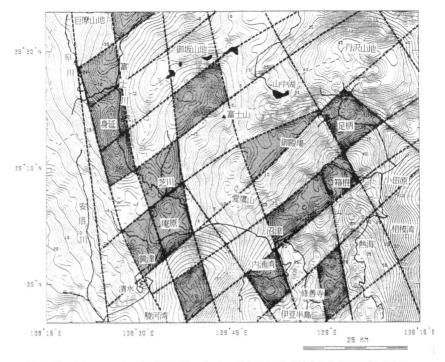

図 10-15　南部フォッサマグナ地域西部のブーケー重力異常図に推定される基盤断層と相対的
　　　　に低い地区を暗色でしめした図（柴, 1991）. コンター間隔は 1 mgl.

向の断層にそって赤石山脈側から富士川谷に向って東側に押し上がる急激な隆起
運動が起こり，西側に傾斜する衝上断層群が形成されたと推定できる.

　図 10-15 は, 南部フォッサマグナ地域西部のブーゲー重力異常図（柴ほか, 1991a）
に，重力異常のコンター（等高線）の傾斜変換部に推定される基盤ブロックの境界
断層を加え，基盤の低い部分には暗色をほどこした図（柴, 1991）である. ブーゲー
重力異常図をそのまま基盤の相対的な深度分布とすることはできないが，御坂山地
から天子山地への基盤の高まりは西八代層群と深成岩体の分布と一致し，その西側
のブーゲー重力異常の負の領域は富士川層群の飯富層以降の地層の分布と一致し，
富士川谷の基盤構造を明確に反映している.

　さらに，丹沢山地の隆起部の南側には足柄層群や箱根，丹那盆地につながる負の

領域があり，南部フォッサマグナ地域西部の基盤構造もやはり富士川谷と同様に，北東―南西方向と北北西―南南東方向，および北西―南東方向の断層によって区切られた基盤ブロック群によって構成されていると考えられる．また，相対的な隆起域と沈降域は，Matsuda (1978) がいうような連続したものではなく，杉村 (1972) が提起したフィリピン海プレートとユーラシアプレートとの境界とすべき連続した断層もみいだせない．

　すなわち，南部フォッサマグナ地域の基本構造は，矢野 (1982) が指摘した西南日本弧と伊豆―小笠原弧の曲隆運動とが交叉し重複することで生みだされた構造からなると考えられる．そして，富士川谷から駿河湾にかけての地域は，星野 (1986) が指摘したように一種のリフト谷 (大地溝帯) として，伊豆半島側の曲隆と遠州側 (西側) からの衝上断層による隆起によって形成されたと考えられる．

　南部フォッサマグナ地域西縁の富士川谷から駿河湾周辺は，北東―南西方向と北北西―南南東方向の深部断層によって区切られた基盤ブロックによって構成され，北東―南西方向と北北西―南南東方向の隆起によって形成された隆起地塊の間に形成された盆地に中新世後期から更新世にわたって堆積がおこなわれた．この隆起運動も中新世後期からはじまり，最初は北東―南西方向が支配的で，それ以降に北北西―南南東方向の隆起運動が重なり，とくに西縁ではその方向の隆起運動が支配的になった．

　この南部フォッサマグナ地域の基本構造とその隆起運動の特徴は，北部フォッサマグナ地域でもみられる (小坂, 1980, 1984)．また，北部フォッサマグナ地域において，糸魚川―静岡構造線にそう南北の大峰方向の構造運動は鮮新世からはじまるが，それは中新世の主方向である北東―南西の信越方向も利用しながら進行している場合もあるという (山岸・小坂, 1991)．このことから，南部フォッサマグナ地域の基本構造はフォッサマグナ地域全体の構造でもあり，とくに糸魚川―静岡構造線にそうフォッサマグナ地域西縁では，鮮新世以降に南北方向の構造運動が活発になったと考えられる．

富士川谷の基盤

　富士川谷の基盤は何であろうか．富士川谷の褶曲した中新世後期の堆積層の下には，北東では西八代層群や御坂層群が分布し，西側では竜爪層群や巨摩層群が，東

214

側には丹沢層群が分布する（197 頁の図 10-3 参照）. これらの地層は中新世中期に海底で噴火した火山活動の溶岩や凝灰岩からなる噴出物で, 熱水による変質などをうけて緑色になっていることからグリーンタフとよばる.

　フォッサマグナ地域とよばれる駿河湾から富山湾にかけて南北の地域とその東側の地域には, 富士川谷や丹沢山地などの南部地域だけでなく, 中部から北部地域にかけて, さらに南側の伊豆半島でもこの中新世中期の海底火山活動によるグリーンタフが厚く堆積しひろく分布している. すなわち, 中新世中期にはフォッサマグナ地域全域と伊豆半島にかけてグリーンタフの活発な海底火山活動がおこなわれていたと考えられる.

　そして, 中新世後期に顕在化した日本列島の脊梁部の隆起によって形成された山地からの堆積物によって, 相対的に低い脊梁部の南北側の地域に地層が堆積した. そして, 現在はそれらの地域も含めて隆起し陸上となったのが, フォッサマグナ地域である. フォッサマグナ地域では, 隆起量が大きかった地域から, 中新世よりも古い地層が分布する地域, グリーンタフの地域, 中新世後期以降の地層からなる地域があり, それらは基盤の上昇量によりモザイク状に分布している.

　このモザイク状に分布する地層のうち, グリーンタフの地層は富士川層群の基盤である. そして, 駿河湾に目を転じれば, 駿河湾西部に分布する石花海層群の基盤は, その下位の地層である富士川層群や浜石岳層群にあたる. すなわち, 駿河湾西部の石花海層群の基盤を富士川谷では直接それを見ることができ, その地質構造も知ることができる.

　富士川谷では中新世後期以降に貫入した花崗岩やひん岩などの深成岩または半深成岩体の分布があり, 更新世中期〜現在にかけての火山が分布する. 深成岩体は, 天子湖周辺から十島にかけての閃緑岩体やひん岩体, 身延の相叉川ぞいと毛無山南西にひん岩体があり, これらの岩体はどれも背斜軸部の翼部に分布する. また, 富士川層群における大規模な火山活動は, 南北方向の身延断層の西側で起こっていて, この時期にはその東側の基盤が隆起した時代, すなわち天子湖周辺から十島にかけての閃緑岩体やひん岩体の貫入時期とも重なる. このような隆起と火山活動の関連は浜石岳層群でも認められる（柴, 1991）.

　これらのことから, 富士川谷の基盤ブロックの隆起や背斜構造の形成は深成岩や火山活動などと関連していると考えられ, 基盤ブロックの隆起は基盤の下でのマグ

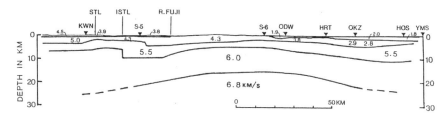

図10-16　東京夢の島－川根側線にそう人工地震探査による地殻構造（Suzuki, 1987）. STL：笹山構造線, ISTL：糸魚川－静岡構造線, KWN：川根, ODW：小田原, HRT：平塚, OKZ：岡津（横浜）, HOS：東扇島（川崎）, YMS：夢の島（東京）. 富士川と小田原の間の伊豆半島北部では6.0 km/sec層（地殻上部層：花崗岩層）が凸状に高まっている.

マ活動によると考えられる.

　さらに, 富士川谷の基盤としたグリーンタフ層の下の基盤は何だろうか. フォッサマグナの基盤について, 市川ほか（1970）でも西南日本弧の地質構造帯が糸静線から東側にも延長しているとしているので, 西南日本弧の地質構造帯が基盤をなしていると考えられる. また, 南部フォッサマグナ地域の基本構造は, すでにのべたが西南日本弧と伊豆－小笠原弧の曲隆運動とが交叉し重複した交叉構造（矢野, 1982）であるため, 富士川谷のグリーンタフ層の基盤には伊豆－小笠原弧の基盤が含まれる. なお, 伊豆半島では, Suzuki（1987）によれば上部地殻とされる花崗岩層が凸状に高まっていて深度 2 km のところに上面があると推定されている（図10-16）. このことから, 伊豆－小笠原弧の上部地殻が浅所に存在する可能性が高い.

静川層群とアムシオペクテン

　山梨県身延町の富士川と早川が合流する地点の北西側の, 現在身延町中富地区とよばれる地域に, まわりより少し低い山地がある. この山地には, 静川層群（大塚, 1955）とよばれた中新世後期から鮮新世に堆積した地層が分布する.

　この地域に分布する地層を, 私たちは1988年から3年間と2006年から4年間調査して, その層序と貝化石および有孔虫化石の研究をおこなった（柴ほか, 2012c, 2013b, 2014）. その結果, 静川層群を中新世後期に海底扇状地に堆積した富士川層群と, 鮮新世にファンデルタに堆積した曙層群に区分し再定義した.

　富士川層群は, 下位から, しもべ層, 身延層, 飯富層からなり, 曙層群は川平層

と中山層，平須層からなる．この地域のしもべ層は原泥岩部層からなり，身延層は三ッ石凝灰角礫岩部層からなり，飯富層は下位から早川橋砂岩泥岩互層部層，烏森山凝灰角礫岩部層，遅沢砂岩部層からなる．図10-17に中富地区の地質図をしめす．

　遅沢砂岩部層からは，以前からイイトミツキヒガイ（*Amussiopecten*

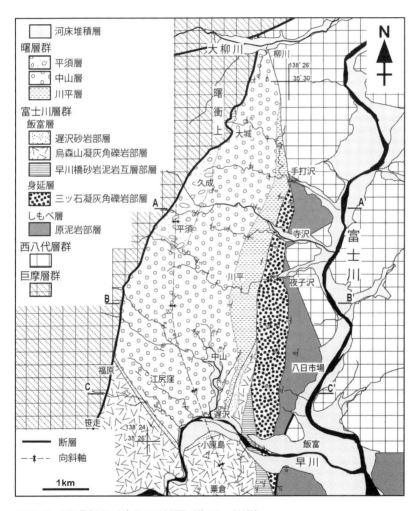

図10-17　山梨県身延町中富地区の地質図（柴ほか，2013b）．

iitomiensis) という，ツキヒガイに似た *Amussiopecten* 属の二枚貝化石が知られていた．その化石層には，それ以外にもパンダフミガイ（*Megacardita panda*）やオソザワタマキガイ（*Glycymeris osozawaensis*）などが含まれる．私たちの調査では，遅沢砂岩部層以外の三つの地層から新たに貝化石を発見し，それらの貝化石を記載した．

　身延層の三ッ石凝灰角礫岩部層から，イイトミツキヒガイの祖先であるアキヤマツキヒガイ（*Amussiopecten akiyamae*）を発見し，その時代を有孔虫化石から今から850万年前以前とした．飯富層の早川橋砂岩泥岩互層部層から，パンダフミガイの祖先であるオオヤマフミガイ（*Megacardita oyamai*）を発見し，その地質時代を有孔虫化石から約700万年前とした．さらに，曙層群の川平層から掛川層群から

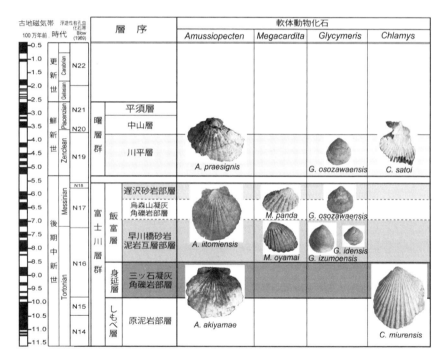

図10-18　富士川層群と曙層群から産出する *Amussiopecten* 属の系統的三種とそれと随伴する二枚貝類化石の層準（柴，2016c）．*A*：*Amussiopecten*，*M*：*Megacardita*，*G*：*Glycymeris*，*C*：*Chlamys*.

知られるモミジツキヒガイ（*Amussiopecten praesignis*）を発見し，有孔虫化石から約400万年前と推定した．

　モミジツキヒガイはおそらくイイトミツキヒガイの子孫にあたり，この地域で約1000万年前から400万年前にかけての*Amussiopecten*属の進化した種類の順番とその時代をあきらかにすることができた（図10-18）．

　Masuda（1962）によると，*Amussiopecten*属の二枚貝は，中新世前期〜中期にはヨーロッパからアジアにかけてのテチス海域（地中海から太平洋につながっていた海域）とよばれた地域とアメリカにかけてのひろい地域に，多くの種類が生息していた．しかし，中新世中期の終わり（今から1200万年前）には，日本にすむアキヤマツキヒガイを残してすべてが絶滅した．そして，アキヤマツキヒガイからイイトミツキヒガイへと，日本の中新世後期の海の環境に適応して進化し，この属の最後の種であるモミジツキヒガイが，鮮新世から更新世前期に繁栄して，今から約180万年前に絶滅した．

曙層群のファンデルタとその変形

　これらの化石により，富士川層群と曙層群の地質時代があきらかになった．すなわち，富士川層群は中新世後期で，曙層群は鮮新世の地層である．身延町中富地区の富士川層群と曙層群は，図10-19の地質断面図のように南北方向の軸をもつ曙向斜を形成して分布している．この曙向斜はいつ形成されたのであろうか．そのことについて，曙層群のファンデルタの形成過程を整理して，その変形がいつ，どのように起こったかを考えてみる．

　富士川層群と曙層群の地層の堆積のしかたについて，それぞれの岩相から富士川層群は深い海盆の底に海底扇状地を形成しながら堆積したと考えられ，曙層群は小笠層群のように浅い海底または陸上のファンデルタで形成された地層と考えられる．図10-20に富士川層群身延部と曙層群の各層の岩相の写真をしめす．富士川層群と曙層群は，堆積した時代も異なり，岩相からまったくちがった堆積環境で，異なった堆積のしかたで形成された地層ということになる．

　曙層群の最下部の川平層を堆積させたファンデルタは，礫岩層と泥岩層の互層と，泥岩層からなる地層であり，それはファンデルタ前置面の麓部で堆積したと考えられる．また，川平層の礫には火山岩や花崗岩の礫が多いことと礫の供給方向から，

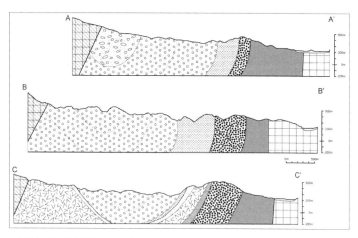

図 10-19 山梨県身延町中富地区の東西方向の地質断面図（柴ほか，2013b）.
岩相の凡例と断面線は図 10-17 を参照.

川平層のファンデルタは東側の御坂山地側が上昇して南西側に傾斜した前置面を形成していたと考えられる.

　その上位に重なる中山層は砂岩層をはさむ礫岩層で，ファンデルタの前置面で堆積した地層であり，砂岩と泥岩の礫が多く，礫の供給方向から西側の赤石山脈側が隆起して北東側に傾斜した前置面に堆積した地層と考えられる. 最上位の平須層は，巨礫岩層と立木の根の化石などが含まれる泥岩層からなる地層で，ファンデルタの頂置面にあたる河床などで堆積した地層で，礫種などから中山層と同じく赤石山脈側の隆起により供給されたと考えられる.

　曙層群の堆積した時代は，有孔虫化石から川平層が今から約 400 万年前で，中山層が約 300 万年前と考えられる. また，上部の平須層は有孔虫化石がないことから時代をきめられないが，今から約 250 万年以降の更新世にはおよばないと思われ，曙層群は鮮新世に堆積したと考える.

　図 10-21 の上の図は，これらの曙層群のファンデルタを復元した断面であるが，現在曙層群の地層は図 10-21 の下の図のように，下位の富士川層群とともに曙向斜の東翼はほぼ垂直に西に傾斜し，西翼は 60 度ほど東に傾斜している. このような構造の変形は，どのように形成されたのであろうか.

図10-20　富士川層群と曙層群の岩相写真．1：早川河床で見られる富士川層群身延層三ツ石凝灰角礫
岩部層の砂岩泥岩互層（タービダイト）．2：手打沢で見られる曙層群川平層の礫岩泥岩互
層（ファンデルタ前置面麓部の堆積相）．3：夜子沢で見られる曙層群中山層の礫岩層（前
置面の堆積相）．4：平須の南（夜子沢上流）で見られる曙層群平須層の巨礫岩層（河川礫層
で頂置面の堆積相）．

　曙層群のファンデルタの変形は，ファンデルタが形成されている間に起こったと
するとファンデルタじたいが形成されないために，ファンデルタが形成されたあと
に変形がおこなわれたと考えられる．その変形の過程は，ファンデルタが形成され
たあとに東側の御坂山地が急激に上昇して，富士川層群も含めて曙向斜の東翼の地
層を垂直に立ち上げて，その後に赤石山脈側の巨摩山地が上昇して曙向斜の西翼を
傾斜させて形成されたと考えられる．そのような山地の上昇によって地層の変形が
起こった時代は，曙層群のファンデルタが形成されたあとであることから，それは
更新世前期（今から約250万年）以降に起こったと考えられる．

　足柄層群ではそれらの地層に含まれる礫から，日向層と瀬戸層の堆積した時代に

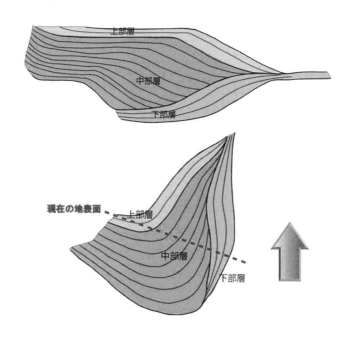

図 10-21 曙層群のファンデルタ形成とその後の変形モデル. 上図は曙層群のファ
ンデルタの形成時の重なりかた. 下図はファンデルタの形成後に東側の
隆起により向斜東翼が垂直に傾斜し, さらに西翼が形成された.

は丹沢山地はそれほど隆起していなかったが, 今から180万年前からの畑層から塩
沢層の堆積時期に丹沢山地が急激に隆起したことがあきらかになっている. 今から
180万年前から40万年前までの地殻変動については, すでに小笠変動として島弧
の大規模な隆起が顕在化した時期としてのべた. 曙向斜の東翼を形成した富士川谷
東側の山地の上昇は, 関東山地も含めその南側の御坂山地や丹沢山地を急激に隆起
させた運動であると思われ, それは約180万年前以降に起こった小笠変動によるも
のと考えられる. この時期には同時に赤石山脈も隆起するため, その時の赤石山脈
の隆起によって曙向斜の西翼も形成させたと考えられる.

そして, 今から約40万年以降の有度変動では, 赤石山脈の大規模な隆起により
赤石山脈側が東側に向って押し上がる運動が起こり, 曙層群の西側の巨摩山地が東
側に押し上がり, 曙層群の西縁を区切る曙衝上が形成されたと推定される.

222

地層の下に隠されている基盤ブロックの分布や形については，富士川谷の地質構造のところですでにのべた．富士川谷の新第三系の褶曲構造のほとんどはその堆積時期に形成されたとしたが，これらの基盤ブロックも約180万年以降に大きく上昇して，基盤ブロックの境界の断層を強調させ，すでに形成していた褶曲構造をさらに急傾斜なものにしたと思われる．そして，今から約40万年以降の有度変動時に起こった赤石山脈の大規模な隆起によって，フォッサマグナ地域でみられる多数の東側に衝上する断層群が形成させ，現在の地質構造が完成されたと考えられる．

手打沢不整合

　身延町中富地区に分布する富士川層群の地層は，この地域の北部にあたる手打沢では，早川の河床で見られた身延層と飯富層を欠いて，しもべ層の上に直接，曙層群の地層が重なっている．これが，大塚（1955）が「手打沢不整合」とよんだ不整合の露頭で，ここでは河床に富士川層群のしもべ層の原泥岩部層が分布し，それに対して垂直に傾斜した曙層群の川平層の礫層と砂泥互層が重なっている（図10-22）.

　この不整合は，富士川層群が堆積したあとの今から約600万年前ころの中新世末期に，富士川層群が隆起して陸上で侵食され，その後の鮮新世前期の海進により海底となり，後背地の隆起によりファンデルタが形成されて，曙層群がその侵食面の上に堆積して形成されたと考えられる（柴ほか，2013b）.

　このような中新世後期の地層と鮮新世の地層との不整合が掛川地域でもみられることを，すでに第9章の「相良層群と掛川層群の層序関係」の節でのべた．また，「マイナス2,000 mの海水準」の節では，中新世後期（メッシニアン期）の蒸発岩を例に，中新世後期には海水準が現在より2,000 m低かったことをのべた．そして，中新世後期の地層は地殻の上昇による厚い地層が形成されて変形し，その後の鮮新世前期の海水準上昇と地殻の上昇による堆積物の供給により不整合が形成されたことをのべた．

　中新世後期の地殻の大規模な隆起と鮮新世前期の海水準の上昇と地層形成については，すでに星野（1972）でのべられているが，手打沢不整合はその富士川谷での証拠である．このような鮮新世の地層の基底にみられる不整合は，富士川層群と曙層群や，相良層群と掛川層群との関係だけでなく，島弧を含めた現在の海溝や大陸斜面の形成にとって，非常に重要な意味があると思われる．

曙層群の川平層

富士川層群のしもべ層（原泥岩部層）

図 10-22　手打沢不整合の露頭．破線が不整合面で，その下の川底に富士川層群
　　　　　しもべ層の原泥岩部層が分布し，川岸の側壁に垂直に傾斜した礫岩層
　　　　　や砂岩層，泥岩層からなる曙層群の川平層が分布する．

　紀伊半島東南方の熊野灘の深海平坦面から南海トラフにかけての海底の地質断
面図 8-10（148 頁参照）では，この深海平坦面と下部大陸斜面を構成する地層のも
っとも下位の地層が相良層群と同じ時代のものあり，その上の反射面 UC4 の上に
重なる地層が掛川層群に相当し，反射面 UC2 の上位が小笠層群，さらにその上位
の反射面 UC1 の上位が根古屋層に相当する地層と考えられる．

　深海平坦面は，海溝陸側斜面（下部大陸斜面）の外縁隆起帯がダムのように形成
されたことにより，陸側すなわち島弧の前面にできたもので，前弧盆地とよばれ，
堆積物が埋積して平坦面を形成している．

　図 8-10 で，UC4 とされた不整合面（不連続面）が相良層群相当層の上面で，そ
の地層は褶曲や断層によって大きく変形している．それに対して，その上を薄くお
おう掛川層群相当層は，ゆるく傾斜はするもののあまり変形せずに重なっている．
この不整合面とされる面は，中新世後期に地殻の上昇による厚い地層の形成と変形
が起こったあとに，鮮新世前期の海水準上昇と地殻の上昇による堆積物の供給によ

り形成された地層の不連続面にあたる.

図8-10の地域でその不連続面は, 水深3,000 m以上深いところにあるため, 陸上で侵食された不整合面とは思われないが, 音波探査であきらかになった地質断面でみると, 中新世後期の相良層群などの地層と掛川層群などの鮮新世の地層やそれより新しい地層の構造は, まったく異なっていることが歴然としている.

陸上の地層の研究では, 中新世後期と鮮新世の地層はしばしば整合とされ, 構造的にも不連続はないと解釈されることが多かった. しかし, 相良層群と掛川層群の境界と同じように, それは見かけのことであり, 中新世後期と鮮新世の地層の構造の違いは大きく, 整合とされている関係は再検討する必要があると考える. Carter (1990) によれば, オーストラリア南東部では, 中新世末期の大規模な海水準低下と鮮新世前期の海水準上昇は, この時代の重要なイベントとされている.

島弧はどのように形成されたか

駿河湾とその周辺の現在の地形がどのように形成されてきたかということについて, これまで本書では, 現在から中新世後期までさかのぼってのべてきた. これまでの話を整理して, 駿河湾を含む島弧としての日本列島がどのように形成されたかについてまとめてみる.

駿河湾周辺および日本列島の新第三紀から現在までの地層の重なりを, 時代を縦軸にして地域の層序を横軸にしてまとめたものを図 10-23 にしめす. この図から, 新第三紀から現在までにどのような地層が形成されてきたかということと, それらの地層の特徴と形成過程がそれぞれの時代によって類似していることに気づく. そして, それぞれの地層形成の特徴で時代を区別すると, それは七つの時代 (変動期) にわけることができる. それらを下位からしめすと以下のようになる.

①島弧が萌芽的に隆起した時代［大井川変動］

　　中新世初期 (約2300万～1600万年前) に島弧が隆起をはじめた. それは萌芽的なものであり, その海側に盆地が形成された. 駿河湾周辺では大井川層群と倉真層群, 中央構造線ぞいの瑞浪層群の下部, 長野県の内山層など, 関東山地の秩父盆地の新第三系最下部などに相当する陸域～浅海, または海底扇状地の堆積物で特徴づけられる地層からなる. この時期は島弧の隆起の萌芽期にあたり, 中央構造線や太平洋岸の山地南部, および日本海側の現在の海岸線の島

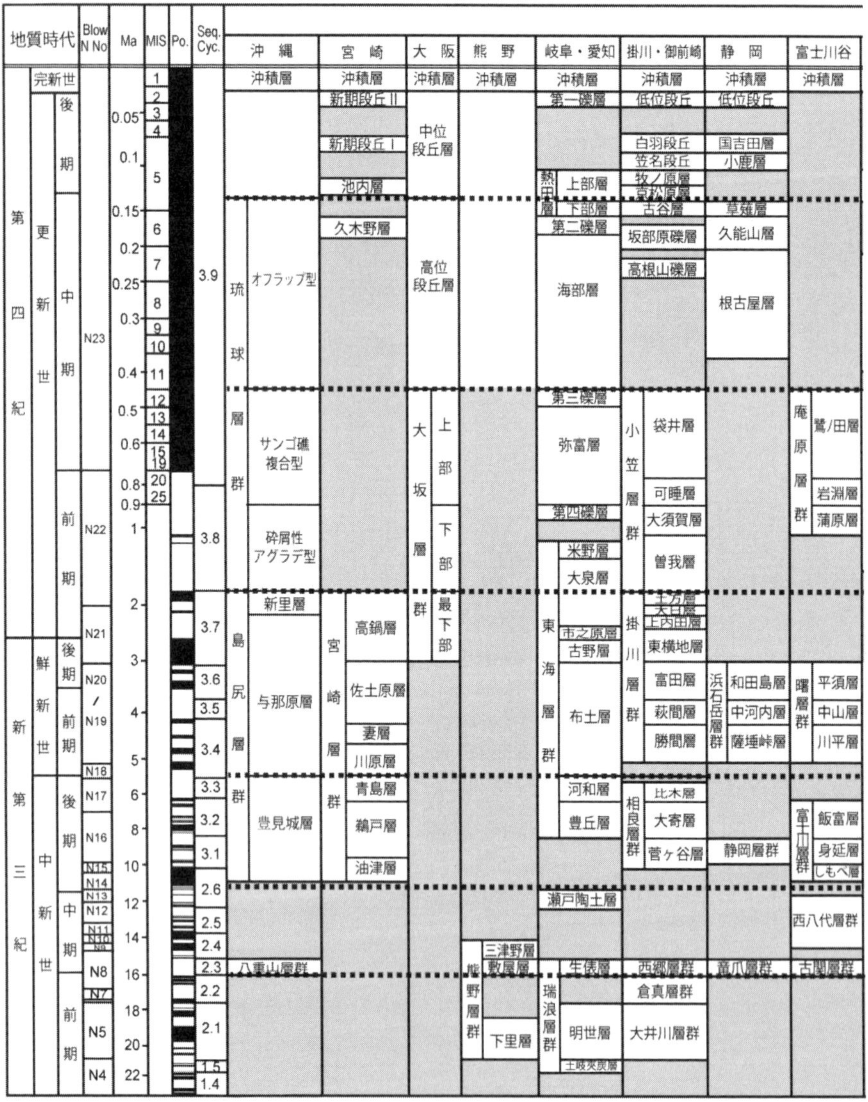

地質時代			Blow N No	Ma	MIS	Po.	Seq. Cyc.	沖縄	宮崎	大阪	熊野	岐阜・愛知	掛川・御前崎	静岡	富士川谷
完新世					1			沖積層	沖積層	沖積層	沖積層	沖積層	沖積層	沖積層	沖積層
第四紀	更新世	後期		0.05	2				新期段丘II			第一礫層	低位段丘	低位段丘	
					3					中位段丘層					低位段丘
					4								白羽段丘	国吉田層	
				0.1	5				新期段丘I				笠名段丘	小鹿層	
				0.15					池内層			熱田層 上部層	牧ノ原層	宮内層	
		中期			6		3.9	琉球層群	久木野層	高位段丘層		下部層	古谷層	草薙層	
				0.2	7			オフラップ型				第二礫層	坂部原礫層	久能山層	
			N23	0.25	8							海部層	高根山礫層		
				0.3	9									根古屋層	
					10										
				0.4	11							第三礫層			
				0.5	12			サンゴ礁複合型		大阪層群 上部層			袋井層		庵原層群 鷲ノ田層
				0.6	13 14 15 19							弥富層	小笠層群 可睡層		岩淵層
				0.8	20 25							第四礫層	大須賀層	蒲原層
		前期	N22	0.9 1			3.8	砕屑性アグラデ型		下部層		米野層	曽我層		
				2				新里層		最下部層	大泉層	土方層 天日層		
第三紀	鮮新世	後期	N21	3			3.7	島尻層群	高鍋層		東海層群	上万田層 市之原層	掛川層群 東横地層		
			N20	3.6				与那原層	佐土原層	宮崎層群	古野層	富田層	浜石岳層群 和田島層	平須層
		前期	N19	3.5	4				妻層		布土層	萩間層	中河内層	中山層	
			N18	3.4	5				川原層			勝間田層	薩埵峠層	川平層
		後期	N17	3.3	6			豊見城層	青島層		河和層	比木層		富士川層群 飯室層
			N16	3.2	8				鵜戸層		豊丘層	大寄層	相良層群		身延層
		中期	N15 N14	3.1	10				油津層			菅ヶ谷層	静岡層群	しもべ層
			N13 N12	2.6	12						瀬戸陶土層			西八代層群
			N11 N10	2.5	14									
			N9 N8	2.4	15 16			八重山層群		三津野層		生俣層	西郷層群	竜爪層群	古関層群
		前期	N7	2.3	18					敷島層	熊野層群	瑞浪層群	倉真層群		
			N5	2.2	20							明世層	大井川層群		
			N4	2.1 22							下里層	土岐夾炭層			
					1.5 1.4										

図 10-23 駿河湾周辺および日本列島の新第三系から現在までの層序対比とその変動の時代区分.

地域											変動区分
駿河湾西部	駿河湾東部	伊豆半島	丹沢・足柄	房総	秩父	群馬	松本	魚沼	西山	男鹿	
		沖積層		沖積層	沖積層	沖積層	沖積層	沖積層	沖積層	沖積層	
				低位段丘	低位段丘					箱井層	⑦
										相川段丘	
焼津沖層群上部層	賀茂沖層群上部層		駿河礫層	浮島段丘						五里合層	
				柿崎層							
				下 木下層						潟西層	
		内浦湾層		総 横田層	羊山層						⑥
焼津沖層群下部層	賀茂沖層群下部層			層 清川層						鮪川層	
				上泉層	尾田蒔層						
				群 藪層							
				地蔵峠層							
		熱 多賀火山	足 塩 上部	上 笠森層				魚 上部	西越層	脇本層	⑤
石花海層群		海 宇佐美火山	柄 沢 中部	総 長南層・柿木台層・国本層			猿丸層	沼 中部	灰爪層	北浦層	
		層 大野礫層	層 層 下部	層 梅ヶ瀬層				層 下部			
		群 横山シルト岩	群 畑層	太田代層				群			
				黄和田層							
			瀬戸層	大原層				最下部	西山層		
			日向層	浪花層				八王子層 菅沼層			
									浜忠層	船川層	④
白浜層群	白浜層群		三 安野層			楠層			椎谷層		
音響基盤	白浜層群	落合層	浦 清澄層	本宿層		小川層		寺泊層	女川層	③
			層 天津層	板鼻層						
音響基盤	湯ヶ島層群	丹沢層群	群	吉井層	青木層			七谷層	西黒沢層	②
	仁科層群			秩父町層群 福島層 別所層	内村層				台島層	
			木ノ根層 小鹿野町層群 井戸沢層						①
			保田層群	彦久保層群	小幡層	内山層				
					牛伏層					

Ma:100万年前, MIS:海洋酸素同位体ステージ, Sq Cyc:Haq et al. (1987) のシーケンスサイクル.

弧側の隆起が起こり，主要な構造線にそって盆地が形成された．この時期には中央構造線ぞいの南側に海域がひろがり，現在の赤石山脈や関東山地の地域には小規模な陸域があったにすぎない．

②グリーンタフ火山活動により海水準が上昇した時代［竜爪変動］

　中新世中期（約1600万〜1100万年前）に堆積した竜爪層群や西郷層群，女神層，巨摩層群，西八代層群，湯ヶ島層群，丹沢層群などの海底火山活動で形成された地層で特徴づけられ，それらはグリーンタフ（熱水変質した緑色凝灰岩）からなる．この時代にはいわゆる日本列島全体で西黒沢海進とよばれる海水準上昇があり，これらのグリーンタフ堆積層は深い海底での活発な火山活動により形成された．また，①の時期に海が侵入した中央構造線ぞいの瑞浪や長野地域，秩父盆地や関東山地北縁でも海底の環境がつづいた．日本列島は大型有孔虫のレピドシクリナが生息したサンゴ礁やビカリアなどの巻貝がいたマングローブの島々からなっていた．富士川谷の海底火山活動による溶岩や凝灰岩が堆積した西八代層群の下部の泥岩層は，含まれる底生有孔虫化石から4,000 m以深の海底に堆積したと推定されている（Akimoto, 1991）．この時代は，海底火山活動による海底の底上げにより海水準が上昇するものの，島弧の隆起も顕在化して，その後期には島弧の中央部が陸化した．

③島弧の隆起により海底扇状地が発達した時代［相良変動］

　中新世後期（約1100万〜530万年前）に堆積した相良層群や富士川層群など，深い海底に堆積した厚い海底扇状地堆積物で特徴づけられる．これらの地層は，赤石山脈や関東山地が隆起して陸域となり，それらの侵食により供給された砂泥が，②の海水準上昇で形成された島弧前面の深い海底に運ばれ，海底扇状地を形成して堆積した．海底でも隆起が起こり，富士川層群ではブロック化した隆起地塊のそれぞれの隆起量の違いにより，地域による岩相と層厚の違いが生じてその境界部では堆積時に褶曲構造が形成された．また，中新世末期にはその隆起量が大きくなり，島弧のひろい範囲が陸化した．星野（1962）によれば，中新世末期の海水準は現在の海水準より2,000 m深いところにあったとされる．

④島弧の隆起と海水準上昇により浅海と海底扇状地が発達した時代［掛川変動］

　鮮新世〜更新世前期（約530万〜180万年前）に堆積した掛川層群や浜石岳層群，白浜層群，曙層群で特徴づけられる．③で褶曲し広域に陸化した中新世後期

以前の地層の上に，海水準上昇により海域がひろがり，同時に後背地の隆起により海底扇状地への堆積物の供給とファンデルタによる大陸斜面の埋積があった．沖合では海水準上昇により海盆の深化もあり，また沿岸では隆起により浅海化して大陸棚への海進堆積物の堆積もおこなわれた．星野（1972）によれば，鮮新世の海水準上昇は約 1,000 m におよんだとしている．しかし，その値は更新世前期の海水準上昇も含めての値と考えられる．

⑤島弧の隆起により大陸斜面が埋積されファンデルタが発達した時代［小笠変動］

　　更新世前期～中期（約 180 万～40 万年前）に堆積した小笠層群，庵原層群，石花海層群，熱海層群，足柄層群で特徴づけられる．隆起のため浅くなった大陸斜面が約 120 万年前からはじまった赤石山脈などの大規模隆起による大量の粗粒堆積物の供給により，ファンデルタにより埋積されて陸化して扇状地が形成された．図 10-24 に富士川谷の中新世後期から更新世前期までの古地理をしめす．この時代の 90～70 万年前に海進があり，その後に大規模な扇状地が形成された．大規模な扇状地が形成された約 60 万年前と約 43 万年前に，アジア大陸と陸つづきになり，現在の日本列島に棲む陸生動物の祖先が日本列島に渡来した．

⑥島弧の隆起と海水準の上昇により海域とファンデルタが発達した時代［有度変動］

　　更新世中期（約 40 万～12 万 5000 年前）に堆積した有度丘陵の根古屋層と久能山層によって特徴づけられる．約 40 万年前の海水準の位置は，現在の海水準に比べて約 1,000 m 低かった．この時期には，大規模な隆起と同時に段階的に海水準が 1,000 m 上昇したことから，ファンデルタが発達する時期と海底が深くなる時期があり，結果として現在の島弧の地形が形成された．この時期に伊那谷では木曽山脈の隆起という新しい隆起運動がはじまり，富士川谷をはじめ島弧全体で太平洋側に押し上がる衝上断層をともなう大規模な隆起運動が活発化した．

⑦海水準の変化と隆起により段丘と沖積層が形成された時代［牧ノ原変動］

　　更新世後期（約 12 万 5000 年前～現在）に形成された牧ノ原地域などの海岸段丘と三保半島や海岸平野で特徴づけられる．12 万 5000 年前からのウルム氷期の海水準下降により，段階的に海岸段丘が形成した．そして，それと同時に⑥の有度変動からつづく隆起運動があることから陸上にその海岸段丘がみられる．その隆起量は地域により異なるため，海岸段丘は地域により海抜高度が異なる．そして，ウルム氷期以降の海水準上昇の過程とその後の縄文海進以降の海水準の下降

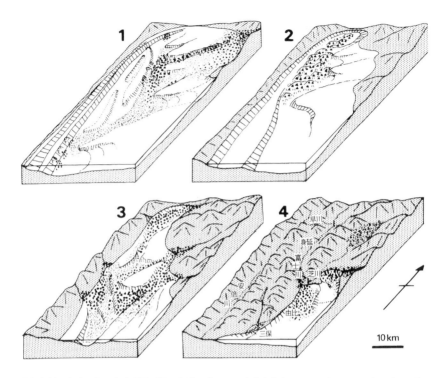

図10-24　富士川谷の古地理図（柴, 1991）. 富士川谷を南東方向から見たもの. 1：中新世後期の初
　　　　め（③）, 富士川層群身延層の堆積時, 北東からの堆積物の供給をうけて深い海底に砂礫
　　　　が堆積した. 2：中新世後期の後半（③）, 飯富層の堆積時, 身延断層の西側で火山活動が
　　　　起こり, その後は北側が隆起して陸化する. 3：鮮新世前期, 曙層群と浜石岳層群の堆積
　　　　時（④）, 北東側からの砂礫の供給をうけ, 後半には赤石山地側の隆起が起こり, 礫の供
　　　　給をうける. 北部では陸化する. 4：更新世前期（約100万年前）（⑤）, 庵原層群の堆積期,
　　　　富士川谷のほとんどが陸化し, 富士川河口に富士川と丹沢山地からの川のデルタが形成
　　　　した.

　により三保半島のような複合砂嘴や海岸平野の扇状地と沖積層が形成され, 現在
の地形が形成された.
　駿河湾の形成にかかわる中新世前期からはじまるこれら七つの変動は, 島弧の一
連の隆起にそれぞれの時代で海水準上昇が重なったことによる見かけの区別であ

る．島弧の隆起が顕著になるのは約 1100 万年前の中新世後期からはじまるため，日本列島という島弧が全体として，中新世後期から継続して大規模な隆起運動をおこなってきたと考えられる．すなわち，約 1100 万年前の中新世後期以降に日本列島では大規模な隆起が顕在化して，隆起はどこでも数 1,000 m 以上におよび，それは現在まで継続している．そして，それに加えて海水準も現在までに 2,000 m 上昇した．

　その海水準上昇は，④の掛川変動と⑤の小笠変動をあわせると 1,000 m で，次の⑥の有度変動の時期には 1,000 m の上昇があった．また，海水準上昇期には，海底と陸上の両方で火山活動が活発に起こり，海底での火山活動により玄武岩マグマのシル（水平迸入岩体）による海底の底上げや洪水玄武岩（海底や大陸表面に大量にあふれて噴出した粘性の低い溶岩）の噴出と埋積によって，海水準上昇がおこなわれたと考えられる．この海水準上昇のメカニズムについては，星野（1991）がしめしたように，ジュラ紀以降はじまった上部マントルからの地殻へのソーレアイト質玄武岩の貫入によるものと思われる（図 10-25）．

　徳岡ほか（1988）によると，ヒマラヤ山脈の前縁に分布する中新世以降の地層であるシワリク層の堆積物の岩相や礫種組成から，ヒマラヤ山脈の上昇のはじまりは約 1000 万年前からで，約 300 万年前になるとヒマラヤ山脈全体が隆起をはじめ，約 100 万年前になるとシワリク層の分布する北帯もまきこむ隆起が起こったとのべている．また，現在の地形の形成と，ヒマラヤ山脈を縦走する大規模な衝上断層の活動は，それ以後の活動によるものとのべている．このヒマラヤ山脈という陸上の島弧の隆起の歴史は，すでに第 8 章の「ヒマラヤ山脈と日本列島」（150-152 頁参照）でのべたが，まさに駿河湾が位置する日本列島という島弧の隆起活動の歴史と重なる．このことは，世界のどの島弧でも同じような時代に同じような隆起活動がおこなわれた可能性を示唆するものである．

　なお，島弧は大洋側に突き出した凸状の弓なりになった島々からなる地形であるが，大洋側からのプレートなどによる押す力では，島弧の地形は逆に大陸側に凹状に弧状にへこんだものになると考えられる．すなわち，大洋側に突き出した凸状の弓なりになった島弧の地形は，大洋側からの横圧縮ではなく，大陸側からの大規模隆起による地殻の押し出しによって形成されたと考えられる．

　島弧が形成しはじめた中新世後期以降の大隆起変動については，Obruchev

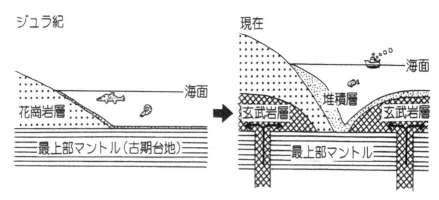

図 10-25　玄武岩マグマによって押し上げられた大陸と大洋底の隆起による海水準上昇モデル（星野，1992）．左はジュラ紀の地殻断面で，マグマ貫入前なので海面は現在より5,000 m低い．右は現在で，上部マントルからの玄武岩マグマが地殻下部に貫入しひろがり地殻が押し上げられ，隆起と海水準の上昇が引き起こされた．

（1948）が提唱した「ネオテクトニクス」とほぼ類似する．これは，新第三紀末期と第四紀前半に生じた新期の構造運動と定義され，本書でしめした中新世後期以降の島弧の大規模隆起運動とほぼ一致する．

　このネオテクトニクス期の変動について，星野（1991）は，それを鮮新世からはじまる新しい地殻の隆起運動と海水準上昇で特徴づけられるものと定義している．また，藤田（1970）は鮮新世以降の島弧の隆起と陥没をともなう構造運動を「島弧変動」とし，藤田（1990）は現在の地形を形成した隆起運動を「六甲変動」として注目した．これらの構造運動は，ほぼ星野のネオテクトニクス期の変動と同じ変動である．

　しかし，島弧の形成がはじまったのは鮮新世のはじめからではなく，島弧の脊梁が隆起して大量の堆積物を周辺に供給した中新世後期からと思われ，その意味で新しい構造運動である「ネオテクトニクス」がはじまった時代は，中新世後期であると私は考える．

地質系統と地質時代

　地質時代は，地球の誕生から現在までの地球の歴史を時代として刻んだものである．地球ができて現在まで約46億年といわれるが，私たちが地球の時代を認識できるのは，地球上にある地層や岩体に残されている記録からである．そのため，地質時代はその時代に堆積した地層をもとに設定されている．そして，地質時代を設定した地層を地質系統とよぶ．

　地質時代はその時代に堆積した地層が存在することから設定されている．したがって，地層が残っていない地質時代（地球の時間）について私たちは認識できない．すなわち，地球の歴史を1万年間が1頁に書かれた本にたとえると，それは46万頁もある厚いものになる．しかし，その本はページが相当にぬけ落ち（落丁し）たもので，私たちはほんのわずかに残った頁から地球の歴史をひもといているにすぎない．

　皆さんは，地質時代を時計が時を刻むように，途切れのない連続したものと考えているかもしれない．しかし，それは時代を認識するための地層が不連続に存在するため，実際には時代も不連続に配列している．すなわち，地質時代とは，連続して時を刻んだものではなく，残された「時」の断片（ピース）を古い時代から新しい時代に向って並べたものにすぎない．

　地質時代を設定した地質系統とは，ある地域での模式地層と産出化石を記載したもので，それをもとに世界各地の地層が対比される．すなわち，地質系統はある地質時代の範囲，すなわち年代層序単元（紀・世・期など）を決定する基礎となる特別な地層である．たとえば，ジュラ紀という地質時代はフランスとスイスの国境にあるジュラ山脈に分布するジュラ系という地層が堆積した時代をしめすもので，このように各地質時代は各地質系統により設定されている．

　地質系統，すなわち年代層序単元は階層的に区分され，高い方から順に累界（Eonothem），界（Erathem），系（System），統（Series），階（Stage）となる．地質時代（Geological time）は，地質系統をもとにした相対的な過去の時間尺度であり，地質年代単元は高い方から順に，累代（Eon）→代（Era）→紀（Period）→世（Epoch）→期（Age）となる．そして，地質系統と地質時代の単元の関係は，高い方から順に，累界−累

表 10-1　地質年代表（Ma は 100 万年前）. 年代値はそのはじまりの値をしめす.
2017 年 2 月の国際層序表にもとづく.

累代	代	紀		年代値
顕生累代 Phanerozoic Eon	新生代 Cenozoic Era	第四紀	Quaternary Period	2.58 Ma
		新第三紀	Neogene Period	23.03
		古第三紀	Paleogene Period	66.0
	中生代 Mesozoic Era	白亜紀	Cretaceous Period	145.0
		ジュラ紀	Jurassic Period	201.3
		三畳紀	Triassic Period	251.9
	古生代 Paleozoic Era	ペルム紀	Permian Period	298.9
		石炭紀	Carboniferous Period	358.9
		デボン紀	Devonian Period	419.2
		シルル紀	Silurian Period	443.8
		オルドビス紀	Ordovician Period	485.4
		カンブリア紀	Cambrian Period	541.0
原生累代　Proterozoic Eon				2500
始生累代　Archean Eon				4000
冥王累代　Hadean				4600

代, 界－代, 系－紀, 統－世, 階－期となる.

　また, 地質時代には, 岩石（鉱物）に含まれる放射性同位体の崩壊量を計測するなどして, その時代が現在から何年前かという年代値を求めた放射年代がある. 放射性同位体には, 炭素やウラン, カリウムなどの放射性同位体, フィッショントラックなどがある. 放射年代は, 時代を今から何万年前というように数字（絶対値）であらわすことから, 絶対年代ともよばれることがあるが, 放射年代の絶対値は毎年改訂されるもので, 絶対に変化しない値ではない.

　表 10-1 に国際地質科学連合（IUGS）の国際層序委員会によって 2017 年 2 月に公表された国際層序表の地質系統を地質時代表記にかえて地質年代表としてしめした. 年代値はその時代の基底の年代値をしめす. なお, 2009 年に「第三紀」は廃止され, すでにのべたが第四紀がカラブリアン階の基底からジェラ階の基底の 258 万年前以降へと引下げられた.

　地質系統とそれにしたがって定義された地質年代の名前は, 聞いたことのない名前が多く, 一般には違和感をうけるかもしれない. それは, それらの地層が分布する地域や地層の特徴, 地層の重なりの順番などから名づけられたため, 統一したきまりがないことに原因がある.

古生界の地質系統は，ペルム系をのぞいてすべてイギリスのウェールズ地方で命名定義された．カンブリア系は砂岩層からなり，ウェールズの古いよび名からその名前がつき，オルドビス系とシルル系はおもに泥岩層からなり，ウェールズ地方にローマ時代に住んでいた民族の名前から，デボン系は石灰岩層と赤色砂岩層（Old Red Sandstone）からなりイギリス南部のデボン州の名から命名された．また，石炭系は下位から石灰岩層と石炭層からなり，石炭層はイギリスの産業革命当時に採掘の対象となった地層である．

　イギリスでは，石炭系の上位には中生界の三畳系の赤色砂岩層（New Red Sandstone）が重なるために，それ以上古生界の地層が認められない．しかし，ヨーロッパの東側に地層の連続をたどると，ロシアのウラル山脈のペルム地方に石炭系と三畳系との間の地層が存在することから，その地層を模式としてペルム系が定義された．なお，ペルム系はドイツにも分布し，ドイツでは下位から砂岩層と石灰岩層の上下二つの地層からなることから二畳系とよばれる．日本ではかつてドイツの地層名が使用されたことから，ペルム紀を二畳紀という場合がある．

　中生界の地層系統は，地層の特徴と地域の名前から命名されている．三畳系は，ドイツに分布するこの時代の地層が，下位から赤色砂岩層，石灰岩層，雑色砂岩層という三つの地層から構成されていることから命名された．ジュラ系は，フランスとスイスの国境に位置するジュラ山脈に分布する海の地層から命名された．白亜系は，「白亜」すなわち白い石である石灰岩の地層が特徴的であり，イギリスとフランスとのドーバー海峡の両岸に白亜紀後期のチョーク（遠洋性の細粒石灰岩）からなる白亜の崖があり，その白亜の地層に由来する．

　ヨーロッパでは白亜系の下部はサンゴ礁石灰岩からなり，上部はこの遠洋性のチョークからなることが多い．このような中生界の地層を概観すると，三畳紀には陸域の環境がひろく分布し，広域に平坦化された陸域にジュラ紀に海進があって海底となり，白亜紀前期には周辺に大河川がない環境でそこがサンゴ礁の島々が分布する海となり，そして白亜紀後期には海水準上昇のためにそれらが深く沈んで遠洋の環境になったと考えられる．

　同じように古生界の地層を概観すると，古生界では各系の間に大きな不整合をはさむが，カンブリア紀には浅い海底があり，オルドビス紀には海は深くなるが，シルル紀にまた浅くなり，デボン紀には陸上となり，石炭紀にはサンゴ礁が形成されたあとに陸上植物を埋積した沼沢地がひろがり，ペルム紀前期に陸化し，その後ヨーロッパ東部に海が侵入

表 10-2　新生代の地質年代表 (Ma は 100 万年前). 年代値はその始まりの値を
しめす. 2017 年 2 月の国際層序表にもとづく.

紀	世		年代値
第四紀 Quaternary Period	完新世	Holocene Epoch	0.0117 Ma
	更新世	Pleistocene Epoch	2.58
新第三紀 Neogene Period	鮮新世	Pliocene Epoch	5.333
	中新世	Miocene Epoch	23.03
古第三紀 Paleogene Period	漸新世	Oligocene Epoch	33.9
	始新世	Eocene Epoch	56.0
	暁新世	Paleocene Epoch	66.0

していった.

　古生代には, カレドニア造山運動とバリスカン造山運動がヨーロッパで知られている.
カレドニア造山運動は, イギリスのスコットランドからスカンジナビア半島西部にかけ
て分布する造山帯でみられ, カンブリア紀からシルル紀の地層が褶曲や断層による変形
や変成作用をうけ, デボン紀の赤色砂岩層に不整合におおわれる. バリスカン造山運動
は, ヘルシニアン造山運動ともよばれ, 中部ヨーロッパのデボン紀から石炭紀の地層が
変形をうけ, ペルム系におおわれる.

　なお, 地質時代の名前について, 古生代より古い時代は一般に先カンブリア時代
(Pre-Cambrian Eon) とよばれるが古い方から恒星累代, 始生累代, 原生累代に区分され
る. また, この時代は多細胞生物がほとんどいなかったことから隠生累代 (Cryptozoic
Eon) とよばれ, 古生代以降の多細胞生物に富む時代は顕生累代 (Phanerozoic Eon) と
よばれる.

　第三系や第四系については, かつて新生代より前の地層を第一系と第二系とよび, 新
生代の地層を第三系や第四系とよんでいたときの名前が残ったものである. 第一系から
第三系までは現在までに廃止された. 第三系は Paleogene と Neogene に区分されている
が, 日本ではそれらの新訳語が決定していないため, 本書では従来からの「古第三系」
と「新第三系」を使用する. なお, Paleogene は「古成紀」, Neogene は「新成紀」とす
る提案もあるため, このような表記をする地質年代表もみられる.

　新生代を細分した地質時代を表 10-2 にしめす. 新生代の世の区分は, ライエルにより
各地層の貝化石群集に含まれる現生種の割合をもとにおこなわれた. そのために, 地域
や岩相の特徴をあらわした名前ではなく, 時代の順番をしめす語が用いられている.

第11章

伊豆半島の地質と生物

―伊豆半島は南から来たか―

西伊豆の堂ヶ島海岸. 白浜層群の白色凝灰質砂岩層とそれにはさまれる凝灰角礫岩層が美しい海蝕崖の海岸をつくっている.

グリーンタフの時代

　昔，よく家の外塀などに使われていた大谷石<ruby>おおやいし</ruby>という石材がある．これは，軽石などの火山で噴火した火山岩の破片と火山灰が固まった凝灰岩<ruby>ぎょうかいがん</ruby>という石である．この凝灰岩は英語でタフといい，グリーンタフとは緑色凝灰岩のことである．

　とくに，日本でグリーンタフというと，新第三紀の中新世〜鮮新世におもに海底火山活動によって堆積した緑色に変質した溶岩や凝灰岩などの火山砕屑岩（火砕岩<ruby>かさいがん</ruby>）をいう．このグリーンタフは，日本海側から北海道東部かけてと，伊豆半島から新潟県にかけての地域にひろく分布する（図 11-1）．

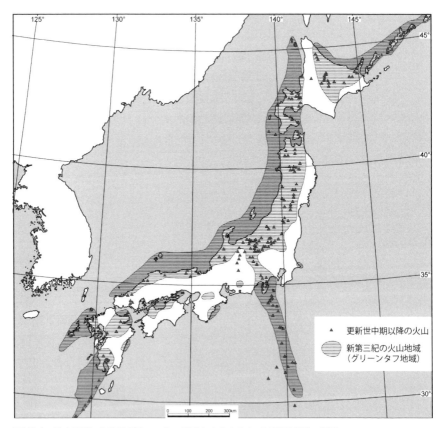

図 11-1　日本列島におけるグリーンタフ地域と火山の分布（地質調査所，1982）．

238

グリーンタフの活動は，それまでの日本列島の構造方向，とくに西南日本弧の東西方向で外側に新しい地層が堆積する構造とは異なり，日本海側の地域と伊豆—小笠原弧を含むフォッサマグナ地域に分布する．そのため，グリーンタフの火山活動は，それまでの日本列島を形成したテクトニクス（構造運動）とは異なった活動が，中新世になって新たにはじまったと考えられている．

　駿河湾やその周辺では，このグリーンタフにあたる地層は，焼津市の大崩海岸から高草山，竜爪山，真富士山とつづく山地に分布する竜爪層群，その北側の山梨県の巨摩山地に分布する巨摩層群，そこから東側にある御坂山地の西八代層群と，丹沢山地や富士山の下に分布する丹沢層群，そして箱根や伊豆半島の基盤をつくる湯ヶ島層群などがある．なお，掛川地域に分布する西郷層群や女神層にも小規模な火山活動があり，これらもグリーンタフの時代の火山活動に含まれる．

　これら地域でのグリーンタフの火山活動のほとんどは，2,000 m よりも深い海底で起き，おもに大量の安山岩溶岩からなるが，竜爪層群ではアルカリ玄武岩の枕状溶岩や粗面岩，はんれい岩や閃緑岩などの深成岩体もみられる．緑色の変質は，高温の熱水によるもので，緑泥石や緑簾石，沸石，メノウなどの変質鉱物がみられる．これら竜爪層群や巨摩層群などグリーンタフの海底火山活動の多くは，今から1600万年前からの中新世中期のはじめに活発に起こった．

高草山の海底火山

　静岡市と焼津市の境に，標高 501 m の高草山を中心とする高草山山地があり，海に張り出したところが大崩海岸とよばれる．この山地は東海道の難所の一つで，東海道と国道一号線はこの山地を迂回して北側の宇津ノ谷峠を通り，東海道線と新幹線，東名高速道路は大崩海岸の西の山地を日本坂トンネルで通過している．高草山山地は中新世中期のはじめの海底火山活動で形成されたおもにアルカリ玄武岩質の溶岩からなる．

　私は大学の 2 年生のときから 4 年間，高草山団体研究グループ（高草山団研）を組織してこの山地の地質調査をおこない，1979 年に調査の報告を論文として発表した（高草山団研, 1979）．この山地を構成する玄武岩の溶岩は，ほとんどが同じような岩質をしているため，当時学生だった私たちは最初それらを区別することができなかった．しかし，溶岩の間に薄い泥岩層や凝灰岩層をはさむことがあり，また

図 11-2　焼津市浜当目の海岸でみられる斑晶のあるアルカリ玄武岩の枕状溶岩．枕状溶岩の間に入る暗色の岩体はその上位の斑晶のない溶岩のシート状の貫入岩体．

岩石を区別することもできるようになり，その重なりや地層の構造がわかるようになった．また，溶岩の産状（どのような状態になっているか）をじっくりと観察することで，それぞれの溶岩の岩質と枕状溶岩の形態の特徴を区別することができた．そして，二つの溶岩流の重なりが認められるところをいくつかの場所で発見し，枕状溶岩と貫入岩などの接触関係（図 11-2）や分布，それと貫入岩と同質の溶岩流の分布などから，溶岩層の区別と重なりをあきらかにした．そして，それらの溶岩流の特徴と，その重なりと分布から地質図（図 11-3）を作成した．

　高草山山地のおもにアルカリ玄武岩の溶岩からなる竜爪層群は，十枚山構造線（糸魚川―静岡構造線）の南への延長と考えられる断層によって東西に二つの地域にわかれる．この東西二つの地域の竜爪層群の構造は異なっていて，東側の地域の地層は南北方向の走向で西にゆるく傾き，西側の地域の地層は東西走向で南側に急傾斜していて，垂直の部分もある．

　西側の地域の北側には瀬戸川層群が張り出していて，東西方向の断層で竜爪層群と接している．その東西方向の断層と二つの地域をわける南北方向の断層にそって，

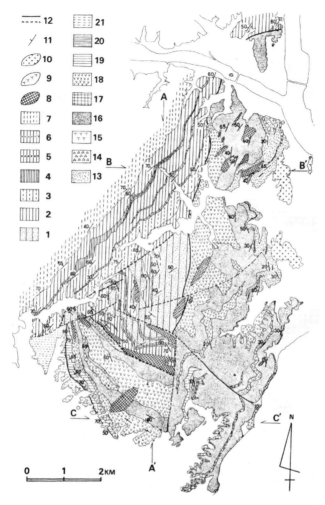

図11-3　静岡市から焼津市にかけての高草山山地の地質図（高草山団研, 1979）. 1-7:
瀬戸川層群（1:砂岩優勢砂岩泥岩互層, 2:泥岩層, 3:凝灰岩泥岩互層, 4:石
灰岩層, 5:含礫泥岩層, 6:玄武岩溶岩, 7: 砂岩泥岩互層）, 8-10:貫入岩体
（8:はんれい岩, 9:粗面安山岩, 10:閃緑岩）, 11:走向・傾斜, 12:断層, 13-21:
竜爪層群（13:白色凝灰岩層, 14:凝灰角礫岩層, 15:粗面安山岩溶岩, 16:無
斑晶アルカリ玄武岩, 17:粗面岩溶岩, 18:斑晶アルカリ玄武岩, 19:凝灰質
砂岩泥岩互層, 20:砂岩層, 21:砂岩泥岩互層）.

その周辺にはんれい岩と粗粒玄武岩の貫入岩体が分布する．また，東側の地域の北東縁部にあたる井尻付近には閃緑岩の貫入岩体もみられる.

　高草山山地の竜爪層群の地層は，ほとんどがアルカリ玄武岩の溶岩であるが，その溶岩には斑晶のめだつ溶岩と斑晶のめだたない溶岩があり，それらの二つの特徴ある溶岩流が交互に重なって分布している．その間には，焼津市の花沢付近では粗面岩の溶岩がはさまれ，静岡市の牧ヶ谷から宗向寺にかけては厚い白色の凝灰岩層と粗面安山岩の溶岩がはさまれる.

　静岡市地域にあたる東側地域に分布する地層は，北にいくほど下位の地層が露出するため，高草山山地の北側の竜爪山地では，高草山山地の地層よりも前に噴火した火山活動の岩石が分布する．竜爪山地では，粗面安山岩の溶岩が分布し，その北側の真富士山地では流紋岩の溶岩や凝灰岩が分布し，閃緑岩の貫入岩体もみられる．すなわち，竜爪層群のアルカリ岩質のマグマによる火山活動は粘り気のある酸性火山活動からはじまり，その上位にあたる南側の高草山山地では粘り気の少ない玄武岩質の火山活動がおこなわれたと考えられる.

　高草山山地の火山活動は，とくに大崩海岸で観察される溶岩流と貫入岩体の産状と分布から，これら溶岩流は海底での割れ目噴出によって噴火して堆積したものと考えられる．しかし，その噴出のようすはむしろ，水のように粘性の少ないアルカリ玄武岩マグマが，ある範囲に地下から上昇してきて，海底にすでに噴出して堆積して山体をなしていた枕状溶岩の隙間に入り，マグマがその中から海底にあふれ出るように噴出したと考えられる.

　このような深い海底での激しい火山活動は，中新世中期のはじめの時代に，高草山地域だけでなく，グリーンタフ地域とよばれる日本列島の各所でおこなわれた．そして，それらはのほとんどは熱水変質をこうむり，緑泥石などにより緑色に変化し，沸石やメノウなどの変質鉱物が形成されている.

日本列島の隆起と海の分断

　今から 1600 万年前の中新世中期のはじめ，日本列島は現在の沖縄のような島々が浅い海に点在するようなところだったといわれる．その中で，静岡から新潟にかけて本州中央を縦断するフォッサマグナ地域は，関東地方も含めて深い海底であり，太平洋と日本海は海でつながっていた.

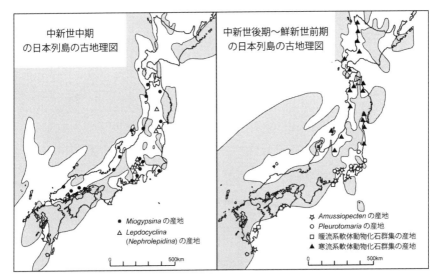

図 11-4 中新世中期と中新世後期～鮮新世前期の日本列島の古地理（大森，1976 を一部修正）．灰色部は陸域．中新世後期に島弧の脊梁が隆起して海域が日本海側と太平洋側にわかれた．

　そのころの日本列島には大きな山地がなく，大量の土砂を海に流し出す大河川もなかった．そして，そのころの気候は現在よりも相当に暖かった．そのため，海水は暖かく透きとおっていて，日本列島の島々には現在の青森県まで，ミオジプシナやレピドシクリナなどの大型有孔虫が生息したサンゴ礁やマングローブが発達していた（図 11-4）．また，そのころには「西黒沢海進」とよばれる海水準上昇があり，その海水準上昇にあわせてサンゴ礁も上方へ形成された．

　サンゴ礁は水深 50 m よりも浅いところに形成されるため，それが上方へ成長するためには相対的な沈降，いいかえればサンゴ礁の石灰岩の厚さ分の海水準上昇が必要である．たとえば，現在のサンゴ礁の環礁の石灰岩の厚さや礁湖（ラグーン）の深さは最大で約 100 m といわれるが，それはウルム氷期の海水準上昇の値をしめしている．すなわち，サンゴ礁の厚さは，そのときの海水準の上昇量とその場所の隆起量の差をあらわすことになる．

　中新世中期のはじめの日本列島にはサンゴ礁が発達していたが，その後日本列島の背骨にあたる中央部（脊梁）が隆起をはじめ，出現した陸地によって太平洋と日

本海は分断された．フォッサマグナ地域でも，長野県の中部山岳地域が隆起し，関東山地も隆起しはじめた．そして，日本列島の脊梁山地にできた河川から，大量の泥や砂礫が太平洋側と日本海側の海岸に運ばれた．その結果，海岸にはサンゴ礁がなくなった．その後も，日本列島の脊梁山地は隆起をつづけ，とくに中新世後期には大規模な隆起が起こり，日本海側と太平洋側に厚い地層を堆積させたひろい堆積盆地が形成された．

伊豆半島の地質

伊豆半島は駿河湾の東側にある半島で，その地質はおもに火山岩や火山砕屑岩の地層からなる（図 11-5）．小山（1986）によれば，伊豆半島は中新世前期〜中期の仁科層群や湯ヶ島層群の変質したグリーンタフからなる海底火山の地層の上に，中新世後期〜鮮新世に浅い海底で堆積した火山岩や凝灰岩からなる白浜層群が傾斜不整合に重なり，その上に更新世の陸上火山体からなる熱海層群が分布する．

小山（1986）は，伊豆半島の地史を以下のようにのべている．

中新世前期には，島弧付近の陸棚より深い海域で玄武岩ないし塩基性安山岩の火山活動が起こり仁科層群が堆積した．古地磁気の伏角から，この時代には伊豆半島が現在より低緯度にあった可能性がある．中新世中期には，島弧付近の陸棚より深い海底で玄武岩・安山岩・石英安山岩質の火山活動があり，湯ヶ島層群が堆積した．

中新世後期から鮮新世にかけて，島弧付近の礁性の陸棚環境で火山活動が起こり，白浜層群が堆積した．白浜層群は下位の湯ヶ島層群とは傾斜不整合であることから，中新世後期または鮮新世のはじめに大きな構造運動が推定される．白浜層群が堆積した時代の後半には伊豆半島の北東部と中部には陸域があった可能性がある．また，白浜層群および熱海層群の古地磁気の伏角には現在と有意な差がみられない．

白浜層群と熱海層群はほぼ水平な構造をもち，両者とも最大傾斜 10 度ほどの類似する波曲構造をもつ．これらの構造は，湯ヶ島層群堆積後にその上面にいったん滑らかな不整合面ができ，白浜層群がその上に変動をうけずに堆積したのち，ふたたび滑らかな不整合面ができ，その後（約 200 万年前以降）に地殻変動をうけた．また，熱海層群下部が波曲構造の制約をうけていることから，この波曲構造の開始時期は熱海層群の堆積開始前と考えられる．

この波曲構造によってできた北東部の凹地に更新世前期（170 万〜100 万年前）

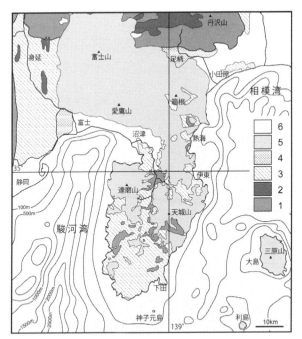

図11-5　伊豆半島の地質図. 地質調査所 (1982) と小山 (2010) をも
とに作成 (柴, 2016b). 1:湯ヶ島層群相当層, 2:深成岩,
3:白浜層群相当層, 4:熱海層群相当層, 5:40万年以降の火
山, 6:40万年以降の地層.

に海が入り, 泥層や砂層, その後に礫層が堆積して, 100万年前以降は伊豆半島全
体が陸域となり, ほぼ同時に安山岩主体の大きな複成火山体をつくる火山活動がは
じまった. そして, 40万年前以降その活動はなくなり, 15万年前から東伊豆単成
火山群の活動がはじまった.

　ここでしめした小山 (1986) の伊豆半島の地史では, 中新世後期または鮮新世の
はじめに湯ヶ島層群からなる伊豆半島は隆起し侵食されて, 礁性の陸棚環境で白浜
層群が堆積し, その後にふたたび陸上で侵食をうけたことがしめされている. 伊豆
半島の地層とその周辺の地層の時代対比を図11-6にしめす.

　伊豆半島では白浜層群が堆積したあと, 約100万年前ころからはじまる陸上火山
活動があるまで, 地層の堆積はほとんどみられない. このことは, 白浜層群が堆積

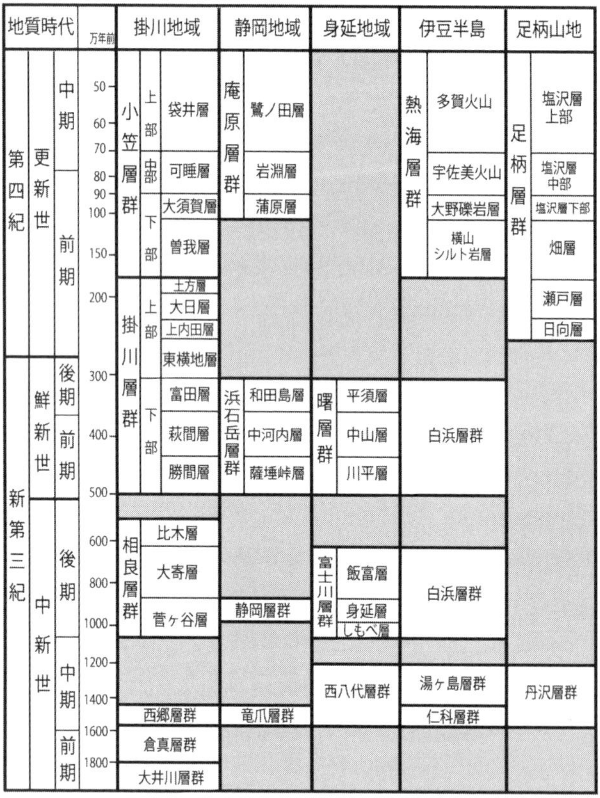

地質時代			万年前	掛川地域			静岡地域		身延地域		伊豆半島		足柄山地	
第四紀	更新世	中期	50 60 70 80 90 100 150	小笠層群	上部	袋井層	庵原層群	鷲ノ田層			熱海層群	多賀火山	足柄層群	塩沢層上部
					中部	可睡層		岩淵層				宇佐美火山		塩沢層中部 塩沢層下部
					下部	大須賀層		蒲原層				大野礫岩層		畑層
		前期				曽我層						横山シルト岩層		
			200	掛川層群	上部	土方層 大日層 上内田層 東横地層								瀬戸層 日向層
新第三紀	鮮新世	後期	300		下部	富田島層	浜石岳層群	和田島層	曙層群	平須層	白浜層群			
		前期	400			萩間層		中河内層		中山層				
			500			勝間層		薩埵峠層		川平層				
	中新世	後期	600 800	相良層群		比木層 大寄層			富士川層群	飯富層 身延層 しもべ層	白浜層群			
			1000			菅ヶ谷層		静岡層群						
		中期	1200 1400			西郷層群		竜爪層群		西八代層群	湯ヶ島層群 仁科層群		丹沢層群	
		前期	1600 1800			倉真層群 大井川層群								

図 11-6　伊豆半島の層序と周辺地域の層序. 伊豆半島は小山 (2010) をもとに, 足柄地域は今永 (1999) をもとに作成. 他は柴 (2016b) を一部修正して作成.

したあとに伊豆半島のほとんどが隆起して陸地になり, 侵食されて堆積物が堆積しなかったことをしめしている. 隆起の時期は, 白浜層群の堆積後であるおそらく約300万年前以降で, それから伊豆半島は陸地でありつづけたことになる.

しかし, 伊豆半島北部の修善寺の東側の限られた地域に, 熱海層群の最下部にあたる今から約120万年前に水深200〜600mの海底に堆積した泥層が分布する. この泥層は横山シルト岩層とよばれ, この上位には大野礫岩層とよばれる小規模なデルタの堆積物がある (小山, 1986). このことは, 伊豆半島北部に, 今から約120万

年前に海域があり，それがその後に埋め立てられたことをしめしている．横山シルト岩層は，駿河湾の西側の地層でいえば小笠層群の曽我層の泥層に，大野礫岩層は小笠層群の大須賀層のファンデルタの堆積物に相当する．

　今から約100万年前ころから，伊豆半島のおもに北部で，天城山や達磨山などの陸上火山が噴火した．これらの火山は，東西の南北に2列の配列があるといわれる（小山，2010）．東側の列の火山は，北から順に，湯河原，多賀，宇佐美，天子，天城とならび，西側の列は，大瀬崎，井田，達磨，棚場，猫越，長九郎，蛇石，南崎と並ぶ．

　これらの火山は，何度も火山噴火をくりかえして，大型で高い山体を形成した．しかし，そのほとんどは40万年前に火山活動を終えて侵食されて高原をつくり，その上に約15万年前から，伊東市の大室山などの北西—南東方向に並ぶ東伊豆単成火山群の活動がはじまった（小山，2010）．

　なお，伊豆半島の同じ時期にできた海岸段丘の高さが，相模湾側で高く，駿河湾側は低いことや，伊豆半島の東西の地形の非対称性から，伊豆半島は全体として東側が隆起して西側に傾いていると考えられている（小山，2010）．

伊豆半島の化石

　湯ヶ島層群と白浜層群には，貝化石やサンゴ礁の石灰岩が含まれる．サンゴ礁の石灰岩や石灰質砂岩からは大型有孔虫レピドシクリナ（正確には *Nepherolepidina* 属のいくつかの種）の化石が発見される．Saito（1963）は，レピドシクリナを含む下白岩層の層準を浮遊性有孔虫化石で Blow（1969）の新第三系の浮遊性有孔虫生層序帯である N14（中新世後期）とした．そして，Ibaraki and Tsuchi（1978）は滑川のレピドシクリナの層準を浮遊性有孔虫化石から N19（鮮新世）とし，茨木（1981）では池代のものを N14，梨本のものを N17，差田のものを N18，白川のものを N16〜N19とした．なお，これらレピドシクリナを含む層準は，小山（1986）の層序にしたがえば，下白岩層と池代のものは湯ヶ島層群に，その他は白浜層群に相当する．

　伊豆半島の白浜層群の貝化石には，*Decatopecten izuensis* や *Comptopallium tayamai* など本州ではみられない固有種が含まれ，白浜動物群とよばれる（Tomida，1996）．しかし，同時にそれには鮮新世の掛川層群の特徴種である *Amussiopecten*

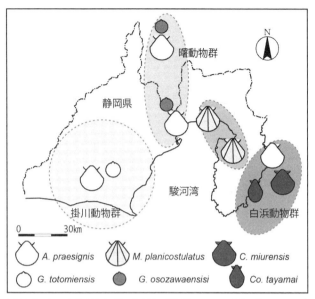

図 11-7　伊豆半島と駿河湾西岸地域の鮮新世の貝化石群集（柴，2016b を
　　　　修正）. *A.*：*Amussiopecten*, *G.*：*Glycymeris*, *M.*：*Mizuhopecten*,
　　　　C.：*Chlamys*, *Co.*：*Comptopallium*.

praesignis（モミジツキヒガイ）と，中新世後期の逗子動物群の特徴種である *Lima
zushiensis* や *Chlamys miurensis* などの貝化石も含まれる（田口ほか, 2012）. ま
た，白浜層群には，富士川の西の蒲原の浜石岳層群城山層や房総半島の鮮新世の上
総層群黒滝層に含まれる *Mizuhopecten planicostulatus* が産し（Masuda, 1962），
本州でも産する鮮新世の特徴種が含まれるという特徴をもつ（図 11-7）.

箱根火山

　伊豆半島の北側にある箱根火山は，大規模なカルデラ火山として知られる. 重力
異常図（213 頁の図 10-15）でみると，箱根火山は伊豆半島の高異常地域の北縁にあ
たり，箱根火山のカルデラの部分はその中の低い部分にあたる.

　箱根カルデラの北側を流れる早川の宮ノ下から下流にデイサイト（石英安山岩）
や安山岩の軽石からなる海底の堆積物がみられる. これは早川凝灰角礫岩層とよば

れ，箱根火山の基盤と考えられている．早川凝灰角礫岩層からは，伊豆半島の白浜層群の貝化石と同じものが発見されていて，その時代も約 400 万年前と考えられ，鮮新世の白浜層群と同じものとされる．すなわち，箱根火山は伊豆半島のもっとも北側に噴火した火山になる．

長井・高橋 (2008) は，箱根火山の活動は足柄層群が隆起した 70 万年前以降からはじまるとし，七つのステージを区分して次のように火山活動史をのべた．今から 65 万〜35 万年前の畑宿や多賀，湯河原などの最初の火山活動 (ステージ 1) ののちに，35 万〜23 万年前に外輪山をつくった玄武岩〜安山岩質の成層火山群の活動 (ステージ 2 と 3) があり，23 万〜13 万年前にデイサイト〜流紋質のカルデラ形成期の爆発的な火山活動 (ステージ 4) があり，13 万年前以降から現在にかけて中央火口丘の火山活動 (ステージ 5〜7) がはじまった．

カルデラの中での火山活動，すなわち中央火口丘を形成した火山活動は，安山岩〜流紋岩質の粘性の高い溶岩の活動で，火砕流や溶岩ドームを形成した．13 万年以降の火山活動では，北西—南東方向ではなく，丹那断層と同じ南北方向の横ずれ断層の活動が活発になった．

中央火口丘は，現在，東側の台ヶ岳から丸山と，西側の神山から駒ヶ岳という北西—南東方向に 2 列になって火山が分布している．それらは，約 4 万年前から火山活動をはじめて，駒ヶ岳は約 2 万 7000〜2 万年前に，二子山溶岩ドームは 5000 年前に形成された (長井・高橋，2008)．カルデラの中の湖は，すでに 18 万年前からあったと考えられているが，現在の芦ノ湖の形は，約 3100 年前に起こった神山北西部での水蒸気爆発による大規模な山体崩壊で，その岩屑なだれが早川をせき止めて形成されたことが知られている (高橋，2004)．

愛鷹山と富士山

愛鷹山は，富士山の南東側にあり，駿河湾側に南麓が面している．愛鷹山は，今から約 40 万年前から約 10 万年前まで活動した火山で，その位置は重力異常図でみると，箱根を含む伊豆半島の高異常帯の北西縁にあたる．

高橋 (2004) によれば，愛鷹火山は約 40 万年〜35 万年前に玄武岩〜玄武岩質安山岩の溶岩と火砕岩からなる富士山のような形の山体を形成して，25 万年前にデイサイト質溶岩と火砕岩の噴出があった．その後，15 万年前までの 10 万年間は火山

活動が不活発で，火山体の侵食が進んで，火山の麓にひろい扇状地を形成した．15万年前から玄武岩の溶岩と火砕岩，その後に安山岩の厚い溶岩と火砕岩が流出して新しい山体が形成され，10万年前に袴腰岳と黒岳をつくったデイサイト質の溶岩ドームが噴出して，活動を終えた．

　富士山は，愛鷹山の北西にあり，今から数10万年前に角閃石安山岩の溶岩と火砕岩からなる先小御岳火山の火山活動が起こったことが，最近知られた．それは，愛鷹火山や箱根の外輪山の火山が活動していた時期と思われる．その後，富士山では約10万年前に輝石安山岩の溶岩と火砕岩からなる小御岳火山ができた．そして，今から10万〜1万1000年前に噴出した玄武岩の溶岩と火砕岩により古富士火山ができた．この古富士火山は海抜約3,000 mの高さの火山体を形成し，山体崩壊などによる泥流堆積物が山麓へひろくひろがった．

　そして，1万7000年前からの山腹の割れ目噴火によって，大量の玄武岩溶岩がひろく流下して，4500年前ころから山頂火口からの溶岩と火砕岩の噴出が活発になり，現在の富士山火山の円錐状の形が完成した．2000年前ころからは，山頂を中心にして北西—南東方向の山腹に側火口ができて噴火が起こりはじめた．

　伊豆半島北部と箱根，愛鷹山，富士山の火山活動の編年をみると，今から100万〜40万年前までの伊豆半島北部を中心とした火山活動と，その後の40万〜15万年前の箱根と愛鷹山での大規模な火山活動，そしてそれ以降の富士山と東伊豆単成火山群活動という，三つの時期に火山活動に区分することができる．

　富士山の下の基盤は，第7章でのべたが，丹沢山地の南西方向の延長部がそれにあたり，それは箱根や愛鷹山の基盤である伊豆半島の基盤とは異なっていると思われる．しかし，北西—南東方向の富士山の側火山の方向は，約15万年前からはじまった東伊豆単成火山群や箱根の中央火口丘の火山活動と同じ方向であり，二つの異なった基盤が共通の方向性をもつことは興味深い．

伊豆半島衝突説

　伊豆半島は，その火山や温泉，それと海岸の美しい地形などがあり，その自然やその生いたちを学べるフィールドとして，最近，世界ジオパークへ登録申請された．その伊豆半島ジオパークのテーマタイトルは「南からきた火山の贈りもの」で，その概要は「本州で唯一，フィリピン海プレートの上にのっている伊豆半島は，かつ

ては南洋にあった火山島や海底火山の集まりで，プレートの北上にともない火山活動をくりかえしながら本州に衝突し誕生した」（伊豆半島ジオパークHP）というものである.

　伊豆半島の自然は，海岸に大きな川の河口がなく，美しい岩石海岸がとりまき，半島の北部には火山がそびえている．それは，駿河湾の西岸の自然と対照的で，そこが日本列島とは別の場所，南海の孤島であるかのような錯覚をおぼえる．そのためか，フィリピン海プレートにのって伊豆半島が南から移動して来て日本列島に衝突したという仮説（杉村，1972；Matsuda，1978；松田，1984）が発展・流布し，伊豆半島ジオパークのテーマともなっている.

　しかし，それは事実であろうか．私は，伊豆半島はもともと現在の位置にあり，南から来たものでないと考えている.

　伊豆半島が南から衝突したという説は，もともと南部フォッサマグナ地域の地質帯が北側にくいこんだような弯曲構造をなしていることから，Matsuda（1978）が古第三紀に海嶺の沈降により形成されて，中新世にそこに沈降・堆積帯が形成され，第四紀になって伊豆—小笠原弧が衝突して．著しい圧縮をうけて逆断層が発達して弯曲構造が強化されたとしたことにはじまる．そして，Niitsuma and Matsuda（1985）が伊豆地塊の衝突以前に丹沢地塊が衝突・付加した可能性をのべた.

　さらに，Soh（1986）と天野（1986）がグリーンタフの地層から構成される御坂地塊や巨摩地塊も丹沢地塊が衝突する前に衝突したとする，いわゆる多重衝突の可能性をのべた．しかし，多重衝突説に対して松田（1989）は，丹沢地塊の衝突に先行する御坂地塊や巨摩地塊への衝突を支持する積極的な資料はないとのべている.

　第10章でのべたようには，南部フォッサマグナ地域の基盤構造は，基本的に北東—南西方向と北北西—南南東方向の深部断層によって区切られた基盤ブロックによって構成され，両方向の隆起地塊の間に盆地が形成されて堆積層やその褶曲構造が形成されたものである（柴，1991）．すなわち，御坂地塊や巨摩地塊などは富士川谷では隆起地塊にあたり，その間を埋める富士川層群分布域の基盤としてその下に存在するもので，現在の陸上表面での分布は孤立地塊が衝突したものでなく，基盤地塊の隆起運動の結果露出しているものである.

　また，南部フォッサマグナ地域西縁での第四紀における逆断層をともなう圧縮の原因は，基盤ブロックが上昇する北北西—南南東方向の衝上性の断層活動が顕著で，

その断層運動は赤石山脈の隆起と関連し，西側の基盤ブロックが東側へ押し出されて形成されたためであり，Matsuda (1978) がのべた東側からの伊豆—小笠原弧の衝突ではなく，西側の赤石山脈側の大規模な隆起運動がおもな原因である．

レピドシクリナはなぜ生き残ったか

　伊豆半島が南からきた根拠の一つとして，中新世中期の後期に日本列島のほとんどで絶滅したサンゴ礁に棲む大型有孔虫レピドシクリナが，伊豆半島では鮮新世まで生き残っていたことから，伊豆半島はそのころまで熱帯の環境にあったという考えかたがある（土, 1984）．

　これについて，私は以下のように考えている．中新世後期に関東山地やフォッサマグナの中央隆起帯の大規模な隆起が開始して，その周辺地域に粗粒堆積物を供給した（フォッサマグナ地質研究会, 1991）．そのため，日本列島のほとんどの海域ではそれまであったサンゴ礁を絶滅させた（243 頁の図 11-4 参照）．それに対して，伊豆半島は中新世中期の後期以降も大きな河川がない島々が分布する浅い海底であった（小山, 1986）ために，伊豆半島には鮮新世までレピドシクリナが生息するサンゴ礁が形成されつづけたと思われる．なお，現在でも伊豆半島の西岸の浅海には小規模だが造礁性サンゴが生育している．

　北里（1987）は，中新世中期の下白岩層の大型有孔虫が底生有孔虫全体にしめる割合が小笠原諸島のそれと類似し，鮮新世の白浜層群原田層の有孔虫組成は現在と同じであることから，中新世中期に小笠原諸島付近にあった伊豆半島が，その後北上して鮮新世には現在の位置に近いところまできたと推定した．

　北里（1987）は，中新世後期が特別に温暖であった証拠はないとして，中新世後期に伊豆半島が小笠原諸島の緯度にあったとした．しかし，中新世後期から鮮新世初頭にかけて房総半島以南の日本列島の太平洋沿岸には逗子動物群といわれる熱帯から亜熱帯環境下に繁栄した暖流系動物群が分布しており（小澤・冨田, 1992），小澤ほか（1995）はこの動物群は中新世後期の温暖期の一つである，760〜680 万年前に起こった Climatic Optimum 3 (Barron and Bardauf, 1990) に成立したとした．

　また，Keller (1980) は，北太平洋の中緯度地域の深海掘削の結果をもとに，熱帯種である *Globoquadrina dehiscens* の消滅を Blow (1969) の N16 帯の中に位置

づけていて，この生層序層準は掛川地域と身延地域の逗子動物群分布地域で認められる（柴ほか，1997；柴ほか，2013b）．これらのことから，中新世後期は日本列島の太平洋沿岸でも温暖であり，熱帯から亜熱帯の環境下にあった時期があったと考えられる．

伊豆半島の衝突と足柄層群

　伊豆半島の衝突に関して，北進した伊豆半島が100万〜80万年前に衝突したために丹沢山地が隆起して足柄層群が形成されたという考えかた（北里，1986）がある．しかし，足柄層群のほとんどはファンデルタにより形成されたものであり（伊藤・増田，1986），それは同じ時代に赤石山脈の隆起でファンデルタが形成された小笠層群や庵原層群とまったく同じ形成過程をもつ．このことから，足柄層群の形成は，伊豆半島の衝突によると考えるより，すでに第7章の「丹沢山地の隆起の原因」（124頁参照）でのべた更新世前期〜中期における日本列島全体の島弧の隆起運動，すなわち私の小笠変動の一つとして十分に説明できる．

　また，伊豆半島の北部に分布する熱海層群でも，約100万年〜40万年前にファンデルタで海が埋積されて，その上に天城山や達磨山などの陸上火山が噴火したことをすでにのべた．この隆起運動と火山活動は，伊豆半島周辺の庵原層群や足柄層群とも共通している（246頁の図11-6参照）．

　伊豆半島は，その海岸に大きな河川の河口がなかったことや火山活動が激しかったことなどが他の地域とは少し異なるだけで，中新世の湯ヶ島層群のグリーンタフ活動以降に，白浜層群の基底に不整合があることや，約100万年前以降の隆起と火山活動（熱海層群）があるなど，その周辺地域の地殻変動と共通している．すなわち，伊豆半島は中新世以降に，その周辺地域と基本的に同じ地殻変動をした島弧であると考えられる．

　また，すでにのべたが伊豆半島の鮮新世の貝化石群集は，本州のそれとは異なった特徴をもつものの，*Amussiopecten praesignis* や *Mizuhopecten planico-stulatus* など本州側にひろく生息する鮮新世の代表種が伊豆半島の白浜層群にも含まれる．

　伊豆半島よりも以前に南からきて，約400万年前に日本列島に衝突した（新妻，1987）とされる丹沢山地の丹沢層群には，関東から北海道の同じ時代の地層から発

見される *Chlamys kaneharai* という二枚貝化石が産出する（鎮西・松島, 1987）.
鎮西・松島（1987）は，その貝化石の存在から丹沢が約1500〜1000万年前にはすでにほぼ現在の位置にあったとのべている.

　岩石，とくに溶岩の古地磁気の測定では，その溶岩が固まって磁化したときの伏角方向から，そのときのその場所の緯度を推定することができる．伊豆半島の古地磁気資料によれば，伊豆半島は約500万年前の鮮新世にほぼ現在の位置にあったことが推定されている（広岡, 1984）．すなわち，鮮新世には伊豆半島ははるか南方ではなく，現在の位置に存在し，それ以前にもそこにありつづけたと考えられる.

伊豆諸島の遺存種たち

　伊豆半島の南にある伊豆諸島には，海を渡れない昆虫や陸貝，それにトカゲやヘビ，ネズミがいる．そして，それらはまぎれもなく過去の地質時代に日本本土から伊豆諸島に陸上を通って渡って来たものである．海を渡れない動物たちの存在は，伊豆半島とともにその南の島々がかつてははるか南方にあって，北に移動して来たという説ではまったく説明できない証拠である（柴, 2016b）.

　伊豆半島の先端から，およそ150 km離れた八丈島（図11-8）には，マムシがいる．日本列島のマムシは *Gloydius blomhoffii*（ニホンマムシ）一種ともいわれ，八丈島のマムシも同種である．伊豆諸島には八丈島以外に大島にもマムシがいる．伊豆諸島のマムシは，体色が赤く「アカマムシ」とよばれる．ニホンマムシは，朝鮮半島からユーラシアの北部のマムシに近縁のものであり（星野, 1992），八丈島のマムシが南から来たとは考えられない.

　八丈島には，マムシ以外にハチジョウノコギリクワガタなどの昆虫もいる．黒沢（1990）は，暖地性の木材穿孔型で海流に運ばれる昆虫をのぞくと，現在は本州中部以北の高地や寒冷地にしか生息しない種類があり，それらは本州からつづくかつてあった半島を南下したと推定している．カミキリの仲間では，本州系だが固有亜種に特化したクモノスモンサビとシラホシも八丈島はじめ三宅島や御蔵島などにもいる（髙桑, 1979）.

　髙桑（1979）によれば，伊豆諸島のカミキリとトカラ列島のそれとは密接な関係があり，共通するいくつかの固有種が両地域に分布するという．そして，ドイとセンノキという二つの種では，神津島以北では本州から南下した亜種が分布し，神津

島以南では九州の南西にあるトカラ諸島から移入した亜種が分布するという.

　ドイとセンノキと同じ例として, 伊豆諸島の固有種とされる陸鳥にイイジマムシクイとアカコッコがいる. 西海 (2009) によれば, イイジマムシクイの本土での類似種はセンダイムシクイで, アカコッコに対してはアカハラであり, 伊豆諸島の固有種とされたこれら2種はトカラ諸島にも分布していて, トカラ諸島のアカコッコはかつて繁栄していた種が生き残った遺存種 (レリック) の可能性があるという.

　伊豆諸島のクワガタのうち, もっとも興味深いものは, 御蔵島と神津島にしか生

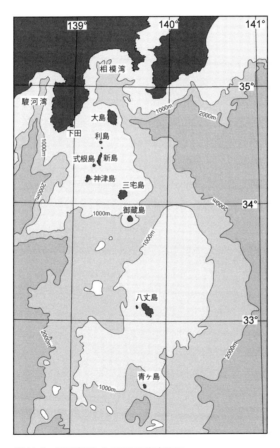

図11-8　伊豆諸島とその周辺の海底地形.

息しない固有種のミクラミヤマクワガタである. 荒谷 (2009) によれば, この種は
ミヤマクワガタ属の中でも祖先的な種とされ, 中国南部に分布するラエトゥスミヤ
マやパリーミヤマと同じ種群に含まれ, ミトコンドリア DNA 分析でも中国のこれ
ら 2 種に近縁であるという. そして, ミクラミヤマクワガタの祖先の種は, 中国大
陸から日本, そして伊豆諸島へ侵入したのちに, 日本本土で何らかの理由で絶滅し
てしまい, 伊豆諸島の御蔵島と神津島のみに生き残ったいわゆる遺存分布とみられ
る (荒谷, 2009).

オカダトカゲがいた半島

野村 (1969) は伊豆諸島の昆虫相から, 波部 (1977) は陸貝相から, かつて本州
から青ヶ島までをつなぐ巨大な半島 (古伊豆半島) が存在し, それが順次切り離さ
れて現在の動物相の古い要素が形成されたと考えた. 伊豆半島から伊豆諸島の青ヶ
島まで分布する特徴種にオカダトカゲがある. このトカゲは, ニホントカゲに似て
いるが, 胴体中央の体鱗の列の数がニホントカゲより少ないのが特徴である. ただ
し, 伊豆諸島北部や伊豆半島では, ニホントカゲと同じ 26 本に近くなるため区別
がつかず, ミトコンドリア DNA のデータによって両種は区別される (岡本・疋田,
2009).

岡本・疋田 (2009) は, 両種の分布の境界を DNA のデータで調べた結果, それ
は酒匂川—富士山—富士川下流となり, 約 200 万〜40 万年前まで伊豆半島と本州
主部との間にあった海の位置と一致した. このことから, 岡本・疋田 (2009) は,
今から約 40 万年前に伊豆半島と本州主部が地つづきになる前から, 伊豆半島から
伊豆諸島にオカダトカゲの祖先が分布して, 独自に進化したと推定した. そして,
オカダトカゲの祖先がニホントカゲの祖先と同じであり, ニホントカゲとオキナワ
トカゲとは類縁関係が離れていることから, ニホントカゲとオカダトカゲの起源は
鮮新世〜更新世前期とした. また, 疋田 (2002) は, オカダトカゲの伊豆諸島にお
ける分布は, 飛び石分布や海流分布でも説明できず, 古伊豆半島を想定する必要が
あるとのべている.

シモダマイマイが進化した島

伊豆半島南部には, 陸貝のシモダマイマイが分布する. 伊豆半島では河津町の河

津川を境に，その北側ではミスジマイマイが分布し，シモダマイマイの分布はその南部に限られる．この伊豆半島の北部と南部での両種の棲みわけは，半島北部での火山活動によるシモダマイマイの分布域の縮小とミスジマイマイの伊豆半島への侵入によるためと考えられている（林・千葉, 2009）.

　すなわち，シモダマイマイの祖先は，かつて本州から伊豆半島に侵入したが，伊豆半島に閉鎖されて現在の種に進化し，約40万年前以降から伊豆半島が本州と陸つづきになって北からのミスジマイマイの侵入により，現在の限られた分布となったと思われる.

　しかし，シモダマイマイは伊豆半島南部だけでなく，伊豆諸島の大島から神津島までの島々にも分布する．そして，伊豆半島南部と伊豆諸島のシモダマイマイは，ミトコンドリアのRNA解析では，それらは同じハプロタイプをもつことがあきらかになっている（林・千葉, 2009）．すなわち，伊豆半島と伊豆諸島は，かつてシモダマイマイがそこで進化した大きな島を形成していたと思われる.

　また，伊豆諸島の御蔵島までの島々にはシマヘビが分布する．神津島の東にある祇苗島は，巨大なシマヘビの生息地として知られている．これらの島々のシマヘビのミトコンドリアDNAのハプロタイプの分析から，約60万年前に本土から3回侵入したと推定されて，1回目が東日本から大島へ，2回目は東日本から御蔵島へ，3回目は利島〜神津島へであるという（栗山ほか, 2009）.

　三宅島にはミヤケアカネズミというネズミがいる．このネズミは，日本列島にいるアカネズミより全身が濃橙色でスリムなネズミで，アカネズミの離島型と考えられている（小林, 1981）．土屋（1974）は，日本列島のアカネズミが本州中部の浜松市から黒部市をむすぶ線から東西で染色体数が異なり，その西側では46本の個体群が生息し，東側では48本の個体群が生息することをあきらかにした．そして，ミヤケアカネズミは東側の個体群に属し，日本列島固有のアネズミの中でも原始的で遺伝的にとくに異なる種類に属するとのべている．なお，アカネズミは伊豆大島や新島，神津島にも生息する.

伊豆諸島の植物のおいたち

　伊豆諸島の植物相も動物と同じように特徴的なもので，その成立に関して大場（1975）は以下のようにのべている.

日本の常緑広葉林帯の火山砂礫原の初期先駆植生にはイタドリ―ススキ群集が出現するのに対して，伊豆諸島ではハチジョウイタドリ―シマタヌキラン群集が特有の植物群落となっている．シマタヌキランは，本州の夏緑広葉林帯から高山帯下部にわたって分布するコタヌキランにあきらかに近縁のものであり，このことからハチジョウイタドリ―シマタヌキラン群集は，本州中部の夏緑広葉林帯以上のところから由来した．また，伊豆諸島はその全域が常緑広葉林帯に属するにもかかわらず，夏緑広葉林帯以上に本拠のあるマイヅルソウやコイワザクラ，スズタケ，クロモジ，タチハイゴケなどが分布していて，伊豆諸島の植物相は，ハチジョウイタドリ―シマタヌキラン群集など本州中部の夏緑広葉林帯にその母型が求められるものと，ハチジョウモクセイやフシノハアワブキなど九州南部以南に母型が求められるものの2群に大別される．

このことから，大場 (1975) は，伊豆諸島の植物相の形成がまず過去のある時期に本州と伊豆諸島の間が陸化していて，その時期に伊豆諸島およびその対岸の本州が現在よりも寒冷で海岸付近まで夏緑広葉林帯であったと考え，その後に気候が温暖化して海水準が上昇し，本州と伊豆諸島が海で隔てられて伊豆諸島における夏緑広葉林帯が消失して，温暖環境で常緑広葉林帯の環境に適応分化したとした．

そして，大場 (1975) は，伊豆諸島の新固有種形成以後に海退があり，一部海岸付近の植物が本州沿岸に渡り，イズノシマダイモンジソウ，ハコネウツギ，オオバヤシャブシ，ガクアジサイ，ワダンなどの伊豆諸島に起源をもつ植物が房総，三浦，伊豆半島の海岸に分布するとした．

古伊豆半島

伊豆諸島の動物や植物は，そこがかつて日本列島と陸つづきであったことと，その後に海で隔てられ，独自の生物相が形成されたことをしめしている．とくに，伊豆諸島と伊豆半島の遺存種は，そこが大きな半島だった時代に中国大陸や朝鮮半島から日本列島を経由して渡り，海に隔てられた時代にシモダマイマイやオカダトカゲのような生物が，そこで独自の進化をとげて固有種となったと思われる．すなわち，伊豆半島と伊豆諸島の遺存種の存在は，伊豆半島が南から移動してきたものでないことを証明している．

伊豆諸島までも含んで南にのびていた，かつての伊豆半島は，野村 (1969) と大

場 (1975), 波部 (1977), 髙桑 (1980) がすでにのべていたように, 本州から青ヶ島までをつなぐ巨大な半島 (古伊豆半島) であったと思われる. そして, それが順次切り離されて, 古い要素をもつ現在の動物相が形成されたと考えられる. それでは, その古伊豆半島はいつ存在し, どのように切り離されて, 現在にいたったのであろうか.

ドイとセンノキやアカコッコなどのように, トカラ諸島と関連のある遺存種の存在と, オカダトカゲの起源は鮮新世以降ということも興味深い. トカラ諸島には, その南部の悪石島と小宝島の間に引かれた動物分布の境界線である渡瀬線がある. この渡瀬線はニホンマムシなど日本列島の動物の南限で, ハブなど琉球列島の動物の北限にあたる (徳田, 1969).

渡瀬線は, トカラ諸島の東側にあるトカラギャップとよばれる水深約1,000 m の海底の溝に引かれている (154 頁の図 8-13 参照). そこには鮮新世の地層が厚く堆積していて, 中新世のころにはそこは途切れて深い海峡があったと推定される (相場・関谷, 1979 ; 星野, 1983).

中新世末期に現在の水深2,000 m の等深線付近に海岸線があったと星野 (1965) はのべている. 駿河湾から伊豆諸島にかけての水深2,000 m の等深線をみると, 八丈島の南側までのびた幅ひろい古伊豆半島が出現する (図 11-9). 同様に, トカラギャップでも, 鮮新世の堆積物をのぞくとその水深は2,000 m 以上に達する.

中新世末期に, ニホンマムシやオカダトカゲの祖先, ハチジョウノコギリクワガタ, ドイとセンノキやアカコッコなどのトカラ諸島と関連のある遺存種など伊豆諸島にいる遺存種のなかまは, 渡瀬線より北側の日本列島にひろく分布し, もちろん伊豆諸島が含まれる古伊豆半島にも分布していた. 大場 (1975) の指摘した夏緑広葉林帯の植物は, 中新世末期の海水準が今より約2,000 m 低かった時期に古伊豆半島の海抜1,000 m 以上の高地に分布していたものかもしれない.

鮮新世〜更新世前期の海水準の上昇量は約1,000 m あり (星野, 1972), 古伊豆半島も含めて日本列島の海側の陸地は沈水していった. そして, 水深約1,000 m で区切られた陸地の地域が, 鮮新世〜更新世中期の時代のおおよその陸地の分布となった (図 11-10).

中新世末期にあった古伊豆半島は, 鮮新世には伊豆半島南部から御蔵島までの古伊豆島と, 八丈島を中心とした古八丈島にわかれた. 古八丈島にトカラ諸島と近縁

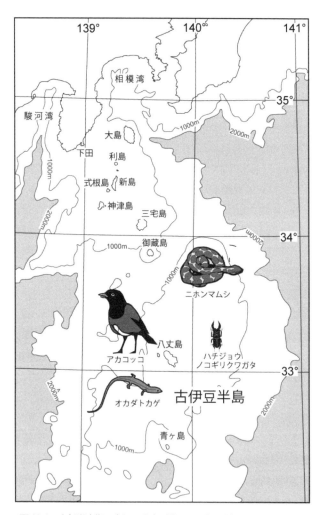

図11-9 中新世末期の古伊豆半島（柴，2016b）．中新世末期には，水
深2,000mの等深線で囲まれた八丈島の南側までのびた古伊
豆半島があり，ニホンマムシやオカダトカゲの祖先，トカラ
諸島と関連のある遺存種などが，このときの古伊豆半島に生
息していた．

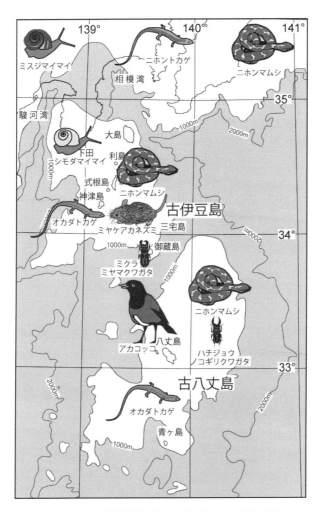

図11-10 鮮新世〜更新世中期の古伊豆島と古八丈島（柴，2016b を
一部修正）．鮮新世〜更新世中期には水深1,000 m で囲まれ
た二つの島があった．それらは伊豆半島北部から御蔵島ま
での古伊豆島と，八丈島周辺にあった古八丈島である．古
伊豆島ではシモダマイマイなどが進化した．古八丈島は，
鮮新世のはじめに古伊豆半島から隔離されたために，古い
タイプのより海洋島環境に適応した遺存種が多い．

の種がいるのは，古八丈島はトカラ諸島と同様にそのころに日本列島から隔てられて，海洋島の環境で遺存種が保存されたためであると考えられる．

古伊豆島と古八丈島

　御蔵島までの古伊豆島は，シモダマイマイの先祖が渡った島であり，シモダマイマイはその島で進化した．古伊豆島は，今から約 180 万〜40 万年前までの間日本列島とは海で隔てられた．この時期は，伊豆半島北部に横山シルト岩層を堆積させた海が入っていて，それより南側の伊豆半島は陸域だった．トウヨウゾウが渡来した約 60 万年前（小西・吉川, 1999）の隆起の時代に，伊豆半島北部にあった海もファンデルタで埋め立てられ，古伊豆島は日本列島と一時的に陸つづきになった．御蔵島までの島々に生息するシマヘビが約 60 万年前に本州から渡ってきたのは，このとき古伊豆島が本州と一時的に陸つづきになったからであると思われる．

　約 40 万年前から現在までの時代は，すでに第 8 章でのべたが大規模な隆起と約 1,000 m におよぶ海水準上昇が並行して起こった有度変動の時代である．その今から約 40 万年前に，古伊豆島は北側の日本列島と完全に陸つづきになり，そこでは現在の伊豆半島も含めて，南北方向ないし北東—南西方向の隆起と火山活動が起こって伊豆半島は現在まで陸でありつづけた．一方，古伊豆島の南部と古八丈島は隆起量が小さかったために，現在あるいくつかの火山島を残して海水準の上昇により沈水した．隆起と火山活動による陸地の上昇量と海水準上昇量の差により，陸地がありつづけたところに，ここで紹介した遺存種が生き残ることができた．

　星ほか (2015) による伊豆—小笠原弧における反射法地震探査の結果では，Unit V とされた鮮新統の基底は広域にわたり追跡可能な不整合面とその延長の震探シーケンス境界として設定されている．このことは，伊豆—小笠原海嶺頂部が中新世後期に陸上であった可能性を示唆するものと思われる．また，星ほか (2015) では，海底地形と調和的で現世の火山噴出物の下限とみなされる震探シーケンス境界が設定されていて，その上位の Unit VI を第四系としている．この Unit VI の地質時代の詳細についてはのべられていないが，この伊豆—小笠原弧北部における Unit VI の分布や地質時代と震探シーケンス境界の詳細が，鮮新世以降の伊豆諸島の古地理をあきらかにする一つの手段となると考えられる．

コラム 11	

毒ヘビの来た道

　ヘビは爬虫類であるが，爬虫類が栄えた中生代の終わりの白亜紀後期に，トカゲからわかれて出現し，新生代の始新世以降に発展した．ヘビは，地中の穴や岩の割れ目に棲んでいた夜行性の小型の初期の哺乳類を獲物としていたことから，臭覚が発達し，岩の隙間を通過するために脚が不要となり，体が細長くのびたと考えられている（Rage, 1987）．

　白亜紀末期や暁新世の地層からはニシキヘビ科のヘビの化石が発見されている．ニシキヘビ科のヘビは，脚の痕跡があり，ヘビの進化の初期段階のものと考えられる．ヘビはとぐろを巻く．このとぐろを巻く習性は，哺乳類のような恒温動物をしめつけて殺す方法として，きわめて効果的である．恒温動物は，一定の体温を保つために十分に酸素の供給と強い肺の働きで効果的な血液循環をする必要がある．そのような動物をしめつければ，血液循環が阻害される．とくに哺乳類では横隔膜の部分をしめつければ，肺の機能は停止して死にいたる．

　ヘビが進化した始新世は，有蹄類や鯨偶蹄目や翼手目，齧歯目が出現した哺乳類の第二次放散が起きた時代であり，その後のヘビの進化も哺乳類が放散する時期と一致する．このことから，ヘビは哺乳類の発展とともに，哺乳類の天敵として進化した爬虫類であるといえる．

　中新世から鮮新世にかけては，ナミヘビ科のヘビが大発展したが，その科からわかれてコブラ科やウミヘビ科，クサリヘビ科の毒ヘビが出現した．中新世以降の地質時代には，地殻の大規模な隆起によって台地が形成され，そこにイネ科草本類の発展とともに乾燥した草原が発達した．そして，その草原に草を食みくらすウマやウシなどの草食の哺乳類が出現した．

　マムシやハブ，ガラガラヘビなどのクサリヘビ科の毒ヘビは，獲物を殺すための毒液と，獲物を探知するためのピット器官（図 11-11）という熱感知センサーをもっている．ピット器官は目と鼻の間にあり，わずかな場所に熱感知細胞が 15 万個も密集したもので，まわりより 0.2℃ほど高い温度の物体を感知できる．そのため，クサリヘビ科の毒ヘビは暗い夜でもネズミや鳥などの恒温動物を感知することができる．

もはや毒蛇は，ニシキヘビのように体力と時間を使ってしめつけて獲物を殺すのではなく，熱感知センサーで獲物をとらえ，唾液の毒を濃集させて毒牙で注入することにより，一瞬のうちに獲物をたおすことができるようになった．

伊豆諸島に渡ったニホンマムシも毒ヘビが地上に出現した中新世にあらわれ，その時代に日本列島から南にのびていた古伊豆半島に分布をひろげていった．日本列島の南西にある南西列島にはマムシではなくハブがいる．中新世の終わりごろには，大陸と台湾からつづく海岸線が八重山から沖縄島，奄美大島へと，そのまわりの島々を囲んで大陸から細長くのびる半島をつくっていた．この半島には大陸からハブが渡ってきた．

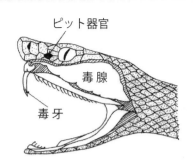

図11-11　毒ヘビのピット器官と毒牙（星野，1992）．

南西諸島の沖縄島にはヤンバルクイナはじめアマミトゲネズミなど，東南アジアに類縁の深い中新世の遺存種が多い．日本列島のまわりで，海水準を2,000 m下げると，台湾から千島列島のブッソール海峡までがひとつづきの海岸線になる（154頁の図8-13参照）．渡瀬線は，トカラ諸島の東側にあるトカラギャップについてすでにのべたように，そこには鮮新世の地層が厚く堆積していて，中新世のころにそこは途切れて深い海峡があったと推定される．

海水準を2,000 m下げると日本海は，完全に閉じた内陸海となる．その南の東シナ海は，現在は大陸棚がひろがった浅い海だが，それは鮮新世以降に揚子江や黄河による大量の堆積物により埋積されたためで，中新世のころは日本海と同じように内陸海だったと考えられる．日本海や東シナ海などの島弧の大陸側にある海または盆地を，縁海または背弧海盆という．日本海と東シナ海の違いは，中新世後期以降にそこに大量の堆積物を流しこみ，背弧海盆を埋積させた大河があったか否かとういうことである．

日本海にはそのような大河川がなく，河川の有無が鮮新世以降の両者の姿を一変させた．そのことはオホーツク海も同様で，そこにはアムール川があり，大量の堆積物をオホーツク海に供給して背弧海盆を埋め立てた．

第12章

静岡県の大地と赤石山脈
—赤石山脈は付加体か—

赤石山脈の全景. 中央の蛇行する河川は大井川. その西側に雪が薄くおおった山地が赤石山脈である.

静岡県の大地の姿

　静岡県は本州の中央部にあり，太平洋に面する東西に長い海岸線と，赤石山脈（南アルプス）などの高峻な山地と富士山などの火山がある．そのため，静岡県は高山から深海までのさまざまな自然環境があり，県中央部から東部にかけての地域は西南日本と東北日本とを隔てるフォッサマグナ地域にあたる．フォッサマグナ地域は数100万年前まで海だったことや，それ以後火山地帯があることなどから，動植物の分布とその多様性において，静岡県は他県ではみられない特徴をもっている．

　静岡県の大地の地形の特徴は，急峻な山岳地域がほとんどをしめ，海岸のほとんどで山地がそのまま海に面していることである．急峻な山岳地域を流れる河川は日本有数の急流河川で，山地から押し流された砂礫により山地と海岸線の間に幅のせまい扇状地がつくられ，海岸にそって砂嘴ができ，砂嘴と山地の間に入江や後背湿地がつくられている．図12-1に駿河湾も含めた静岡県の地形の概要をしめす．

　静岡県は東西に長いため，県内は行政区的にも西部，中部，東部の三つの地域に

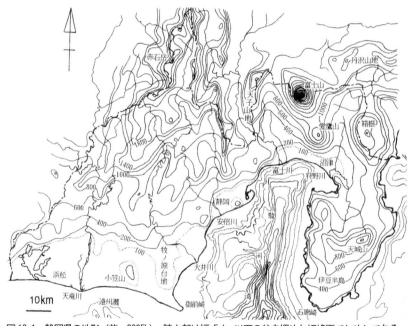

図 12-1　静岡県の地形（柴，2005b）．陸上部は幅 5 km 以下の谷を埋めた切峰面でしめしてある．

わけられる．西部と中部の境は大井川（南部の丘陵地域では牧ノ原台地付近）でわけられ，中部と東部は富士川が境となる．静岡県の地形や地質も，おおまかにみてこの三つの地域でそれぞれ異なっている．

　西部では，海岸は遠州灘に面し，海岸付近には丘陵と天竜川の河口に平野がある．その背後には海抜3,000 mを超える山頂をもつ赤石山脈がひかえている．赤石山脈にも図12-1の切峰面でみると海抜1,000 mや2,000 mに平坦面があり，全体として階段のように高まった地形をなす．

　中部は，駿河湾の西岸にあたり，大井川や安倍川の河口に平野があるものの，その間には山地が海岸と接する．平野の北側の山地は，安倍川より西側には赤石山脈からつづく高くて険しい山地があり，安倍川の東側には南北に細長く切り立った竜爪—真富士山地がある．その山地の東側には富士川まで，海抜高度は低いものの険しい山地がつづく．

　東部は，富士川の東側にあたり，伊豆半島をのぞいた東部の海岸は，駿河湾の奥の部分に面し，富士川の河口から沼津にかけて東側に向う東西に長い砂嘴が発達し，その北側に浮島ヶ原というひろい後背湿地がある．伊豆半島をのぞいた東部のほとんどは，愛鷹山と富士山，箱根の山体と山麓斜面からなる．

　伊豆半島は，駿河湾の東岸にあたり，伊豆半島の東側は相模湾に面する．伊豆半島の海岸線には大きな川の河口はなく，山地がそのまま海と接する．半島北部の中央を流れる狩野川は，北に流れて沼津で駿河湾に注ぐ．伊豆半島の地形は二階建ての構造になっていて，海抜約500 mの台地の上に，半島の北部に海抜900 mの高原をつくって天城山と達磨山などの火山体が分布する．

静岡県の大地の構成と構造線

　静岡県がどのような地質からできているかをみるときに，二つの大きな断層（構造線）をぬきには語れない．一つは糸魚川—静岡構造線（糸静線）で，もう一つは中央構造線である．糸静線は本州の中央部を南北に分断するフォッサマグナという大地溝帯の西縁を区切る断層である．中央構造線は，本州の西側のいわゆる西南日本弧の中央を東西に通る大きな断層で，その北側の内帯側には花崗岩や変成岩が分布する領家帯があり，その南側の外帯には結晶片岩が分布する三波川帯と，古生代後期の岩体も含むが三畳紀〜ジュラ紀の地層からなる秩父帯，その南東側には白亜

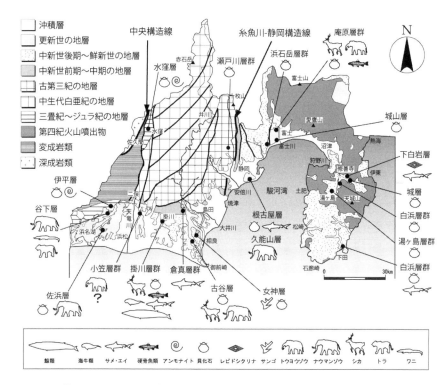

図12-2　静岡県の地質と化石の産出地

紀後期から古第三紀の地層が分布する四万十帯に区分される（図12-2）.

　フォッサマグナ地域には，その東西両側でみられる古い時代の地層や岩石に比べ新しい地層が分布することから，この地域ではまわりに比べて古い時代の地層が，新しい時代の地層の下に沈んでいるという意味から，地溝帯とよばれる. 静岡県に分布するフォッサマグナ地域の代表的な地層は，安倍川の東側から富士川にかけておもに分布する. これらの地層については，第5章や第7章，第10章，第11章ですでにのべた新第三紀以降（約2300万年以降）に海底などで堆積した火山岩層や砂岩層などの地層である.

　フォッサマグナ地域の西側の西南日本弧外帯にあたる浜名湖の北側の山地には，三畳紀〜ジュラ紀に海底で堆積した砂や泥岩の地層からなる秩父帯が分布して

いて，しばしばチャートや石灰岩の地層が含まれる．その北側には，玄武岩や斑れい岩などからなる御苛鉾緑色岩類（塩基性火山岩類）が分布し，その北側から天竜川上流にかけて三波川帯の結晶片岩が分布する．三波川帯の結晶片岩は，秩父帯の地層と同じ三畳紀〜ジュラ紀に海底で堆積し，その後に変成作用をうけたと考えられている．

　大井川を中心として天竜川から安倍川にかけての険しく急峻な山岳地域，すなわち赤石山脈には，中生代の終わりの白亜紀後期〜古第三紀に海底で堆積した砂岩や泥岩からなる地層がひろく分布する．この地層は，九州南部から紀伊半島南部の山岳地域にも分布する，いわゆる四万十累層群に含められる．四万十累層群の「四万十」とは，四国山地南部を流れる清流で有名な四万十川流域にこれらの地層が分布することから名づけられた．

　赤石山脈の南側の山麓にあたる，天竜川の東側から大井川の東側の山地には，浜松市二俣から藤枝市にかけて，中新世のはじめ（約2300万〜1600万年前）に海底で堆積した砂岩や泥岩，礫岩からなる地層が分布する．これらの地層は，四万十累層群を南北に切る断層群によって生じたいくつかの地溝帯に中新世のはじめに堆積したもので，南側のより新しい地層である掛川層群や小笠層群，大井川の扇状地堆積物におおわれて山麓にせまく分布が限られる．これらの地層は，西から天竜川の二俣地域に二俣層群，敷地地域に家田層と獅子ヶ鼻層，森町から菊川市北部にかけて倉真層群と西郷層群，大井川の東側の島田市から藤枝市にかけての地域に大井川層群が分布する．

倉真層群と西郷層群

　倉真層群と西郷層群は中新世初期から中期のはじめに堆積した地層であり，私たちは両層群の地質について最近調査を進めているところで，その一部は柴ほか（2016a）で発表した．倉真層群の調査をはじめたきっかけは，菊川市に分布する倉真層群から Carcharocles megalodon（メガロドンザメ）の椎体化石を12個含む石灰質ノジュールが発見された（柴ほか，2016b）ことで，その石灰質ノジュールがどの層準の地層から産出したかを調べるためだった．

　倉真層群と西郷層群の層序関係について，槇山（1950, 1963）は両層群が不整合関係であるとし，氏家（1958）と Ujiié（1962），斉藤（1960）は整合関係にあるとし，

図12-3　倉真層群と西郷層群の岩相写真．1：倉真層群東道層の砂岩泥岩互層（中丹間），2：倉真層群
　　　　天方層の基底の巨礫岩層（大代），3：倉真層群松葉層の珪質な砂岩泥岩互層，スケールは1
　　　　m（戸沢），4：倉真層群松葉層の上にゆるい傾斜で不整合に重なる西郷層群の基底，1 mのス
　　　　ケールが置いてあるところが不整合面で，西郷層群上西郷層の砂岩層には松葉層の石灰質
　　　　ノジュールが礫として多数含まれる（上西郷法泉寺）．

両層群を一括して三笠層群と命名した．私たちの研究では，倉真層群と西郷層群は
不整合関係にあり，両層群の層序や堆積環境，そしてその堆積シーケンスをあきら
かにした．ここでは，柴ほか（2016a）を一部修正してそれらの概要をのべる．
　倉真層群は下位から東道層，天方層，戸綿層，松葉層にわけられ，西郷層群は上
西郷層からなる．東道層は，茨木（1986）の東道砂岩シルト岩互層に相当し，泥岩
と細粒砂岩との互層が主体（図12-3の1）で，天方層は槇山（1950, 1963）の天宮
累層 孕 石礫岩と天方砂岩に相当し，淘汰のよい塊状の淡青灰色の中粒砂〜細粒砂
岩を主体としており，基底部には巨礫〜中礫の礫岩層がみられる（図12-3の2）．戸
綿層は，槇山(1950, 1963)の天宮累層戸綿泥岩に相当し，塊状の黒色泥岩を主体と

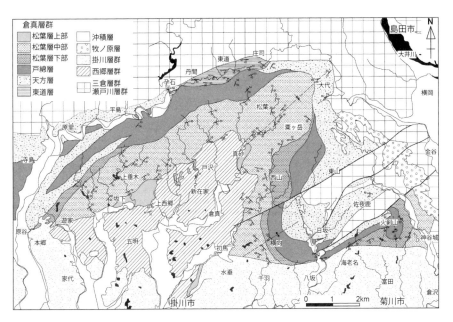

図12-4　倉真層群と西郷層群の地質図.

し薄い凝灰質な細粒〜中粒砂岩層をはさみ，生痕化石や生物擾乱がしばしば認められ，石灰質ノジュールが多数含まれる．松葉層は，槇山（1950, 1963）の松葉累層に相当し，おもに珪質な泥岩優勢の砂岩泥岩互層と泥岩層からなる（図12-3の3）．岩相の違いとそれぞれの境界に砂岩優勢の砂岩泥岩互層がはさまれることから，上部層（泥岩層），中部層（砂岩泥岩互層），下部層（泥岩層）の3部層に区分できる．図12-4に倉真層群と西郷層群の地質図をしめす．

　西郷層群は，ほぼ塊状の泥岩層からなる上西郷層からなるが，とくに倉真層群との境界の周縁に分布する下部の層準には凝灰岩層や凝灰角礫岩層，砂岩層が含まれ，スランプや混在岩相も認められる．凝灰角礫岩の角礫には多くの超塩基性および塩基性岩が含まれる（下川・杉山, 1982）．西郷層群の上西郷層は，その岩相から海底斜面の堆積物と考えられ，倉真層群との境界の周縁には不整合の露頭が数箇所で確認した（図12-3の4）．

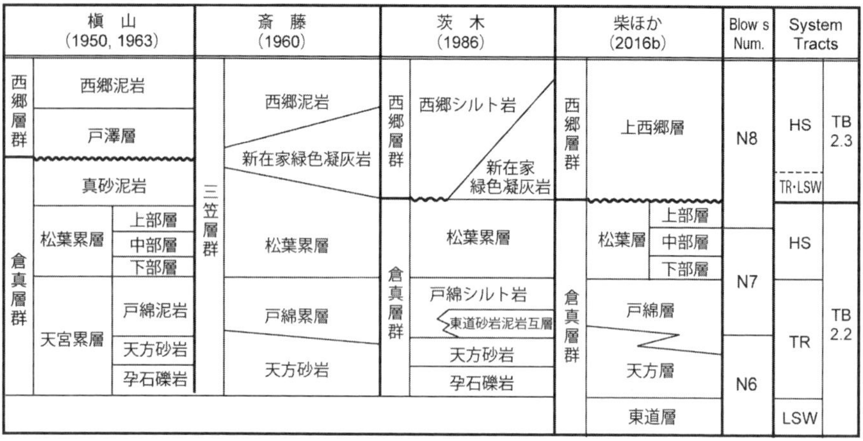

槇山 (1950, 1963)		斎藤 (1960)	茨木 (1986)		柴ほか (2016b)		Blow s Num.	System Tracts	
西郷層群	西郷泥岩	西郷泥岩	西郷層群	西郷シルト岩	西郷層群	上西郷層	N8	HS	TB 2.3
	戸澤層	新在家緑色凝灰岩		新在家緑色凝灰岩				TR·LSW	
	真砂泥岩		倉真層群		倉真層群	上部層		HS	
倉真層群	松葉累層 上部層	松葉累層		松葉累層		松葉層 中部層	N7		TB 2.2
	松葉累層 中部層					松葉層 下部層			
	松葉累層 下部層			戸綿シルト岩		戸綿層		TR	
天宮累層	戸綿泥岩	戸綿累層		東道砂岩泥岩互層					
	天方砂岩	天方砂岩		天方砂岩		天方層	N6		
	孕石礫岩			孕石礫岩				LSW	
						東道層			

（三笠層群は斎藤(1960)欄、倉真層群は茨木(1986)欄に付す）

図12-5　倉真層群と西郷層群の各研究者の層序と柴ほか（2016b）の層序との比較と，倉真層群と西郷層群の堆積シーケンス．Blow s Num.：Blow（1969）の有孔虫層序帯，System Tracts：堆積体の区分（LSW：低海水準期楔状堆積体，TR：海進期堆積体，HS：高海水準期堆積体）とHaq et al.（1987）の第3オーダーシーケンスサイクル．

　倉真層群の構造は，粟ヶ岳付近を通る北東―南西方向の向斜構造があり，日坂付近では北東―南西方向の背斜構造がある．また，菊川市の火剣山の西側にも南北方向の向斜構造と背斜構造がある．西郷層群の構造は不明な部分が多いが，北東―南西走向で南傾斜していると考えられる．

　両層群の岩相と有孔虫化石から，倉真層群の東道層と松葉層は海底扇状地の堆積物であり，天方層と戸綿層は海進期の外浜から内側陸棚の堆積物と考えられる．これらの堆積環境の重なりから，倉真層群の東道層は低海水準堆積体に，天方層と戸綿層は海進期堆積体，松葉層は高海水準期堆積体と考えられる（図12-5）．このことから，倉真層群は掛川層群上部層のように海進期堆積体をともなう一つの第三オーダーシーケンスを構成し，西郷層群はその上位のシーケンスに属する．

　倉真層群と西郷層群の地質時代は，私たちの研究と従来の有孔虫化石の研究から，倉真層群は中新世前期の後期〜中新世中期の初期，西郷層群は中新世中期の前期と考えられ，倉真層群は Haq et al.（1987）のシーケンス層序と対比すると TB 2.2 に，西郷層群は TB 2.3 に対比される可能性がある．このように，倉真層群と西郷層群の地層は，Haq et al.（1987）でしめされた汎世界的な海水準変動と一致して形成さ

れたと考えられる.

駿河湾西岸の地質構造と隆起帯

　駿河湾西岸の赤石山脈の南側に分布する中新世以降の地層については，これまで
その分布や時代，それらの地層の形成についてのべてきた. 図 12-6 に駿河湾も含
めた駿河湾周辺の地質図をしめす.

　第 10 章でのべてきたように，安倍川にそってある糸魚川―静岡構造線（十枚山
構造線）を境に西側には四万十帯に含められる古第三紀の地層である瀬戸川層群が
分布し，その東側には西側から東側に順に，竜爪層群，静岡層群，浜石岳層群，庵

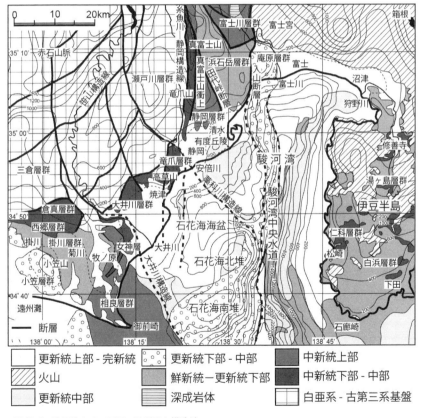

図12-6　駿河湾とその周辺の地質図と構造線.

原層群が分布し，それぞれが衝上断層によって境されて東側に新しい地層（層群）が分布する．

糸魚川—静岡構造線の西側の赤石山脈の南側の山麓から海岸地域には，前節でのべた倉真層群や西郷層群，大井川層群などの中新世前期〜中期の地層と，その南側に相良層群や掛川層群，そして小笠層群など中新世後期〜更新世中期の地層が分布する．そして，それらの地層は西にいくほど新しく，その堆積物はほとんどが大井川によってもたらされた．

また，大井川を境にしてその東側には相良層群と掛川層群に相当する地層が分布せず，小笠層群に相当する石花海層群は海底に分布する．そのことから，相良層群と掛川層群が堆積した時代には，その東側の現在の大井川河口地域が隆起していたと考えられる．そして，小笠層群が堆積したとき，菊川から御前崎を通る北北西—南南東方向の隆起帯（御前崎隆起帯）が形成され，大井川の河口はその南西麓に開き，それまで隆起の中心だった現在の大井川河口地域は御前崎隆起帯に対して隆起量の小さい地域となったと考えられる．

同じように，石花海層群が堆積したとき，有度丘陵とその北側の山地が隆起帯となり，安倍川の河口はその南西麓に開いて，現在の大井川河口地域から石花海南堆付近までが堆積盆地となった．すなわち，小笠層群の堆積時の更新世前期〜中期（180万〜40万年前）には，それまで隆起地域だった現在の大井川河口地域は隆起の目立たない（非隆起）地域となり，安倍川の堆積物が堆積するところとなった．その隆起と非隆起の境界は現在の大井川下流にそったところで，その南側への延長は御前崎海脚の東側の縁にそって連続すると考えられ，これを「大井川構造線」とよぶ．

なお，有度丘陵とその北側の山地の隆起帯は，その東側の縁が入山断層で境され，西側の縁は藁科川にそって北西—南東方向にのびる大井川—大唐松断層の南側の延長にあたる「藁科川構造線」で区切られると考えられる．このような北北西—南南東方向と北西—南東方向の二つの隆起帯によって，駿河湾西岸の更新世前期〜中期の堆積盆地は規制されている．

小笠層群に相当する地層の上位にあたる，今から約40万年前以降の有度丘陵の根古屋層に相当する大井川の堆積物の地層は，大井川河口の南西側にある高根山と坂部原に分布する礫層がそれにあたり，それらは石花海海盆の南部にも分布する．

根古屋層やこれらの礫層を堆積させたファンデルタが形成された時代には，北北東―南南西方向の石花海堆が隆起して，石花海海盆が形成された．

牧ノ原台地の古谷層と牧ノ原層などが堆積したとき，そこは入江や河床であったことから，現在の大井川河口の東側は相対的にその西側より隆起していたことになる．しかし，その後に大井川河口の西側の御前崎隆起帯が牧ノ原台地をのせて隆起し，大井川はその東側に移り，現在の流路をとることになった．このように，隆起帯はつねに同じ場所ではなく，それぞれの時代で変化して，相対的に低いところ（非隆起地域）に河川の流路と堆積地域がつくられる．

赤石山脈は何からできている

駿河湾の西岸には，日本でもっとも隆起している赤石山脈がある．南アルプスともよばれるその山脈は，これまでのべてきた富士川や安倍川，大井川などの河川が形成した地層の堆積物を供給した源流域にあたる．また，この山脈はすでに第6章と第8章でのべたように，今から約180万年前以降の小笠変動と40万年以降の有度変動によって急激に隆起して現在の地形を形成したものである．

赤石山脈の大部分は，およそ1億年前〜3000万年前の白亜紀後期〜古第三紀にかけて海底に堆積した砂岩や泥岩からつくられている．この赤石山脈をつくる地層は四万十累層群とよばれ，それらは狩野（1988）により七つの層群に区分されている．狩野（1988）によれば，西部に分布する光明層群をのぞいて，赤石山脈主要部は北東―南西方向に北部から南部に向って赤石層群，白根層群，寸又川層群，犬居層群，三倉層群と古い時代の層群から新しい時代の層群が順に分布し，その外側の南東部に瀬戸川層群分布する（図12-7）．これらが分布する地帯は，もっとも外側の瀬戸川層群は瀬戸川帯とよばれ，その他は四万十主帯とよばれる．

赤石山脈のこれら四万十帯（瀬戸川帯と四万十主帯）は，西を秩父帯との境界の仏像構造線と三波川帯との境界の赤石構造線（赤石裂線追跡グループ，1976）に境されて，東を糸魚川―静岡構造線に境されて，北部では幅がせまくなり，楔状に分布する．四万十主帯の地質について狩野（1988）にしたがって説明する．

光明層群は，赤石構造線と光明断層にはさまれて南北に分布し，砂岩と泥岩からなり，その大部分が泥岩の基質の中に砂岩の異質岩片（オリストリス）が含まれる．また，200〜300 mの厚さをもつ緑色岩（変質した玄武岩〜安山岩の溶岩や火砕岩

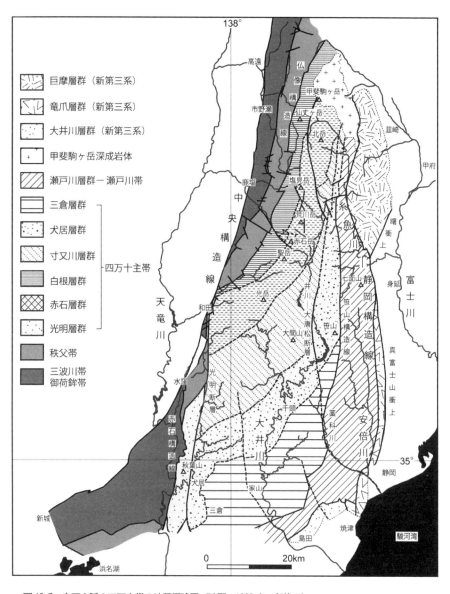

凡例

- 巨摩層群（新第三系）
- 竜爪層群（新第三系）
- 大井川層群（新第三系）
- 甲斐駒ヶ岳深成岩体
- 瀬戸川層群 − 瀬戸川帯
- 三倉層群 ⎤
- 犬居層群 ⎥
- 寸又川層群 ⎥ 四万十主帯
- 白根層群 ⎥
- 赤石層群 ⎥
- 光明層群 ⎦
- 秩父帯
- 三波川帯 御荷鉾帯

図 12-7 赤石山脈の四万十帯の地質概略図（狩野，1988 を一部修正）.

層）が含まれる．地層の構造は，北東—南西の走向で北西または南東へ急傾斜する．含まれる放散虫化石からその地質時代は，白亜紀後期と考えられ，北部の砂岩の多い地層は赤石層群に，南部の緑色岩を含む泥岩層は白根層群に対比される．

　赤石層群は，赤石山脈の四万十主帯のもっとも北側に分布し，仙丈ヶ岳や赤石岳の山頂を構成していて，おもに厚い塊状の砂岩や砂岩優勢互層からなり，酸性凝灰岩層や珪質泥岩層をはさむ．地層の構造は，北部では南北〜北北東—南南西の走向で東に傾斜し逆転しているため西側が地層の上位となる．南部では東北東—西南西の走向で北へ急傾斜する．含まれる放散虫化石からその地質時代は，白亜紀前期末（アルビアン期後期）〜白亜紀後期の初期（チューロニアン期）と考えられる．

　白根層群は，北岳から 光 岳をむすぶ赤石山脈の主稜線にそう地域に分布し，お

図12-8　赤石山脈の四万十帯の岩相写真．1：赤石岳東側の大井川右岸で見られる白根層群の砂岩泥岩互層．2：安倍川上流の大谷崩で見られる瀬戸川層群の砂岩泥岩互層．3：千頭の西，蕎麦粒山で見られる寸又川層群の褶曲．4：島田市川口で見られる家山層群の逆転した砂岩泥岩互層．

もに砂岩泥岩互層（図12-8の1）からなり，厚い泥岩層と溶岩などからなる緑色岩層とチャートの岩塊を含む大規模な海底地すべり堆積物（オリストストローム）がしばしばはさまれる．地層の構造は，北部では南北〜北北東—南南西の走向で，南部では東北東—西南西の走向でどちらも北西に傾斜し，見かけ北西側が上位であるが含まれる放散虫化石から逆断層による地層のくりかえしが推定される．化石から白根層群の時代は，白亜紀後期（コニアシアン期〜カンパニアン期）とされる．

寸又川層群は，赤石山脈の主稜線の南側に分布し，おもに砂岩泥岩互層からなり，スランプ褶曲をともなう海底地すべり堆積物がはさまれ，複雑な構造をしている．地層の構造は，北東—南西の走向で北西または南東へ急傾斜し，地層中に数m〜数kmのさまざまな波長の褶曲がみられ（図12-8の3），見かけ北西に上位であるが含まれる化石は南東側が若くなる傾向にある．その地質時代は白亜紀後期の後期（カンパニアン期〜マーストリヒチアン期）と推定されている．

犬居層群は，笹山から千頭（せんず），犬居にかけて分布し，おもに泥岩層と砂岩泥岩互層からなり，泥岩層には砂岩や緑色岩の異質岩片が含まれ，「乱雑な堆積物」からなる．地層の構造は，北東—南西方向で北西に傾斜するが，一部は南東に傾斜する．地質時代は，白亜紀後期末期〜古第三紀初期（マーストリヒチアン期〜暁新世）と推定される．

三倉層群は，家山から三倉にかけて犬居層群の南側に分布し，おもに塊状の泥岩層と砂岩泥岩互層からなり，海底地すべりによる堆積物も含まれる．地層の構造は，北東—南西〜東北東—西南西の走向で北西に傾斜するが，波長約5kmの三つの背斜構造があり，もっとも南側の背斜構造は軸面が南側にたおれた横だおし褶曲をしている（図12-8の4）．地質時代は，漸新世の二枚貝化石が知られていることから古第三紀と推定される．

瀬戸川層群は，これまでのべた四万十主帯の外側の安倍川流域から島田市にかけて分布し，砂岩層や砂岩泥岩互層，泥岩層からなり，泥岩層には玄武岩溶岩や超塩基性岩体，石灰岩，チャートなどが含まれる．地層の構造は，北東—南西方向の走向で北西に傾斜し，波長数m〜1kmの褶曲構造がある（図12-8の2）．含まれる二枚貝や放散虫，有孔虫，石灰質ナンノなどの化石から，瀬戸川層群の地質時代は古第三紀と推定されている．

瀬戸川層群について，杉山・下川（1989）は，竜爪層群も含めて七つの衝上帯が

断層によってくりかえす構造からなるとし，フィリピン海プレート内の火山弧と太平洋プレートに対して背弧海盆の性質をもつ海洋地殻が，陸源性堆積物とともに変形して付加したものとした（杉山, 1995）．

赤色チャートは深海泥か

四万十帯の地層は，海溝における海洋プレートの沈みこみにともなって，海洋底の玄武岩や石灰岩，チャートとともに，陸側に押しつけられて，陸上にもち上げられた付加体からなるといわれている．この付加体は，内陸側から海側に新しい地層が付加していて，現在でも南海トラフにそって付加体が形成されているという．

しかし，四万十帯の付加体とされている地層のほとんどは，陸域から川によって運ばれた砂や泥が海底で堆積した砂岩と泥岩からなり，海洋底に起源があるとされる玄武岩と石灰岩，チャートは，圧倒的な量の砂岩や泥岩の中に薄くはさまれるにすぎない．玄武岩は海洋底の玄武岩で，石灰岩は海山の山頂にあったものが切りとられたともので，チャートは深海底の赤色粘土とされている．

赤石岳の山頂には，赤色チャートが分布し，山頂の岩石の色から赤石岳とよばれる．チャートとは珪質な泥岩のことで，珪酸質の殻をもつ珪藻や放散虫などの集積や珪質な火山灰，または熱水変質などによってつくられる．赤色チャートは，放散虫がたくさん含まれることから，現在水深 6,000 m の大洋底に分布するような赤色粘土（放散虫軟泥）が陸側に付加して，隆起して山地に分布したという．

四万十帯の地層よりも古い付加体とされる，秩父帯や美濃帯，丹波帯などの中生代三畳紀〜ジュラ紀の地層が，日本列島にはひろく分布している．これらの地層には古生代の石灰岩などが含まれ，赤色チャートがひろく分布する．そして，これらの地層は，地層の重なりや地質構造が海溝陸側斜面の付加体とされるものと似ていることから，日本列島のほとんどは付加体から構成されているといわれる．

大洋底の放散虫軟泥は，陸域からの砂や泥などの堆積物がほとんどない遠洋の深海底で，放散虫というとても小さなプランクトンの珪酸質の殻などが堆積して形成する．殻をもつプランクトンには有孔虫など石灰質の殻のものもあるが，石灰質の殻は水深が約 4,000 m（炭酸塩補償深度：CCD）を超えると溶けてしまうため，水深が 6,000 m もの深海底では，生物の殻としては珪酸質の殻しか堆積しない．

しかし，赤色チャートは，放散虫の殻しかないからといって，深海底の堆積物で

あるとは限らない．古生代から中生代はじめには，石灰質の殻をもつプランクトンが存在しなかったために，水深4,000 mより浅くても砂や泥が運ばれない海底では放散虫軟泥が堆積した．とくに，火山活動で大量に珪酸（シリカ）が供給された海域では，放散虫などの珪酸質の殻をもつプランクトンが大量に発生した可能性がある．秩父帯のチャートの中には，火山活動と関連したものの報告も多く，放散虫チャートは必ずしも深海底起源である必要はない．なお，テチス海域などの放散虫チャートが深海底起源でないという報告もある．

　チャートは玄武岩とともに，泥岩の地層の中にはさまれる場合が多い．玄武岩または超塩基性岩とそれをおおうチャートの組合せは「オフィオライト岩体」とよばれる．プレートテクトニクスでは，オフィオライト岩体は上部マントルの一部を含む海洋地殻が地上にのり上げたものと解釈されている．しかし，もともとのオフィオライト岩体を定義したSteinmann (1906) は，オフィオライト岩体が砂岩層などにおおわれることから，急激な海盆の沈降と周辺陸域の隆起のもとに，その活動があったと推定している．おそらくオフィオライト岩体を含む地層は，玄武岩などの火山活動があり，海水準が上昇して海底が深くなったときの堆積物で，シーケンス層序学的には海進期の沖合の堆積体と考えられる．

付加体とはなにか

　付加体とは，海溝における海洋プレートの沈みこみにともなって，海洋底の玄武岩やチャート，石灰岩とともに，海溝に堆積していた砂岩や泥岩が陸側に押しつけられて，陸上にもち上げられた岩体をいう．しかし，付加体とよばれるほとんどの岩体で，玄武岩やチャート，石灰岩は量的にはそれほど多くなく，岩体のほとんどは陸域から供給された砂岩や泥岩で構成されている．

　小川・久田 (2005) によれば，付加体とは海溝の陸側に堆積物のスラストシート（衝上断層で区切られたシート状の地質体）の積み重ねによって形成された地質体と定義される．そして，その特徴は，急速に海溝に堆積したタービダイトがその主体をしめ，堆積直後に著しい側方で差のある応力をうけて脱水にともなって変形する．そして，その地層の配列と大構造の特徴は，①一つのスラストシートは内側へ若くなること，②スラストシートの積み重なりは全体的に外側へ若くなること，③ほとんどの逆断層と非対称褶曲のたおれこんでいる方向が外側であることの三点

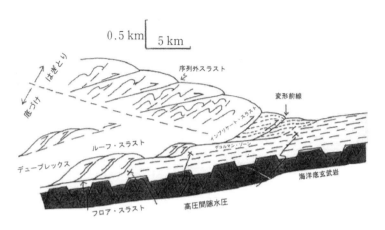

図12-9　沈みこむプレート境界の付加体先端における地層配列の断面（小川・久田, 2005）.

であるという（図12-9）.

　また，プレートと陸側のプレートとの境界断層はデコルマンといわれ，デコルマン帯には，メランジュやオリストストローム，デュープレックス構造などの構造と堆積物が特徴的にみられるという．メランジュとは混在岩のことで，土石流堆積物や構造的に変形や破砕されて形成されたとされる．オリストストロームは大規模な水底地すべり（スランプ）堆積物で，外来の巨礫などをともなう．デュープレックス構造は未固結な地層がスラスト（衝上断層）を境に瓦を積み重ねたような（覆瓦）構造しているもので，付加体でみられる非対称構造のもっとも顕著なものとされる.

　デュープレックス構造と同じものが，庵原層群の南松野砂礫部層の入江の地層に見られる（図12-10）．この構造は，まさにデュープレックス構造と見かけ同じものであり，東からの未固結な泥層の地すべりにより瞬間的な流下現象で形成されたもので，従来からある用語でいえば「衝上断層型ないし横臥褶曲型スランプ構造」にあたる．南松野砂礫層が堆積した当時は，その東側の嵐山などの火山体の隆起があったと考えられ，そのためにコノシロなどが生息していた入江に堆積した未固結な泥層が西側に向って，すべり流れ下ったときにできたスランプ構造と考えられる.

　デュープレックス構造を含む「デコルマン」という用語は，一般的にはほぼ水平な断層をはさんで上下で構造が異なり，その断層が引きはがしを起こしている場合

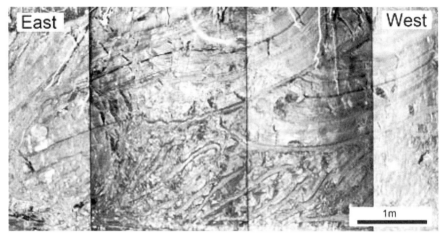

図12-10　南松野の庵原層群で見られるデュープレックス様構造（柴ほか，1990b）．

に使われる．しかし，この用語はもともと大規模な地すべりを生じさせた断層やすべり面をあらわすものである（小川・久田，2005）．また，メランジュについても，その特徴とされる堆積物と構造のほとんどが土石流や地すべりの堆積物と類似するもので，それが構造的変形なのか堆積的変形なのか，簡単に識別できないという（小川・久田，2005）．

　Cowan and Silling（1978）によれば，付加体やスラスト帯と地すべり岩体とは，同じ構造をしていて区別がつかないとのべている．また，Moores and Twiss（1995）は，大構造をみれば付加体と地すべり岩体とでは，その先端部の構造はまったく同じであると指摘している．さらに，付加体は陸側に傾きつづけるスラストが海溝堆積物をかき上げるとされているが，Hamilton（1977）によればそのスラストは海溝斜面が重力によって大規模に地すべりを起こした水平方向ののびに起因するとしている．

　すなわち，付加体にはその特徴的な水平短縮の構造があっても，その原因が地すべりのような重力によるものか，プレートの沈みこみによる水平圧縮によるものかは，その構造の形態だけでは判断できないということになる．付加体の構造は，海側からの長期にわたる一方的で継続した圧縮によって生じた変形構造ではなく，その多くは隆起の時代に海溝側に大量の堆積物が供給され，陸側からの地すべりのよ

うな重力作用によって形成された変形構造と，私は考える.

　赤石山脈の四万十帯でみられるような大規模な海底地すべり堆積物や地層中に数m～数kmのさまざまな波長の褶曲構造，泥岩層には砂岩などの異質岩片が含まれる「乱雑な堆積物」は付加体の特徴とされているが，このような乱雑な堆積物や褶曲構造は浜石岳層群でもしばしばみられる．浜石岳層群でみられる褶曲構造は，基盤の隆起にともない形成されたもので，スランプ構造の多くも褶曲形成時に形成されている．また，浜石岳層群でみられる海底地すべり堆積物や乱雑な堆積物は急傾斜の大陸斜面やチャネル状の海底の堆積物の特徴と考えられる.

　すでに第10章でのべたが，静岡地域の新第三系～第四系の分布の断面では，西側から東側に衝上断層に境されて新しい地層が分布し，その区切られた地層の内部では西側がより新しい地層になる傾向がある（196頁の図10-2参照）．この構造は，まさに付加体の特徴でしめされた①～③に該当し，静岡地域の新第三系～第四系は南海トラフ北側延長の西側の付加体とすることができる.

　この地層と地質構造がどのように形成されたかは，すでに第10章でのべたように日本列島の隆起とともに陸側（西側）から海側（東側）に古い層群から新しい層群が断層を境にして配列し，それぞれの層群の堆積時にその下の基盤ブロックが多くの場合東側から垂直に上昇した結果，西側の低いところに地層の堆積がおこなわれ，それと同時に褶曲構造が形成された．このような地質構造は海溝側（東側）からの水平圧縮ではなく，陸側の隆起にともなって形成されたものであり，最終的には今から約40万年以降の赤石山脈の大規模隆起によって南東側へ押し出されて，それらの層群の境界に衝上断層が形成されたと考えられる.

　したがって，海溝にそった付加体といわれる地層とその地質構造も，陸上でみられる付加体にあたる静岡地域の新第三系～第四系と同様に形成されたものと考えられる．すなわち，私たちは駿河湾の奥側の陸上において，南海トラフの海溝陸側斜面が陸上に上がった内部を地質調査して，その地質構造とその形成についてすでにあきらかにしていたことになる．そして，それはプレートの沈みこみによって形成されたものでなく，基盤ブロックの隆起運動によって形成された.

大陸斜面の付加体の正体

　図12-11は，「ちきゅう」による深海掘削319のために南海トラフのトラフ（海

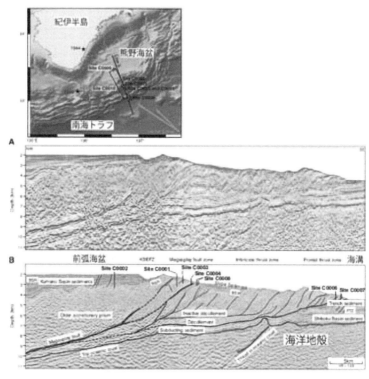

図12-11　深海掘削 319 のために南海トラフのトラフ（海溝）底から陸側斜面の
　　　　 熊野海盆（深海平坦面）へかけての音波探査記録とその解釈図
　　　　 (Saffer et al., 2010).

溝）底から陸側斜面の熊野海盆（深海平坦面）へかけての音波探査記録とその解釈
図である．この図では，図 12-9 のモデルのように，その音波探査記録は海溝へ沈
みこむ海洋地殻（プレート）とその上位の付加体と解釈されている（Saffer et al.,
2010）．この図の西側の熊野海盆の部分が 148 頁の図 8-10 にあたる．

　図 8-10 でしめした紀伊半島沖の南海トラフから熊野海盆にいたる地震探査によ
る断面を見れば，そこで付加体とされるものはさしみを重ねたような陸側に傾斜し
てくりかえす地層で，これは熊野海盆の堆積層の基盤にあたる中新世後期の地層で
ある．熊野海盆では，中新世後期の地層の上に鮮新世の地層があまり変形をうけず
に重なり，さらにその上に今から 100 万年～50 万年前の地層が陸側にゆるく傾斜

して重なり，さらに約50万年以降の地層がほぼ水平に重なっている．

　御前崎から掛川地域に分布する地層でいえば，この熊野海盆の付加体とされる中新世後期の地層は相良層群にあたり，その上位の鮮新世の地層は掛川層群に相当し，その掛川層群とされる地層は熊野海盆でも下部と上部が区別されている．その上に重なる今から100万年〜50万年前の地層は小笠層群に相当し，さらに上位の地層は根古屋層以降の地層に相当すると思われる．

　相良層群は，陸上でも背斜や向斜など，さらにスランプ構造などの褶曲構造がみられ，その陸側に掛川層群が分布するようすは，まさに御前崎から掛川地域の相良層群と掛川層群の地質構造とその重なり（180頁の図9-16参照）と一致する．熊野海盆での付加体は，中新世後期の地層である．中新世後期は隆起の時代で，陸側の大規模な隆起によって，この時代の地層は海溝付近まで堆積物が大量に運ばれて堆積し，堆積と同時に起こった基盤ブロックの隆起による褶曲構造と海底地すべりによる変形をうけ，さらに中新世末期の手打沢不整合を生じさせた隆起によって変形した．そして，その上に鮮新世の掛川層群相当層が堆積したものと考えられる．すなわち，ここでは付加体を変形させた主要な構造運動は，私が相良変動とよんだものであり，それは中新世後期におこなわれたことになる．

　また，駿河湾奥部の陸側地域を，南海トラフの北側陸上延長での付加体の内部とするならば，私たちは陸上で付加体（浜石岳層群や富士川層群など）の内部を実際に見ていることになる．すでに第10章でしめしたように，その場所の地層は細分された基盤ブロックのそれぞれの隆起により複雑に褶曲していて，その地質構造はその基盤ブロックの隆起運動に支配されている．駿河湾奥部の陸側の地質構造が南側の南海トラフに延長しているとすると，付加体とよばれるもの内部の地質構造はその地域の基盤ブロックの隆起運動によるものと考えられる．

　また，熊野海盆では，図8-10（148頁参照）で小笠層群相当層の上部がその下部とは反対に陸側で厚く，陸側に傾斜している．これは，熊野海盆の海側縁辺にあたる外縁隆起帯の隆起が小笠層群相当層上部の堆積時に起こったことをしめし，その隆起運動はそれよりも新しい地層も陸側に傾斜していることから，継続していると推定される．小笠層群の堆積した時期は，私が小笠変動とよんだ顕著な隆起の時代の変動の結果で，そのために大陸斜面に大量の堆積物を供給したと考えられる．

　南海トラフの北東端の駿河湾では，駿河湾中央水道の陸側斜面の外縁隆起帯にあ

たる石花海堆に小笠層群に相当する石花海層群が分布し，それは複背斜構造を呈する．そして，その西側の前弧海盆にあたる石花海海盆には根古屋層相当層が堆積している．ここでの付加体は，石花海層群に相当すると思われるが，その堆積は小笠変動のときにおこなわれ，その褶曲構造は有度変動によって形成された．

　現在の南海トラフにそってある付加体といわれる変形した堆積体を構成する地層のほとんどが，陸側から運ばれた堆積物であり，それらは中新世後期や更新世前期など隆起の時代に顕著である．そして，その付加体の主要な変形は，プレートの海溝に沈みこむ動きにあわせてつねに形成されているのではなく，それぞれの地層が堆積しているとき，またはその直後に形成されている．すなわち，付加体とよばれる海溝陸側の変形した地層群は，つねに連続して海溝に沈みこむような大洋底のプレートの運動によって形成されたものでなく，島弧のそれぞれの隆起の時代（相良変動や小笠変動，有度変動の時代）に形成されている．

海溝の起源

　プレートテクトニクスでは，海溝はプレートが沈みこむところとされている．しかし，島弧などの陸側が大規模に隆起することがあきらかであることを考えれば，むしろ陸側の地殻が大洋側に押し出したと考えるべきであろう．また，島弧と海溝が対をなして形成し，それにともない現在の地震や火山が発生していることは，島弧と海溝は現在の活動によって形成されたものであることをあらわしている．すなわち，島弧は中新世後期（今から約1100万年前）から形成されはじめたことから，海溝も同じようにそのころから形成されはじめたものであり，さらに島弧—海溝系にともなう現在の地震や火山活動も中新世後期からはじまったことになる．したがって，もしプレートテクトニクスによる地殻変動があるとしても，それは中新世後期からはじまったもので，それ以前にはなかったと考えられる．しかし，それではジュラ紀以前から連続して活動しているプレートテクトニクスが成立しないために矛盾が生じることになる．

　矢野（1995）は，島弧—海溝系の地質構造が，①非対称アーチ，②縦走断層群，③前弧波曲，④島弧前縁の押しかぶせ断層，⑤海洋地殻の撓曲の五つの要素から構成されるとし，それらは島弧の下のウェッジマントル（島弧地殻と和達—ベニオフ面にはさまれた楔状の上部マントル）内の熱プリュームが大陸側から海洋側へ斜

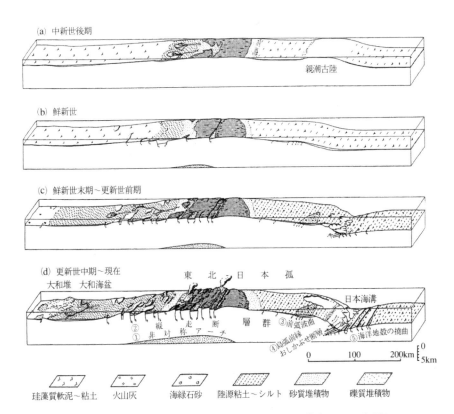

図12-12　矢野（1995）による東北日本における島弧－海溝系の地質構造とその形成過程.

め上方に向う浮力がはたらいていて，その上昇により非対称アーチが形成されるとした.

　図12-12は，矢野（1995）がしめした東北日本における島弧―海溝系の地質構造とその形成過程である．それによれば，(a) の中新世後期には地形の起伏は小さく，少なくとも現在の位置に海溝は存在しなかった．(b) の鮮新世には，島弧の非アーチングがはじまり，それにともなって①非対称アーチに縦走断層群が発生した．(c) の鮮新世末期～更新世前期には，非対称アーチングが成長し，島弧―海溝系の原型ができ，縦走断層群が発達して地塊化が進み，変位量の大きな断層は隆起側の地塊の重力による押しかぶせによって逆断層から押しかぶせ断層になった．隆起する陸

域から供給された砕屑物は，タービダイトとして日本海側の大陸斜面〜大和海盆に
ひろく堆積し，前弧側の太平洋側ではいくぶん粗粒になった．島弧前縁では短縮変
形がはじまり，前弧海盆が形成され，傾斜勾配が増して斜面崩壊や島弧前縁の押し
かぶせ断層が発生した．(d) の更新世中期〜現在では，非対称アーチングが加速し，
現在みられる島弧─海溝系の大起伏地形ができ上がり，島弧前縁の短縮変形が強化
された結果，押しかぶせた島弧前縁部や斜面崩壊堆積物にはたらく重力荷重によっ
て日本海溝が形成されたとした．

　島弧─海溝系の形成過程については，ほぼこのようなものだったと私も考えてい
る．しかし，海溝側陸側斜面の堆積物の多くが中新世後期の堆積物であることから，
非対称アーチは中新世後期から形成されていたと思われる．

　星野 (1970) は，海溝は島弧と大洋側の地殻の隆起のために，その間に形成され
た不動のところとしている．そして，星野 (2010) は，海溝の基盤は地殻とマント
ルの境界とされるモホロビチッチ不連続面 (モホ面) につづく，原生累代末期 (約8
〜6 億年前) の準平原面の連続であるとした．そして，その陸側の中央台地との間
に形成された原生累代末期以降の地向斜に堆積した地層が，ネオテクトニクス期
(鮮新世初期と更新世前期) に起こった上部マントルからのカルシウムに富むソー
レアイト質玄武岩マグマの上昇と地殻内への迸入による地殻の大規模な隆起運動
によって，大洋側に押し出して島弧を形成したとした (図 12-13 の A)．そして，大
洋側では，島弧の大洋側に生じた地殻の圧縮帯の外縁部に玄武岩の火山活動が起こ
り，海溝の大洋側縁辺にスウェールとよばれる縁辺海膨 (図 12-13 の⑥) が形成さ
れた．その玄武岩は，地殻の圧縮帯に特徴的なアルカリ玄武岩であるという．

　図 12-13 の A は，日本海から太平洋側に横切る日本列島の断面としても理解でき
る．すなわち，②の中央台地は日本海の海底にあたり，その地域の東側の日本列島
の先カンブリア時代末期以降の地向斜に堆積した地層が，ネオテクトニクス期に起
こった上部マントルからのマグマの上昇と迸入による②と⑪の地域の隆起により，
大洋底側に押し出して島弧を形成したと考えられる．

　また，星野 (2014) は，アフリカ大陸など古い台地の縁辺に海溝が分布していな
いのは，そこが造山帯の隆起にともなう片側へ押し出す構造による地殻の圧縮帯が
なく，外縁隆起帯が形成されなかったためであるという．また，陸上でも海溝と同
じ構造があり，その例として，中国東北部南部の渤海と朝鮮半島を含む先カンブリ

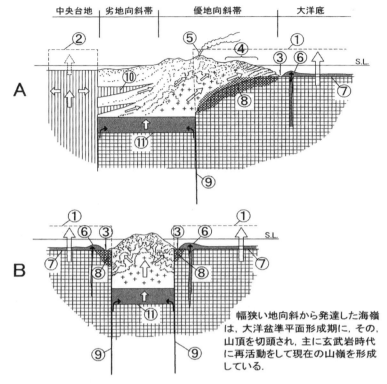

A. 中央台地に伴う周辺地向斜の押出しと，縁辺海膨の活動によって
　　形成された海溝（例：日本海溝）

B. 幅狭い地向斜から発達した海嶺（隆起帯）のつくる圧縮帯の外側
　　の縁辺海膨がつくった二重海溝
　　（例：東90度海溝，メラネシア島弧の海溝）

上部マントル（古期台地）		層状火成岩体（新期台地）	
玄武岩層（ソレアイト・アルカリ玄武岩）		地向斜帯	

① 初期原生代の原初隆起台地　② 古期・新期の隆起中央台地　③ 海溝
④ 移動地塊　⑤ 火山フロント　⑥ 縁辺海膨　⑦ 大洋盆準平面（モホ面）
⑧ 地塊圧縮帯　⑨ 境界断層（深さ600kmに達す）
⑩ オフイオライト（層状火成岩体の分枝）
⑪ 原生代初期の地球表面（深さ約50km）

図12-13　海溝の起源（星野, 2010）.

ア時代の台地 (中朝台地) と祁連山脈と泰嶺山脈の間の低地帯 (北西回廊) と，アメリカのシェラネバダ山脈とグレートベーズンの間のデスバレーをあげている．

　星野 (1991) は，地球の誕生から現在までを三つの時代にわけ，誕生から始生累代までの時代を花崗岩時代，原生累代から古生代までを漸移時代，中生代から現在までを玄武岩時代とした．そして，玄武岩時代には地球の誕生早期に集積したユークライト隕石から形成された岩流圏 (アセノスフェア) でのウランの放射性同位体の崩壊熱により，高温・高圧マグマが発生してその体積増大によって岩石圏 (リソスフェア) の弱線 (始生累代の線構造) にそって線状の深部断層が生じ，高温・高圧マグマは水平にひろがり，台地の基盤の下をもち上げて迸入したと考えた．そして，岩流圏で発生したそのマグマはソーレアイト質の玄武岩マグマで，それらは陸上に噴出して台地玄武岩となり，海底にあふれ出したものは準平原化された上部原生累代の基盤の一面をおおって現在の海洋地殻を形成した．変形して隆起した堆積層は島弧や海嶺を形成し，中生代以降の海洋底玄武岩層の形成による大洋盆底の隆起によって，海水準は 6 km 上昇したとした (星野，1991, 2014；Hoshino, 1998, 2007, 2014)．

黒潮古陸

　紀伊半島の四万十帯の地質調査を永年おこなってきた紀伊四万十帯団体研究グループ (四万十団研) という調査グループがあった．紀伊半島南部の険しい山々と荒々しい海岸線がその調査地域で，ほとんどの地層は大井川流域でみられるような砂岩層と泥岩層からなるタービダイトである．そして，それらの地層は，大局的にみると北側から白亜紀の日高川帯，始新世の音無川帯，中新世前期の牟妻帯に区分され

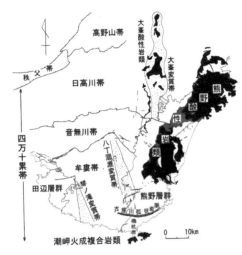

図 12-14　紀伊半島の四万十帯と中新世中期火成岩類と熱変質帯 (中屋ほか，2012)．

ている（図 12-14）.

　もっとも南に分布する牟婁帯の地層の中にオーソコーツァイト（正珪岩）とよばれる石英砂のみからなる硬い砂岩の礫が含まれているのが発見された（図 12-15）. オーソコーツァイトの地層は日本には分布しないが，中国大陸では震旦系（しんたん）という約 10 億年前の原生累代の地層の中に，砂漠で形成されたオーソコーツァイトの地層がひろく分布している.

　牟婁帯のオーソコーツァイトの礫が南からの供給方向をしめすことか

図 12-15　紀伊四万十帯の牟婁層群のサラシ首礫岩層に含まれるオーソコーツァイト礫

ら，四万十団研ではこのオーソコーツァイトの礫は，紀伊半島の南側にかつてあった原生累代の大陸から運ばれてきたものであろうという推測をして，その古い大陸を「黒潮古陸」と名づけた（紀伊四万十帯団体研究グループ，1968）.

　原田ほか（1970）は，オーソコーツァイト礫は礫岩層の礫の 10〜15％以上をしめ，大きさは中礫（最大径が 4〜64 mm）が多いが大礫（最大径が 64〜256 mm）も含まれるとしている. そして，その供給地については南海トラフの陸側斜面の外縁隆起帯と同様な古い隆起帯である可能性をのべている. また，久富・三宅（1981）は，そのような古い隆起帯は，潮岬を通る東西方向の潮岬火成活動隆起帯から大陸斜面にかけて存在していたと推定した.

　四万十団研がオーソコーツァイトの礫から推定した「黒潮古陸」について，鈴木・中屋（2012）では四万十帯を付加体と位置づけたことと，オーソコーツァイト礫が南からきた根拠が疑わしいことから，その存在を否定している. しかし，直径が 20数 cm にもおよぶオーソコーツァイト礫がなぜ四万十付加体の，それも南側の地域に多く含まれているかという問題について，鈴木・中屋（2012）は答えていない. 公文ほか（2012）は，四万十帯の粗粒砕屑物組成の研究から，古第三紀には西南日本内帯の花崗岩や古期堆積岩類と中朝地塊（中国や朝鮮半島に分布する原生累代の地層や岩石）からの砕屑物が直接的に四万十帯に供給されたとしている.

私は，紀伊四万十帯に含まれるオーソコーツァイトの礫は，四万十帯の地層の基盤をなす地下に存在するだろう古い岩体が，久富・三宅（1981）のいう隆起帯などで上昇して削剥され，そこから供給されたものではないかと考える．

親潮古陸

一方，東北日本弧の太平洋側，八戸沖の日本海溝西側斜面で1988年に実施された深海掘削によって，水深1,600mの海底から深度1,000m（海水準下2,600m）のところで，白亜紀後期の硬質粘板岩を不整合におおうおもに石英安山岩礫からなる漸新世後期の河川で堆積した礫岩層が発見された．このことは．この地域の日本海溝西側斜面が古第三紀に陸域であり，その後に海域になり沈水したことを意味する．このことから，奈須ほか（1979）は古第三紀にこの地域にあった陸地を「親潮古陸」と名づけた（図12-16）．

1999年に八戸の東方沖約60kmの水深857mでおこなわれた基礎試錐「三陸沖」では，中新世中期以降の地層の下に漸新世後期の地層があり，その下の海水準下1,683mに不整合があり，石炭層をはさむ始新世前期〜中期の地層が海面下3,500mまであり，さらに下位には暁新世から白亜紀後期の地層が海面下4,500mまで認められた（石油公団，2000）．この八戸沖の大陸斜面に分布する地層は，北海道に分布する白亜紀の蝦夷層群と始新世の石狩層群の南方への延長と考えられた．

また，大澤ほか（2002）は，基礎試錐「三陸沖」であきらかになった層序をもと

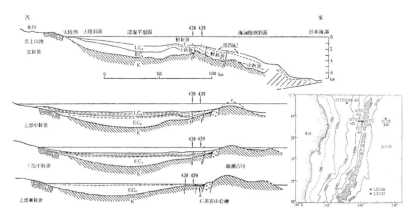

図12-16　日本海溝西側の海底地質と親潮古陸（奈須ほか，1979）．

に地震探鉱（音波探査）データから図 12-17 にしめす地質断面の解釈図を作成した．
そして，向斜構造を形成する白亜紀から始新世の地層の東翼が大規模に不整合によ
って削剥されていることから，その削剥量が 4,000 m におよぶと推定した．

小松（1979）は，北上沖の石油試掘井のデータから中新世の地層は海の堆積物で，
その下位には不整合で古第三紀の地層があり，それは非海成層が含まれる非常に浅
い環境下で堆積したとのべている．また，岩田ほか（2002）によれば，常磐沖の阿
武隈リッジでの掘削では，中新世中期以降の地層の下位に傾斜不整合が認められ，
陸成から海成の中新世前期の地層があり，その下位には不整合で浅海に堆積した漸
新世の地層があり，さらにその下位は不整合で石炭層をはさむ陸成の暁新世から白
亜紀末期の地層があるという．

高野（2013）は，東北日本の太平洋側の大陸斜面は白亜紀から始新世の時代に北
海道からつづく沼沢地や蛇行河川が発達する広大な陸地があり，それが始新世中期
以降に沈降したとした．また，安藤（2005）は，この鹿島沖から北海道中軸部を通
ってサハリン中部にかけて長さが 1,400 km にわたって連続する，白亜紀から古第
三紀の堆積盆地を「蝦夷堆積盆」と総称した．

南雲（1980）は，日本海溝から大陸斜面までの構造運動モデルについて，白亜紀

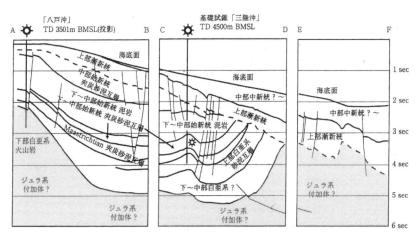

図 12-17　三陸沖の東西方向の地震探鉱断面（大澤，2005）．TD4500mBMSL とは総掘削深度が
　　　　　海水準から 4500 m ということ．A〜F は断面線の区画位置．

には本州弧側（現在の陸側）の隆起にともない海域側は沈降域となり，厚い堆積物が堆積して，古第三紀には大規模な褶曲運動が起きて現在の沿岸域には沈降域となり，大陸斜面外縁は隆起して一部侵食をうけたとした．そして，新第三紀には本州弧も含む広域な沈降運動により堆積が一様におこなわれ，第四紀になると深発地震面にそう逆断層運動が顕著となり，上盤にあたる島弧側の岩体が押しかぶせ構造を形成して，斜面外縁・海溝軸という一連の海溝地形が形成されたとした．

　これらのことから，東北日本弧の海溝側の海底は，白亜紀から古第三紀にかけての時代には，現在の海水準より 3,000〜4,000 m 低いところが蛇行河川の発達する広大な陸域であり，八戸沖では始新世中期または漸新世に現在の外縁隆起帯などのに水深約 2,500 m の地域は陸域があり，中新世になって全体が海に沈みはじめたと考えられる．なお，海底となって堆積した中新世の地層とその上位の鮮新世の地層について，小松（1979）は両者が不整合の関係にあることを指摘している．また，三陸沖の水深 2,330 m の海底から浅海で穿孔された中新世末期から鮮新世初期の泥岩片とそれをおおう礫層の礫が採集されている（飯島・加賀美, 1961）ことから，中新世末期には深海平坦面の一部が浅海だった可能性がある．

西南日本弧の地質構造帯

　日本列島は，その中央部のフォッサマグナ地域を境に西南日本弧と東北日本弧に区分される．また，西南日本弧は，その中央を東西に区切る中央構造線によって，北側を内帯，南側を外帯に区分される．そして，それらの地域には同じ時代に形成された，同じような地層や岩体があるひろがりをもって帯状に連続して分布する．そのため，そのような帯状の地質体を地質構造帯とよび，そのそれぞれが模式的に分布する地域の名をとって，「美濃帯」や「四万十帯」などとよばれる．

　なお，日本列島の地質構造帯を区分する場合，一般的に新第三系以降の地層をのぞいた地質が対象となり，新第三系がひろく分布するフォッサマグナ地域などはのぞかれる．西南日本弧と東北日本弧の境界は，西南日本弧の帯状構造がフォッサマグナ地域まで延長されることから，フォッサマグナ地域の東側の境界にあたる棚倉構造帯とされる．

　西南日本弧では，このような帯状の地質構造帯の分布が顕著で，一般的に内帯は日本海側から，①飛驒帯，②飛驒外縁帯，③秋吉帯，④周防帯，⑤舞鶴帯，⑥超丹

波帯，⑦美濃帯，⑧領家帯に，外帯は中央構造線から太平洋に向って⑨三波川帯，⑩秩父帯，⑪四万十帯に区分される．そして，それらは大きく次のA帯〜D帯の四つの帯に区分できると考えられる．図12-18に日本列島（西南日本弧と東北日本弧）の地質構造帯の分布をしめす．

A帯は，①の飛騨帯と②の飛騨外縁帯を含む地帯である．①の飛騨帯は，飛騨―隠岐帯ともよばれ，原生累代〜中生代初期の花崗岩や変成岩で構成されている．②の飛騨外縁帯は，オルドビス紀〜ペルム紀の浅海性石灰岩や酸性火山岩の火砕岩などとともに石炭紀に高圧型の変成作用をうけた変成岩からなる．

B帯は，③〜⑥の秋吉帯，周防帯（三郡帯），舞鶴帯，超丹波帯の四つの帯を含むものである．③の秋吉帯は，石炭紀〜ペルム紀中期の石灰岩やチャートとペルム紀の中期〜後期の砕屑岩から構成され，④の周防帯は蛇紋岩や高圧型変成岩からなる超塩基性岩類と変成岩類からなる．⑤の舞鶴帯と⑥の超丹波帯はペルム紀の堆積岩からなる泥岩や砂岩，火山砕屑岩（緑色岩），石灰岩を含む地層である．B帯の四つの帯は古生代後期の堆積物からなり，三畳紀前期以降の堆積物を含まないという特徴がある．

C帯は，内帯の⑦の美濃帯と⑧の領家帯と，外帯の⑨の三波川帯と⑩の秩父帯からなる．⑦の美濃帯は，丹波―美濃―足尾帯ともよばれ，古生代後期の岩体も含むが三畳紀〜ジュラ紀中期の緑色岩やチャート，石灰岩とジュラ紀の砂岩と泥岩などの砕屑岩からなる．⑧の領家帯は⑦の美濃帯を原岩とするホルンフェルスや片麻岩など高温低圧型の変成岩類からなる．なお，中央構造線にそって内帯側に和泉層群など白亜紀後期の浅海の堆積盆地が分布するところもある．

外帯の⑩の秩父帯は⑦の美濃帯と同じような堆積岩層からなる．⑨の三波川帯は結晶片岩など低温高圧型の変成岩類からなり，その原岩は⑩の秩父帯の堆積岩と考えられる．また，三波川帯の秩父帯側の部分には御荷鉾緑色岩類とよばれる塩基性〜超塩基性岩の溶岩や岩床が分布することがある．

秩父帯の中には黒瀬川構造帯というシルル紀以前の花崗岩や変成岩，蛇紋岩などとシルル紀〜デボン紀の堆積岩が分布する地帯があり，それを境に秩父帯は北帯と南帯に区別される．黒瀬川構造帯は，超塩基性岩（蛇紋岩）に囲まれて基盤岩であるA帯とB帯の岩石がみられるもので，地下深くから上昇してきた超塩基性岩にとりこまれた基盤岩が地表に露出した秩父帯堆積時の隆起帯と考えられる．

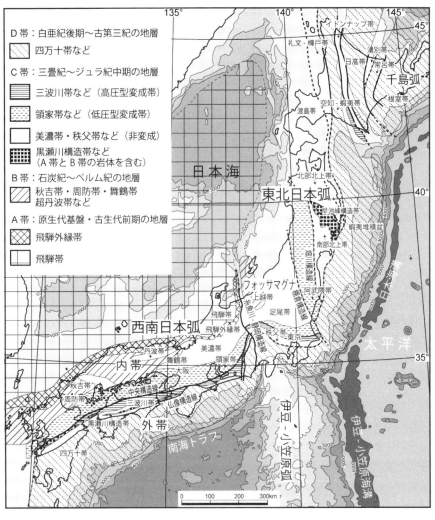

図 12-18　日本列島の地質構造帯の分布．地質調査所（1982），井本（1995），磯崎（2000），安藤（2005）などを参考に作成．

D帯は，外帯のもっとも外側にある⑪の四万十帯からなる．⑪の四万十帯は白亜紀後期からおもに古第三紀の砂岩や泥岩などの砕屑岩からなり，南側に向って断層で接して新しい時代の層群が分布する．C帯とD帯の境界は仏像構造線という断層

とされる．なお，四万十帯の南側の地域には新第三系が分布し，それらは南海区の地層とよばれることがある．

西南日本弧の形成

西南日本弧の地質構造帯をみると，上にしめしたように大きくA帯～D帯の四つに区分でき，古い時代のものから，原生累代の岩体と古生代の地層（①飛騨帯）と石炭紀に変成作用をうけた変成岩（②飛騨外縁帯）からなるA帯と，古生代後期の地層からなるB帯の③秋吉帯，④周防帯，⑤舞鶴帯，⑥超丹波帯，そして内帯から外帯にひろく分布する三畳紀～ジュラ紀中期の地層からなるC帯の⑦美濃帯と⑩の秩父帯，外帯のもっとも外側に分布する白亜紀後期以降の砕屑岩層からなるD帯の⑪四万十帯に区分される．C帯の⑧領家帯と⑨三波川帯は，それぞれ美濃帯と秩父帯の地層が変成作用をうけた変成岩であり，美濃帯と秩父帯に含まれる．

A帯の飛騨帯は原生累代の基盤地塊で，その周縁に分布する飛騨外縁帯は，石炭紀のバリスカン変動で変成作用をうけたもので，A帯のとくに飛騨帯は西南日本弧の日本海側の陸域と日本海の大和堆や朝鮮半島など日本海とその周辺地域にひろく分布すると考えられる．

B帯のうち秋吉帯，舞鶴帯，超丹波帯の三つの帯は，A帯の隆起にともない石炭紀～ペルム紀にその外側に堆積した地層で，それらはペルム紀末期～三畳紀前期に隆起し，B帯の周防帯はその隆起運動にともなう変成作用と火成活動にともなって形成されたともの考えられる．

C帯の美濃帯と秩父帯は，おもに三畳紀～ジュラ紀中期のチャートや泥岩，砂岩などからなり，そのうち泥岩層や砂岩層と砂岩泥岩互層は海底扇状地に形成した地層である．これら外帯と内帯の海底堆積物は付加体堆積物とされているが，すでにのべてきたように付加体の陸源性堆積物は隆起の時代に海底斜面で形成された堆積物であると考えられ，三畳紀前期に隆起した内帯の秋吉帯などのB帯の外側に堆積したと考えられる．なお，美濃帯のジュラ紀中期の上麻生礫岩にはオーソコーツァイト礫のほか20億年前の年代値が測定された珪線石片麻岩の礫が含まれ，現在の飛騨帯から由来したと考えられている．

また，C帯の美濃帯や秩父帯に含まれるチャート層は，この時代には石灰質殻をもつプランクトンがまだ誕生していなかったために，炭酸塩補償深度である約

4,000 m より浅い海底でも，砂や泥の供給が少なければ形成される．すなわち海水準変化の視点からみれば，チャート層の堆積は沖合に堆積物が運ばれない海水準上昇期（海進期）におこなわれ，砂岩泥岩互層など陸源性堆積物の形成は陸側の隆起が活発だった低海水準期または高海水準期の堆積体と考えられる．

　また，西南日本弧は三畳紀からジュラ紀にかけて，内帯と外帯には東西に長くのびた二列の海底の堆積盆地があったと考えられる．内帯側の堆積盆地にはおもに北側に位置する A 帯や B 帯から堆積物が供給され，外帯の堆積盆地には中央構造線付近の内帯側や黒瀬川構造帯にあった隆起帯などから堆積物の供給があったと考えられる．

　白亜紀になると，日本列島全体の隆起があり，とくに中央構造線付近の内帯側は白亜紀中期以降には酸性マグマ活動による隆起の中心となり，内帯側には高温低圧型の変成岩帯（領家帯）が形成され，南側への隆起による押しかぶせにより外帯側に低温高圧型の変成岩帯（三波川帯）が形成された．また，中央構造線にそってその内帯側には，白亜紀後期に和泉層群などの浅海性の堆積盆地も形成され，濃飛流紋岩などの大規模な酸性火山活動も起こった．

　D 帯は，外帯の仏像構造線より南側の四万十帯にあたり，それは白亜紀後期から古第三紀にかけての海底，とくにその多くは大陸斜面のチャネルや海底扇状地の堆積物で，北側の隆起にあわせて順次南側に大陸斜面が前進しながら厚い地層が形成されたものと考えられる．ここでも同じように泥岩層の多くは海進期の堆積体にあたり，砂岩泥岩互層が厚い層準は低海水準期または高海水準期の堆積体と考えられる．海進期堆積体には玄武岩溶岩などの火山活動があり，チャート層や石灰岩層もはさまれる．それらは深海底のオフィオライトではなく，富士川谷の浜石岳層群でみられた泥岩層と火砕岩層の層準と同様に，堆積盆地の中の海水準上昇期の堆積物と考えられる．なお，四十万帯の中にも秩父帯にみられる黒瀬川構造帯のような隆起帯があったと考えられ，潮岬火成活動・隆起帯（久富・三宅, 1981）や南海トラフの北側にそってある現在の外縁隆起帯もその一部だったと考えられる．

東北日本弧の地質構造帯

　東北日本弧の陸上部の特徴は，阿武隈山地と北上山地の地質構造にみられる北北西―南南東方向の帯状構造があることであり，東北日本弧の西縁にあたる棚倉構造

帯から東側に，①阿武隈帯，②南部北上帯，③早池峰構造帯，④北部北上帯が区分<ruby>早池峰<rt>はやちね</rt></ruby>されている．そして，その配列とはかかわりなく太平洋側の海岸付近には宮古層群や久慈層群など白亜紀前期末〜後期，古第三紀の地層が分布する．

　①の阿武隈帯は，いわゆるジュラ紀の地層が変成した変成岩と白亜紀に貫入した花崗岩からなるといわれる．②の南部北上帯と③の早池峰構造帯は，氷上花崗岩や母体変成岩類などのシルル紀以前の花崗岩や変成岩と，それをおおうシルル紀〜白亜紀前期の浅海で堆積した石灰岩や砂岩層，泥岩層からなり，塩基性〜超塩基性岩類もひろく分布する．

　④の北部北上帯は砂岩層や泥岩層，チャートなどからなり，緑色岩や石灰岩が含まれ，石灰岩とチャートからは三畳紀〜ジュラ紀の化石が産し，泥岩からはジュラ紀の化石が含まれる．北部北上帯の東部地域の砂岩にはカリ長石と石英が多く含まれ，大陸からの砂粒の供給が考えられる．また，その北側の北海道の渡島帯は，ジュラ紀付加体とされる緑色岩やチャート，石灰岩を含むおもに泥岩層とそれに貫入する白亜紀花崗岩類からなり，含まれる石英長石質砂岩の化学組成からその供給源としてグラニュライト相程度の高変成度の岩石からなる原生累代の岩石が存在するとされる（川村ほか，2000）．そして，北部北上帯は，その岩相ユニットの類似から北海道の渡島帯と秩父帯南帯に対比されると考えられている（高橋ほか，2016）．

　④の北部北上帯が西南日本の秩父帯南帯に対比されるとすると，②の南部北上帯〜③の早池峰構造帯は秩父帯北帯〜黒瀬川構造帯に対比されると考えられる．黒瀬川構造帯は，西南日本弧外帯の秩父帯にあり，4億年の放射年代をもつ三滝火成岩類や寺野変成岩類，および非〜弱変成のシルル〜デボン系などからなるレンズ状岩体が蛇紋岩をともなって東西に連なって分布する隆起帯である．波田（1996）によれば，南部北上帯〜早池峰構造帯にかけての岩手県大船渡付近のシルル紀〜デボン紀の地層とそれよりも古い時代の岩石の分布地域は，黒瀬川構造帯と一連のものと考えられ，黒瀬川―大船渡帯とよぶこともあるという．これにしたがい，図 12-18 では南部北上帯の一部と早池峰構造帯を黒瀬川構造帯に対比した．

　これらのことから，東北日本弧の阿武隈帯は西南日本弧内帯の領家帯に，南部北上帯〜早池峰構造帯は秩父帯北帯〜黒瀬川構造帯に，北部北上帯は秩父帯南帯に対比されると考えられる．そのため，西南日本弧の領家帯から秩父帯までの地質構造帯は，三波川帯は明確ではないが，基本的に東北日本弧に連続すると考えられ，西

南日本弧の内帯と外帯をわける中央構造線の東北日本への延長は，畑川構造線にほぼ対応するする可能性がある．

　東北日本の太平洋側の海底には，すでに「親潮古陸」の節でのべたように，海岸線にそって南北に常磐沖から八戸沖，さらに北海道の空知―蝦夷帯に連続する白亜紀後期から古第三紀の地層が堆積する蝦夷堆積盆（安藤, 2005）がひろく分布する．この白亜紀後期から古第三紀の地層はまさに西南日本弧の四万十帯に対比され，四万十帯は房総沖から北側にひろがり，三陸沖から北海道の中軸部からサハリンに連続することになる．

　この東北日本弧の四万十帯は，河川から浅海で堆積した地層からなり，現在の海水準より 3,000～4,000 m 低いところに沼沢地や蛇行河川が発達する広大な陸地があったとされる（高野, 2013）．また，この東北日本弧の四万十帯（蝦夷堆積盆）の西縁は，安藤（2005）によれば石狩―北上地磁気正異常帯の東縁で明確に境されているとされ，それはほぼ東北日本の太平洋側の海岸線にあたり，その境界が仏像構造線の延長にあたると考えられる．ただし，三陸沖や常磐地域では基盤岩の上を久慈層群や宮古層群，双葉層群などの白亜紀の地層が薄くおおっている．

西南日本弧と東北日本弧の違い

　西南日本弧と東北日本弧の違いについて，市川ほか（1970）では，以下の 4 点をあげている．

①古生代石炭紀後半には西南日本弧では中国南部，東北日本弧では朝鮮北部に類似の生物相の分布がみられ，二つの生物地理区にわかれていた．

②白亜紀から古第三紀の大規模な酸性火成活動は，西南日本弧では内帯に限られるが，東北日本弧では太平洋岸までおよび，西南日本弧に発達する明瞭な構造線が東北日本弧には発達しない．

③西南日本弧の外帯でみられる特徴的な帯状構造が東北日本弧ではみられない．

④西南日本弧では新生代中ごろまで四万十帯に代表される大規模な沈降と構造運動が継続したが，東北日本弧ではもっとも外側の北上外縁では白亜紀前期末より前に終わり，その後安定しいている．

　西南日本弧と東北日本弧についてのこれらの相違点のうち，②～④については，陸域に露出する地質をみているだけであれば納得できるが，地質は海底にも連続す

るものであり，地質学者は海面をなくして陸域と海域を連続させて，地殻表層の地質について理解し議論しなくてはならないと考える.

②の白亜紀から古第三紀の大規模な酸性火成活動が東北日本弧では太平洋岸までおよんでいることは，東北日本弧南部では太平洋岸まで西南日本弧の内帯に相当する構造帯（阿武隈帯）が存在するためである. また，③の西南日本弧外帯でみられる特徴的な帯状構造と④の四万十帯の分布については，南部北上帯と北部北上帯が秩父帯と対比されることと，大陸斜面に四万十帯が存在することで，相違点ではなくなると思われる.

すなわち，西南日本弧と東北日本弧の地質構造帯は，基本的に同じであると私は考える. 日本列島では, 西南日本弧の地質構造帯であるA帯（飛騨帯・飛騨外縁帯），B帯（秋吉帯など），C帯（美濃帯・秩父帯など），D帯（四万十帯）が日本海側から太平洋側に向って配列しているが，東北日本弧では三波川帯は不明瞭だが，C帯の領家帯からD帯まで分布する. 東北日本弧の本州の範囲では，現在の陸域にはC帯が分布し，D帯は太平洋側の大陸斜面に分布する.

西南日本弧でD帯（四万十帯）の北部は，九州南東部や四国南部, 紀伊半島南部, 静岡県の赤石山脈から関東山地へと連続して分布する. 西南日本弧では， 中新世中期以降にD帯の北部が隆起して陸域となったが, 東北日本弧では陸域とはならずにほとんどが海底のままだった.

東北日本弧のD帯は，蝦夷堆積盆（安藤, 2005）にあたり， 白亜紀後期から古第三紀に沼沢地や蛇行河川が発達する広大な陸地であった. それに対して西南日本弧の四万十帯は，白亜紀後期から古第三紀には海底斜面や海底扇状地の堆積環境にあった. すなわち，白亜紀後期から古第三紀にD帯は，西南日本弧では深い海底であり，東北日本弧では陸域であり，東北日本弧の方が相対的に隆起していたことになる. しかし，中新世以降は反対に，西南日本弧のD帯は隆起に転じて，東北日本弧では海水準上昇に対して隆起量が小さかったために，そのほとんどが海中に沈んでしまい， 現在それらは海水準から2,500 m以下に分布している.

また，東北日本弧の陸域では中新世以降の地層がひろく分布し，それより古い地層や岩体は，隆起した阿武隈山地や北上山地などのように孤立して分布している. そのようなことからも，中新世以降の東北日本弧の隆起量が，西南日本弧に比べて相当に小さかったと考えられる.

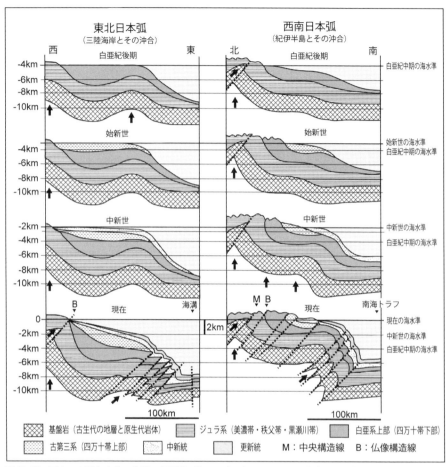

図12-19　西南日本弧と東北日本弧の白亜紀以降の形成過程．この図には花崗岩や火成活動の岩体について
しめしていない．西南日本弧は中新世以降に東北日本弧に対して2 kmm以上隆起している．

　西南日本弧と東北日本弧の大きな違いは，古生代からの生物の分布の違いはある
が，とくに中新世以降の隆起量が西南日本弧は東北日本弧に比べて大きいことであ
る．図12-19に西南日本弧と東北日本弧の白亜紀以降の形成過程をしめしたが，こ
の図から西南日本弧の大陸斜面は中新世以降に東北日本弧に対して2 km以上隆起
していることがわかる．そのため，西南日本弧では四万十帯の大部分が陸域に露出

し，急峻に山地を形成した．新第三紀以降の地層は東北日本弧では陸域にひろく分布するが，西南日本弧では四万十帯の太平洋側か，フォッサマグナ地域，中央構造線にそった地域と日本海側に分布が限られる．

　図 12-19 には，花崗岩や貫入岩体，玄武岩シートなど火成岩体をしめしていないが，西南日本弧の中央構造線の内帯側には白亜紀から古第三紀にかけて活動した花崗岩体や酸性火山岩の分布があり，紀伊半島南部には中新世中期の酸性深成岩または火山岩が分布する（290 頁の図 12-14 参照）．これらはどれもその時代の隆起の原動力になったものと考えられる．

　このような西南日本弧の中新世以降の隆起運動は，西南日本弧外帯の中新世中期の酸性火成活動やフィリピン海周辺地域での中新世中期の広域な陸化現象（Ingle, 1975）と関連していると考えられ，第 10 章でのべた中新世後期からの大規模隆起により，西南日本弧に脊梁山地が形成された．西南日本弧がとくに中新世中期以降に東北日本弧に比べて隆起量が大きかった原因として，西南日本弧の地下に地震波速度がまわりより低い 7.4 km/sec 層が存在することが上げられる．すなわち，地下のマグマの存在とその活動に原因が求められると思われる．

日本列島の形成

　第 12 章では，赤石山脈の形成やそれが含まれる西南日本弧外帯がどのように形成したかをのべてきた．西南日本弧は，古い時代のものから，原生累代の岩体などとそれらの変成岩からなる A 帯と，古生代後期の堆積物からなる B 帯と，内帯から外帯に広く分布する三畳紀～ジュラ紀の地層からなる C 帯，それと外帯のもっとも外側に分布する白亜紀後期以降の砕屑岩層からなる D 帯に区分される．そして，この西南日本弧の地質構造は基本的に東北日本弧とほぼ連続し，中新世以降に西南日本弧がより隆起したために，現在のような違いが生じたと考えられる．

　日本列島の地質構造帯をみると，日本海側により古い時代の岩石や地層があり，A 帯から D 帯へと太平洋側に向って新しい時代の地層が配列している．このことは，第 10 章でのべた静岡地域と同様に西から東に古い時代の層群から新しい時代の層群が衝上断層を境に配列し，その各層群の内部ではその配列とは逆に東側から西側に新しい時代の地層が重なる構造と同じである．

　静岡地域のこのような層群の配列は，西側からの隆起によって東側に新しい時代の層群が堆積したことによって形成された．また，各層群中での西側により新しい時代の地層が堆積することは，層群の堆積時に東側の基盤が隆起するために西側に新しい地層が堆積することが生じた．また，各層群の境界を区切る西側に傾斜する衝上断層は，更新世中期（約40 万年前）以降に，南東側に押し出す赤石山脈の隆起運動によって形成されたと考えられる．

　日本列島の地質構造帯の形成も，この静岡地域の地層と地質構造の形成のしくみとほぼ同じであると考えると，日本列島の A 帯～D 帯の地質構造帯は，日本海側から隆起が起こり太平洋側に向って順に新しい時代の地層が堆積したことになる．すなわち，日本海とその周辺に分布するおもに原生累代の基盤岩である A 帯の周縁に，古生代前期のシルル紀から石炭紀に浅海があり，それが石炭紀に起こったバリスカン変動により隆起した．

　そして，A 帯の隆起によりその外側にサンゴ礁の石灰岩など石炭紀～ペルム紀の B 帯の地層が堆積し（図 12-20 の 1），それらがペルム紀末期～三畳紀前期に隆起した．B 帯には周防帯などその隆起運動にともなって形成された変成岩や火成岩が分布する．

隆起したB帯の太平洋側には，三畳紀〜ジュラ紀中期のチャートや泥岩，砂岩などが堆積するC帯があり，現在の中央構造線や黒瀬川構造体などを境に丹波帯，美濃帯，秩父帯北帯，秩父帯南帯など数列の並行した分布をしめす（図12-20の2）．ジュラ紀中期〜後期の内帯と外帯の二枚貝やアンモナイトの化石，それと植物化石については，内帯の来馬層群や手取層群では世界的にひろく生息する種類のほかに北方寒冷種の化石が含まれ，外帯の鳥巣層群や領石層群では南方系の化石が含まれる．C帯をジュラ紀の付加体と位置づけているプレートテクトニクスの考えかたでは，一つの海溝に並行する二列の沈みこみ帯をつくれないために，外帯のものを南方から現在の位置に水平移動させて，C帯にみられる二重の付加体構造を説明している（平，1990）．

　しかし，内帯の領家帯や外帯の黒瀬川構造帯は基本的に隆起帯であり，このような隆起帯を境界にしてC帯の堆積盆地が数列あったと考えれば，古生物の分布の違いも隆起した陸域の存在により説明できる．C帯の地層は，東北日本弧の太平洋側の地質断面をみると白亜紀の地層の下にひろく分布すると思われ（図12-19），海溝を越えて太平洋やフィリピン海の海底にまでC帯はひろく分布するものと考えられる（図12-21の1）．

　日本海溝の東側の海底はジュラ紀の玄武岩からなると考えられ，それは日本列島からはるかに南東にある東太平洋海嶺で噴出して日本海溝の東側に移動してきたと考えられている．しかし，これはC帯と同じ時代の地層であり，C帯の岩相も付加体とされているように海底の赤色軟泥（赤色チャート）や海底で噴出した玄武岩溶岩（緑色岩）を含み，共通している．すなわち，C帯は大洋底の海底堆積物が日本列島に付加したものではなく，日本列島とその東側の太平洋の海底にもともと分布していた海底堆積物と噴出物そのものではないだろうか．ジュラ紀には海水準が今よりも5,000〜6,000 m低かったと考えられ，さらに海水準はそこから1,000 m以上上昇したと考えられ，ジュラ紀の海進期には陸域からの砕屑物の供給が少なく赤色軟泥などの堆積がおこなわれたと考えられる．

　白亜紀前期〜後期にかけて，中央構造線にそって内帯側で花崗岩を形成したマグマ活動が活発になり，それにより中央構造線の内帯側が大規模に隆起し，その内帯側には高温低圧型の変成岩帯（領家帯）が形成され，外帯側には押し出す隆起の圧力により低温高圧型の変成岩帯（三波川帯）が形成された．白亜紀前期にも海水準は約1,000 m上昇したために，外帯側は相対的に深い海底となり，大きな堆積空間が形成された（図12-21の2）．

　そして，海水準の上昇量が低下した白亜紀後期以降には陸域からの大量の堆積物がその

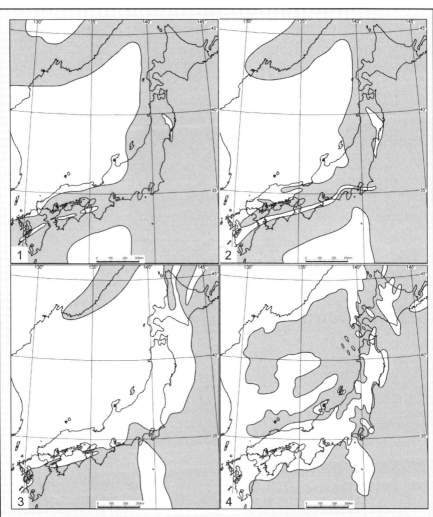

図 12-20　日本列島の過去の地形と形成過程（市川ほか，1970 を一部修正）．1：石炭紀〜ペルム紀：日本海の周辺に浅い海がひろがっていた．2：ジュラ紀：西南日本弧では黒瀬川構造帯にあった陸域を境に北東に開く海域と南側に開く深い海域があった．3：白亜紀後期：陸域の隆起により南側の海域や盆地に厚い堆積層が形成された．4：中新世後期：日本列島の隆起が起こり，隆起しなかった日本海盆と東北日本弧の太平洋側の大陸斜面が沈水した．

前面の海域や盆地を埋積していった. 西南日本弧の四万十帯は海底斜面や海底扇状地に堆積し, 東北日本弧の四万十帯（蝦夷堆積盆）は広大な陸地の河川や浅海で堆積した地層からなる.

　新第三紀の中新世になると, 西南日本弧は全体に隆起しはじめたが, 東北日本弧はほとんど隆起しなかった. そのため, 上昇する海水準に対して東北日本弧の太平洋側の陸地は沈水して海底となったが, 西南日本弧の太平洋側は隆起して山地を形成した. また, 日本海の海底 (日本海盆) は古第三紀以降にほとんど隆起しなかったために, その南部を残して沈水して深い海底となった.

　なお, 日本海の深海底からは深海掘削により中新世中期はじめ（1500 万年前）以降の玄武岩と堆積岩層が発見されていることと, 西南日本弧の中新世中期の堆積岩の古地磁気が真北から約 45 度回転していることなどから, 日本海は中新世中期に急速に海底が拡大して形成され, 日本列島は大陸から分離されて現在の位置に移動したという説（鳥居ほか, 1985）がある. すなわち, 日本海の海底が誕生して拡大したことによって, 西南日本弧は時計まわりに約 45 度回転し, 東北日本弧は反時計回りに約 25 度回転して, 大陸から急速に分離したとされる.

　しかし, 日本海南部には大和堆など飛騨帯と同じような原生累代の大陸地塊があり, 日本海周辺の白亜紀以前の地層には日本海側から原生累代を起源とする堆積物が供給されたことをしめす事実があり, 日本海盆全体が飛騨帯と同じ原生累代の大陸基盤と考えられる. また, 日本海には海底が拡大するための拡大軸となる海嶺が存在せず, その拡大に要した時間は約 100 万年間と急速すぎると考えられている. 日本海は島弧と大陸との間にある「縁海（背弧海盆）」とよばれる海域であり, このような縁海は世界のさまざまな島弧の背後にあり, それは中新世以降の隆起と密接に関連して形成された盆地であり, プレートテクトニクスで説明するような海底拡大で形成されたものでないと考える.

　中新世後期から, 島弧の大規模隆起が顕在化して, 現在の日本列島のような島弧の形があらわれてくる. 島弧の背骨にあたる脊梁山地が形成され日本海側と太平洋側にわかれて両側の海域に砕屑物が供給された. そして, 太平洋側では海溝斜面までそれらの堆積物が供給された. そのときの海水準は現在より 2,000 m 低いところにあった. なお, 西南日本弧の東部のフォッサマグナ南部にみられる地質構造帯が北側に彎曲した構造は, 南北方向の伊豆—小笠原弧の隆起帯による曲隆のためと考えられ, それは白亜紀以降に形成された

と考えられる.

　更新世前期の180万年前に，日本列島に大規模な隆起運動が起こり，山地は隆起して海岸から大陸斜面にかけて扇状地が形成され，大陸斜面下部まで堆積物が供給された．さらにその後の更新世中期の40万年前以降には，太平洋側に押し出す衝上断層をともなう大規模で急激な隆起活動と，同時に海水準が1,000m上昇したことによって，現在の島弧—海溝系の地形が形成され（図12-21の3），その活動は現在も継続している.

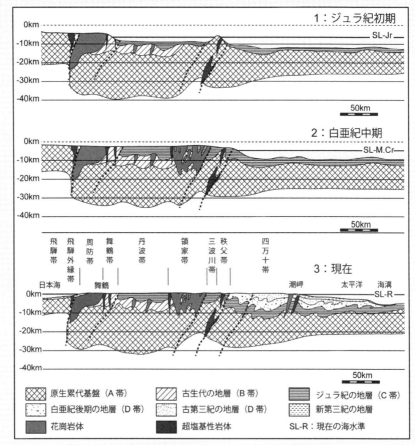

図12-21　西南日本弧の地質断面とその形成過程（市川ほか, 1970を参考に作成）. ジュラ紀付加体とされるジュラ紀の地層は，チャートや玄武岩溶岩など含むが，付加したものではなく，日本列島から太平洋の海底にもともとひろく分布していたものである.

第13章

太平洋のギョーと海水準上昇

―白亜紀に沈んだ島々と大陸―

小笠原海台の矢部海山山頂東南縁の海底写真（柴，1979）．水深1,129mの海底にこのような
マンガンで被覆された角礫がごろごろしている．右端の角礫の横一辺が約50cm．

海底に沈んだサンゴ礁

　進化論で有名なダーウィンは，ビーグル号航海で訪れた太平洋のサンゴ礁の島々を見て，彼の最初の論文である『サンゴ礁の構造と分布』を発表した．その中でダーウィンは，図13-1のAでしめしたようにサンゴ礁を裾礁（きょしょう），堡礁（ほしょう），環礁（かんしょう）に分類し，サンゴ礁が海底の沈降によって裾礁から堡礁，そして環礁へと段階的に形成したことをのべた．そして，このサンゴ礁の形成は，島を含む海底の沈降によって形成されたとした．しかし，島を含む海底の沈降とは海水準に対して相対的なものであり，図13-1のBのように海水準の上昇でも説明できる．すなわち，海底が沈降するのではなく，海水準が上昇することによって，サンゴ礁が上に向って形成されるということである．

　すでにのべたが，今から約1万5000年前のウルム氷期の最盛期には，海水準は現在よりも約100m低く，その後に海水準は上昇して現在の海水準になった．この過程で，サンゴ礁は100m上方に成長した．すなわち，サンゴ礁の石灰岩層の厚さは，サンゴ礁の島が隆起や沈降をしていない場合，海水準の上昇量をあらわすと考えられる．

　マーシャル諸島のビキニ環礁とエニウェトク環礁は，1946～1958年にアメリカ軍の地下核実験場となった．そのときの掘削ボーリングで，ビキニ環礁では深度779m，エニウェトク環礁では深度1,400mまでサンゴ礁石灰岩からなり，エニウェトク環礁ではボーリングの基底で陸上噴出の玄武岩基盤に到達した．Ladd et al.

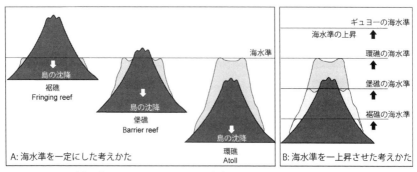

図13-1　サンゴ礁形成についての2つの説　左がダーウィンのサンゴ礁の沈降説で，右が海水準の上昇によりサンゴ礁が上方に成長する説

（1953）と Ladd and Schlanger（1960）によれば，エニウェトク環礁ではボーリングの基底から深度 884 m までは始新世の石灰岩で，その上に漸新世の地層が欠如して中新世のサンゴ礁石灰岩が深度 183 m まで連続していた．ビキニ環礁では最深部の深度 779 m で中新世のサンゴ礁石灰岩で，その上位の岩相と時代はほぼエニウェトク環礁と同じ結果がえられた．このことから，両環礁では始新世（約 5000 万年前）から現在までに，始新世と中新世の石灰岩のそれぞれの上位に不整合（陸上で侵食されてある期間堆積がなかった時期をはさみ堆積がおこなわれた現象）をともないながら約 1,400 m も沈降していた．海水準上昇の見かたからすると，海水準が始新世から現在までに約 1,400 m 上昇したことになる．

ギョー

　北西太平洋の海底には，「ギョー」とよばれる平坦な頂上をもつ海山が多数ある．それらの平頂海山は，5,000〜6,000 m の大洋底から立ち上がった山体をもち，水深 1,000〜3,000 m の間にその平坦な山頂をもつ．日本海溝の両端にある第一鹿島海山とエリモ海山のような海溝の中にあるギョーは，その平坦な山頂が水深 4,000 m と大洋底にあるギョーより山頂の水深が深い．

　このギョーは，太平洋戦争のときに岩石学者のヘスがアメリカ海軍の潜水艦にのって，そのころ開発された音波探査機を利用して太平洋の海底地形の調査をおこっていたときに，大洋底から立ち上がる巨大な平頂海山（図 13-2）をいくつも発見し，この特徴的な地形に彼の師の名前である Guyot（ギョー）という名をあたえた（Hess, 1946）．ギョーはハワイの南西にある中央太平洋海山群（Mid-Pacific Mountains）だけでも 300 以上あるといわれる．

　Hess（1946）は，ギョーの平坦な頂上は海面で波蝕された面であり，サンゴ礁がその上に成長しなかったことから，それらが形成されたのはサンゴがまだ生まれていなかった先カンブリア時代であり，それ以後に大洋底に堆積した堆積物によって海水準が上昇して，現在の水深に沈水したと推定した．

　しかし，ヘスの論文が出版された数年後に，アメリカ海軍の研究所の測量調査船が中央太平洋海山群の三つのギョーの頂上から，化石を含む多量の石灰岩を引き上げた．それを研究した Hamilton（1956）は，この化石が白亜紀中期（白亜紀前期のアプチアン期〜白亜紀後期のセノマニアン期）の約 1 億年前のサンゴ礁に棲んでい

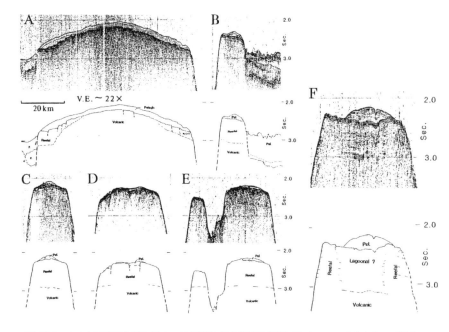

図 13-2　中央太平洋海山群のギヨーの地形断面と音波探査記録（Winterer and Metzler, 1984）.
　　　　A:ホライズンギヨー, B:レナードギヨー, C:シェパードギヨー, D:ジャックリーンギヨ
　　　　ー, E:ステットソンギヨー, F:アリソンギヨー.

た生物のものであることをあきらかにした．そして，これらのギヨーの山頂は約 1
億年前のサンゴ礁であり，それが形成されたあとに起こった急激な大洋底の沈降に
よって沈水し，現在までにさまざまな水深に沈んでしまったと考えた．

第一鹿島海山

　星野先生は，1970 年ころに海溝は不動のところで，海溝が大陸側や大洋底より
低いのは，海溝の両側が上昇したために低くなったという考えを発表した（星野,
1970）．そして，日本海溝の北端にあるエリモ海山の水深約 4,000 m の平坦な山頂
から白亜紀中期のサンゴ礁の化石が発見されている（Tsuchi and Kagami, 1967）
ことから，白亜紀中期の海水準の位置は現在よりも約 4,000 m 低かったとした．

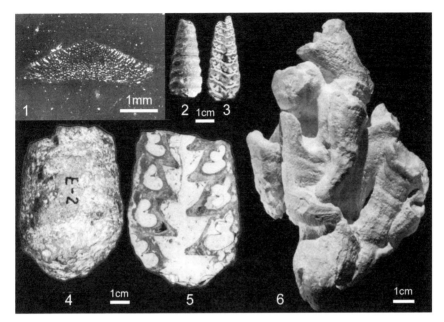

図13-3 第一鹿島海山から採集された白亜紀中期のサンゴ礁の化石 (Shiba, 1988 より). 1:*Orbitolina* (*Mesorbulina*) *texana*, 2-3:*Neoptyxis prefleuriaui*, 4-5:*Diozoptyxis coquandi*, 6: *Prae-caprotina kashimae*. 1は大型有孔虫のオルビトリナの断面, 2と4は腹足類ネリネアの表面で, 3と5はその断面, 6は固着群生の厚歯二枚貝ルディスト.

　日本海溝の南端には, その北端のエリモ海山と同じような水深約4,000 mに平坦な山頂をもつ第一鹿島海山がある. 星野先生は, 海溝が不動であることから, その海山の山頂からもエリモ海山と同じような白亜紀中期のサンゴ礁の化石が発見されるだろうという予測をたてて, 東海大学二世丸での調査航海を計画した. そして, ちょうどそのとき, 大学4年生だった私は, 星野先生からその調査航海に参加して, 採集されるだろう化石を研究することを卒業研究のテーマとしてあたえられた.

　そのときまでに, 第一鹿島海山の頂上から採集されていた化石資料はなく, 調査航海で化石が発見される保証はなかった. 私は, 大学進学のときに海洋学部を選んだ理由の一つに, 星野先生の『海底の世界』(星野, 1965) を読んでギョーの謎に興味をもっていたことから, ギョーの調査に参加できることがうれしかった.

1975年4月におこなわれた第一鹿島海山の調査航海では，水深約4,000mの山頂から，星野先生の予測どおり石灰岩が採集できた．船からワイヤーを1秒間に1mくり出してもドレッジャー（採泥するための鉄のバケツ）が海底につくまでに1時間以上かかるため，1回の採泥作業に4時間もかかることがあった．私たちはその5日間の調査に深海4,000mへのドレッジと柱状採泥を合計14回もおこなった．

　そして，その何回かで多量の石灰岩を深海から引き上げた．深夜までつづけた採泥作業で，海面に上がってきたドレッジャーの中に，船のライトに照らされて，口までいっぱいの白くかがやく石灰岩を見たときの感動は，忘れられない．

　その石灰岩の中から，私はオルビトリナ（*Orbitolina*）という白亜紀中期（アプチアン期〜セノマニアン期）のサンゴ礁に棲んでいた大型有孔虫の化石（図13-3の1）を発見した．これによって，第一鹿島海山も，エリモ海山や中央太平洋海山群の三つのギヨーと同じように，白亜紀中期のサンゴ礁が沈水したものであり，星野先生の考えかたでいえば，白亜紀中期の海水準の位置は現在に比べて4,000mも低かったということを証明した（東海大学海洋学部第一鹿島海山調査団，1976）．

　その後，東海大学海洋学部では第一鹿島海山で何回かの調査をおこない，山頂や西側の海溝斜面で多数の石灰岩を採集し，山頂からは白亜紀中期のサンゴ礁の大型有孔虫化石であるオルビトリナはじめ，サンゴや厚歯二枚貝（ルディスト），ネリネアなどの腹足類（巻貝）の化石を発見した（東海大学海洋学部第一鹿島海山調査団，1985；Shiba, 1988, 1993）．これらの化石から，私は第一鹿島海山山頂部のサンゴ礁が形成された時代を白亜紀中期のアルビアン期と考えている．

矢部海山

　大学院に進んだ私は，東海大学海洋学部によって1971年におこなわれた調査航海で，小笠原諸島の東側のギヨーの頂上から採集された岩石試料から，白亜紀中期のサンゴ礁に生息していたネリネアという巻貝化石を発見した（図13-4）．その岩石は，マンガンでおおわれたリン酸塩岩であった．そのリン酸塩岩は，もともとは石灰岩だったもので，それが海底でリン酸塩に置換されて，そのあと表面をマンガンでおおわれたものだった．

　このギヨーは，小笠原海台の上の一つの海山で，水深約1,000mにある山頂は平坦で，その長さが100km，幅が20kmというとても大きなものである．私は，こ

図 13-4　矢部海山から採集されたマンガンで被覆されたリン酸塩岩（柴，1978 よ
り）．白亜紀中期のサンゴ礁の巻貝化石ネリネア（*Neoptyxis pauxilla*）
がいくつも含まれる．

の海山に日本の古生物学の先駆者でもあり，東北大学理学部に地質古生物学教室を
開いた矢部長克教授の名前を記念して，「矢部海山」という名前をつけた（柴，1979）．

　矢部海山の頂上からは，リン酸塩岩化した石灰岩が多量に採集されていて，それ
には白亜紀中期のサンゴ礁の貝化石とともに，白亜紀後期や始新世の浮遊性有孔虫
化石が含まれていた．これら時代の異なる化石は，もともと上下の地層として重な
っていたものが，始新世またはそれ以後に削剥をうけて混在したと考えられ，それ
がその後にリン酸塩岩化し，マンガンでおおわれたと私は結論づけた（柴，1979）．

　矢部海山の音波探査の記録をみると，白亜紀のサンゴ礁の厚さが 1,000 m にもお
よんでいる．中央太平洋海山群のギョーでも図 13-2 でしめしたように，同じよう
な厚さをもつものもある（Heezen et al., 1973 ; Winterer and Metzler, 1984）．サ
ンゴ礁の石灰岩の厚さは，海水準の上昇量をあらわすもので，私は白亜紀前期の海
水準上昇は約 1,000 m におよび，その間に世界の各地で同じようなサンゴ礁がたく
さん形成されたと考えている．そして，その後の白亜紀後期のセノマニアン期〜チ
ューロニアン期前期に起こった急激な海水準上昇によって，それらのうち陸から離

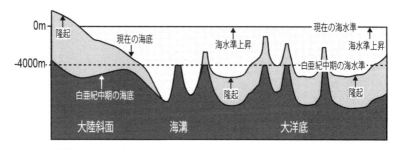

図13-5　日本海溝から太平洋底にかけての白亜紀中期と現在のモデル化した地形断面(Shiba, 1988).
島弧と大洋底の隆起により，海水準の上昇があり，結果として白亜紀中期のサンゴ礁がいろ
いろな深さの頂上になってギョーとなって沈んでいる.

れて孤立していたサンゴ礁の多くが沈水して，それより上方にはサンゴ礁を成長さ
せることができなかったと思われる.

　そして，それ以後の海水準上昇によって，このような沈んだサンゴ礁の島々（ギ
ョー）はより深く沈水した. しかし，大洋底やそれをのせる海台の隆起によって，
それぞれのギョーの山頂の深さが，現在まちまちの深さになったと思われる（図
13-5). すなわち，大洋底のギョーの山頂水深が海溝のギョーの水深よりも浅いのは，
ギョーの形成以降に大洋底が隆起したためであると考える.

ブロークントップギョー

　矢部海山の西側にブロークントップギョー（Broken-Top Guyot）という海山が
ある. 矢部海山とこのブロークントップギョーは，伊豆—小笠原海溝とマリアナ海
溝の間を区切る小笠原海台の上にある海山である. 矢部海山は水深約 1,000 m に平
坦な山頂をもっているが，ブロークントップギョーの山頂は水深約 1,000 m に平坦
面をもっているものの，その頂上は Broken-Top（壊れされた山頂）と名づけられた
（Smoot, 1983）ように，いくつかの孤立した数百 m の高まりや谷によって複雑な地
形をしている（図 13-6).

　ブロークントップギョーの山頂からも，矢部海山と同じような白亜紀中期のネリ
ネアやルディストを含むサンゴ礁で形成された石灰岩が採集されて（Konishi,
1985）いて，ブロークントップギョーと矢部海山は白亜紀中期に隣りあったサンゴ
礁として存在していたと思われる. しかし，これら二つのギョーの山頂はその後の

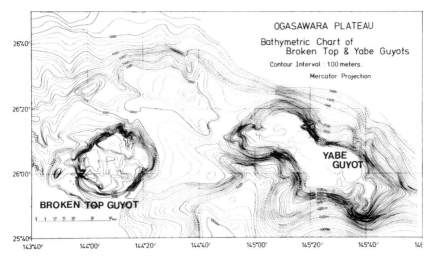

図13-6　小笠原海台の上の二つの海山（ギョー）．左側がブロークントップギョーで右側が矢部海
　　　　山（根元ほか，1986）．

歴史が異なり，ブロークントップギョーの山頂だけが複雑な地形を形成した．

　東海大学海洋学部では，1984年にこの二つのギョーの地質調査をおこない，ブロークントップギョーの山頂から白亜紀中期のサンゴ礁の化石はとれなかったものの，始新世中期のリン酸塩岩化した石灰岩と中新世後期の石灰質泥岩，第四紀の有孔虫砂，火山岩を採集することができた（根元ほか，1986）．

　始新世中期のリン酸塩岩化した石灰岩と中新世後期の石灰質泥岩，第四紀の有孔虫砂については，矢部海山でも同じものが採集されていて，始新世中期のリン酸塩岩化した石灰岩には矢部海山と同様に白亜紀後期の浮遊性有孔虫化石も混在していた．火山岩については玄武岩質の溶岩と玄武岩質凝灰岩が採集され，それらからブロークントップギョーの山頂で始新世に火山活動あったことがと考えられる（根元ほか，1986）．これらのことから，ブロークントップギョーの山頂は始新世後期に海水準により削剥され，火山噴火によって複雑な山頂の地形が形成されたと考えられる．

　ブロークントップギョーの山頂から採集されたと同じような始新世の浮遊性有孔虫化石を含む火山砕屑岩は，マーカス―ウェーキ海山群のラモントギョーやスク

リップスギヨー，日本海山群（Japanese Guyots）のマカロフギヨーからも採集され（Heezen et al., 1973），太平洋中央海山群のホライズンギヨー（Lonsdale et al., 1972）とシルバニアギヨー（Hamilton and Rex, 1959）でも採集されている．また，同じ時期の火山活動は海溝の西側の小笠原諸島やマリアナ諸島，パラオ諸島でも知られている（田山，

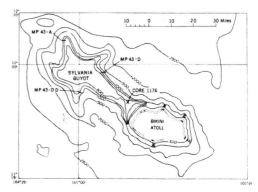

図 13-7　シルバニアギヨーとビキニ環礁の海底地形（Hamilton and Rex, 1959）．水深はファゾム表示（1ファゾムは約1.83 m）．

1952 ; Saito, 1962）．このことから，西太平洋での始新世の隆起運動と火山活動は海溝で区別されるものではなく，広域的な現象だった考えられる．

　シルバニアギヨーは水深が約1,400 mに平坦な山頂をもつ平頂海山で，その南東部にビキニ環礁が上方に立ちあがっている（図13-7）．ビキニ環礁もエニウェトク環礁と同様にその下に始新世の陸上火山があるとすると，シルバニアギヨーが始新世後期に陸上で削剥されて，その後に平坦な山頂の南東部に火山活動が起こり，火山島が形成され，その火山島はその後に起こった海水準の上昇でその上にサンゴ礁を成長させて，北西側のシルバニアギヨーのように沈水することがなく，現在の環礁を形成したと考えられる．

　このように，大洋底のギヨーは大洋底やその基盤となる海台の隆起により，海溝底のギヨーよりその山頂水深が浅く，そのため白亜紀後期以降に，海水準とまじわる機会もあり，シルバニアギヨーとビキニ環礁のように，山頂での火山島形成によってギヨーの上に現在の環礁が形成されるものもあったと思われる．

　西太平洋の海底は，南側が浅く北側が深くなっていて，南側には海山が数多くあり，またその上にサンゴ礁が形成されているものも多い．しかし，北側の海底には海山も少なく，その海山の多くはギヨーとして沈水している．西太平洋の海底の高まりは，Menard（1964）によって「ダーウィン海膨」とよばれ，中生代にその海膨に広域な隆起が起こり，断裂が生じて，それらの断裂にともなうマグマの上昇と広

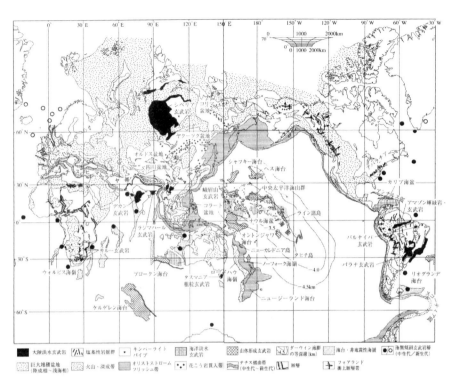

図13-8　ダーウィン海膨の位置と中生代の世界地質構造図（矢野，1995）．ダーウィン海膨は中央太平洋海山群からナウル海盆を中心に隆起した地域をいう．

域な火山活動が起こったとされる（図13-8）．その「ダーウィン海膨」の位置は，現在の南太平洋マントルプルームの位置の北部から北側にあたる．Menard（1964）はそれが新生代に沈降したとしたが，「ダーウィン海膨」はギヨーの山頂水深が浅いことやサンゴ礁の分布などから，中生代から新生代にかけての広域な隆起地域であり，白亜紀後期以降の4,000 mにおよぶ海水準上昇のために沈水しているただけであると，私は考える．

白亜紀中期の海水準

　世界の大洋の水深4,000 mの海底には，日本海溝の二つのギヨーの山頂だけでなく，白亜紀中期のサンゴ礁や蒸発岩など浅海の環境をしめす証拠が多数ある．また，

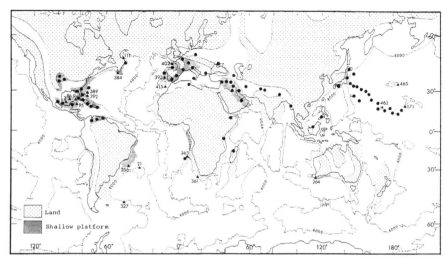

図13-9　白亜紀中期の古地理とサンゴ礁の分布（shiba, 1988）．古地理図はMatsumoto（1977）を用い，●は白亜紀中期のサンゴ礁の位置で，▲は深海掘削の地点で番号はサイト番号をしめす．

　白亜紀中期のサンゴ礁の石灰岩は，世界中の海底や陸上に分布し，もっとも深いものが水深4,000 m付近にある（図13-9）．

　メキシコ湾周辺には白亜紀のサンゴ礁石灰岩がひろく分布し，フロリダ半島とバハマ諸島は，白亜紀から現在までの垂直に連続したサンゴ礁石灰岩から構成されていて，そのうち地下3,500～4,000 mまでは白亜紀中期のものである（Hollister et al., 1972）（図13-10）．また，フロリダ半島の北側のブレイク海台では，地下2,500～3,000 mに白亜紀中期のサンゴ礁石灰岩があり（Sheridan and Enos, 1979），北アメリカ東岸の埋積された海溝の中のJ‑Anomaly Ridgeという海丘の水深4,000 mの山頂での深海掘削では，オルビトリナを含む白亜紀中期の石灰岩が採集されている（Tucholke et al., 1979）．

　南アメリカとアフリカの大西洋両岸の水深4,000 mには，白亜紀中期の蒸発岩層がひろく分布し（Roberts, 1975），Montadert et al. (1979) はビスケー湾の大陸縁辺が白亜紀のアプチアン期以降に4,000m沈降したことをのべた．また，西オーストラリアの大陸縁辺のスコット海台では，白亜紀中期の地層とそれよりも若い地層との不整合が水深4,000 mのところに発見されている（Veevers, 1974）．また，北

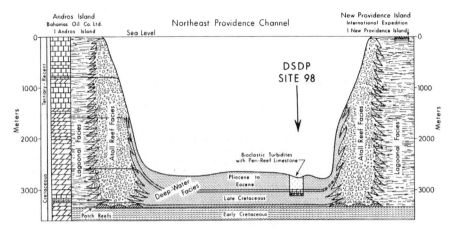

図13-10　バハマ諸島の Andros 島と New Providence 島のサンゴ礁の断面 (Schlanger, 1981).

西太平洋のシャツキー海膨では，水深3,127 m でおこなわれた深海掘削で深度165
m のところから陸上噴火の火山岩が発見されて，白亜紀中期から3,000 m 以上も沈
水したとされる（Expedition 324 Scientists, 2009）.

　大西洋の東西の大陸縁辺にある水深約 4,000 m の白亜紀中期のサンゴ礁の石灰
岩層と蒸発岩層は，プレートテクトニクスでは大西洋中央海嶺で生まれたプレート
の岩盤が冷えて重くなって沈降したために，大陸縁辺が約4,000 m も沈降したと解
釈されている．しかし，太平洋のギヨーや海膨の平坦な頂上，インド洋のオースト
ラリアの大陸縁辺でも，大西洋と同じ深さに白亜紀中期の海水準があることは，そ
れらが単に偶然の結果ではないと考えるべきである.

　水深約4,000 m に分布する白亜紀中期のサンゴ礁と不整合は，そのときの海水準
をしめすものであり，それよりも高い位置にある同じ時代の同様の地層は，その後
に隆起したために高い位置や陸上に分布すると考えられる．そして，白亜紀中期の
海水準は，星野（1970）がのべたように現在までに約4,000 m 上昇したと思われる.

沈んだ陸橋

　古生代のペルム紀に繁茂した裸子植物グロッソプテリスの化石が，現在それぞれ
が海で隔てられた南半球の大陸に分布する．このことから，ペルム紀には南半球の

大陸が一つになった巨大な大陸があったと考えられ，それはゴンドワナ大陸とよばれた．また，その北にあった大陸はローラシア大陸とよばれ，その間にあった地中海から太平洋かけての大洋はテチス海とよばれた．テチス海の海に生きた動物は，中生代から新生代に地中海から太平洋かけてのひろい範囲で共通する群集を形成し繁栄した．

　ゴンドワナ大陸には，三畳紀前期に生息したキノグナトゥス，メソサウルス，リストロサウルスなどの爬虫類も生息していて，現在の南半球の生物相の起源にも大きく影響をあたえていると考えられている．

　このような現在は海で隔てられている古生物の分布については，20世紀初頭までSchuchert（1924）などにより大陸間に存在したと考えられる陸橋（Land bridge）または地峡による連結（Isthmian links）により移動したとする「陸橋説」が有力だった（図13-11）．しかし，その後の海洋調査で，大洋の海底が相当に深いことがわかり，今から数万年前のウルム氷期以前の陸橋以外に陸橋による生物の移動がほとんど想定されなくなり，ウェゲナー（Wegener, 1915）の唱えた大陸移動による解

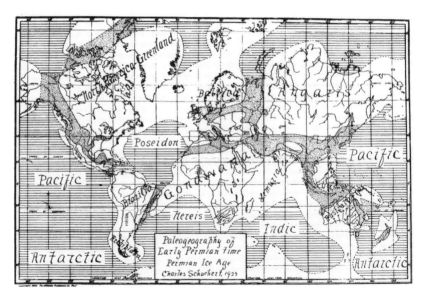

図13-11　Schuchert（1924）による陸橋を想定したペルム紀前期の古地理図．

釈が主流となった．それによって解決できない生物分布については，海流による漂着や島伝いの移動 (Island-hopping) などで説明されている．

　大陸移動説をもとに，海底や陸上の地磁気のデータなどから，大陸の過去の位置や海底の誕生の時代が想定され，プレートテクトニクスによる大陸移動の世界地図が作成された (図 13-12)．それによると，ゴンドワナ大陸はジュラ紀にインドとオーストラリア，南極が分離し，その後の白亜紀前期 (1 億 3500 万年前) にアフリカと南アメリカの間に大西洋が誕生したとされる (Goldlbatt, 1993)．

　この大陸移動では，いくつかの生物の分布について説明することはできるが，他の多くの生物の移動や分布については説明できないことが多い．たとえば，アフリカと南アメリカの淡水魚相の関連を論じた Lundberg (1993) によれば，アフリカ

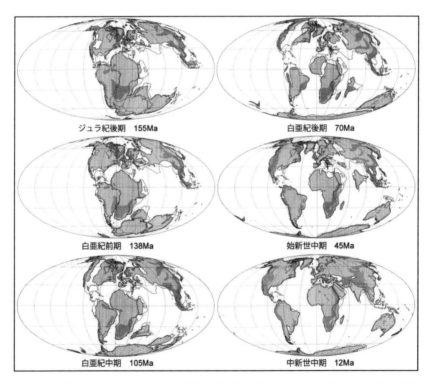

図 13-12　プレートテクトニクスによる大陸の分離と移動 (Smith et al., 1994)．Ma は 100 万年前．

—南アメリカ地域に関連深いと推定される 13 の系統のうちレピドシレン，ポリプテス，肺魚については単純な大陸移動モデルによる分断分布に適合するが，その他については適合せず，南アメリカのものは中央アメリカやオーストラリアと単系統群を共有し，アフリカのものはアジアとヨーロッパのいくつかの系統を共有していて，多地域との関係が深く，一度の大陸移動モデルによる分断では説明できないとのべている．

その他にも，大陸間での動物の類似性はもともとそれらが同一地域だったほどに一致がみられないこと（ベローソフ，1979）や，グロッソプテリスが北半球の大陸からも発見されること（鳥山，1974），インド大陸が漂流しているとインドの恐竜分布が説明できないこと(Colbert, 1973) などの矛盾点があげられている．さらに，オーストラリアや南アメリカの恐竜と有袋類の分布や，ガラパゴス諸島をはじめ大洋の島々の生物分布を説明できないなど，大陸移動説には多くの矛盾点が含まれている．

オーストラリアの恐竜と有袋類

オーストラリア大陸からは恐竜の化石が発見されている（図 13-13）．しかし，それらは断片的でオーストラリア大陸の恐竜や哺乳類（有袋類）の起源と移住について不明なところが多い．遠藤（2002）によれば，オーストラリア大陸への有袋類の移住は，北アメリカで発展した有袋類が中生代末期から新生代初期にかけて南アメリカ大陸，ユーラシア大陸に進出し，南極大陸を経由してオーストラリア大陸に到達したとされているが，有袋類の移住と大陸移動との関係は大きな論争のテーマとなっていて，大陸移動の時期とあわせてその移動の実態は謎に包まれているとのべている．

Rich and Vickers-Rich (2000) は，オーストラリアのビクトリア州の白亜紀前期（約 1 億年前）の地層から発見された恐竜を二つのグループに区分した．その一つはヒプシロフォドン類とアンキロサウルス類，獣脚類を含むもので，ジュラ紀の間にゴンドワナ大陸東部の半島だったオーストラリア大陸にインド大陸または南極大陸を経由して恐竜が移住したとした．二つ目はプロトケラトプス類，オルニソミモサウルス類，オヴィラプトロサウルス類を含むもので，これらはアジア地域の恐竜との類縁性があることと，これらの化石が白亜紀最末期まで南アメリカから知られていないことから，オーストラリア大陸で生まれて，そこから分離した島が北へ移

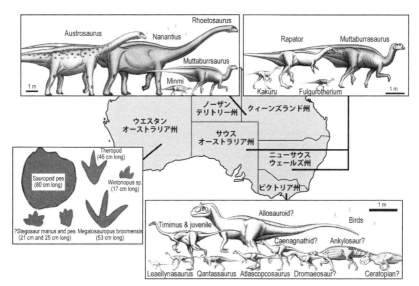

図13-13　オーストラリア大陸の恐竜（青塚・柴，2006）.

動して東南アジアへ衝突・付加したときに島伝いにアジアへ移住したという考えを
提案した.

　しかし，中国遼寧省の白亜紀初期（1億4000万年前）から原始的なプロトケラト
プス類やオヴィラプトロサウルス類が発見された（Xu et al., 2002a ; Xu et al.,
2002b）ことにより，これらの恐竜はオーストラリア大陸からアジアに渡ったので
はなく，アジアからオーストラリア大陸へ移住した経路を想定しなくてはならない
（青塚・柴, 2006）.

　星野（1991）は，大陸移動の立場をとらず，大陸の位置は現在と同じであり白亜
紀初期の海水準は現在の水深4,000mの位置にあったとし，オーストラリア大陸と
ニューギニア地域の間の海底地形から，白亜紀初期にはニューギニア主部とメラウ
ケ海嶺の間にあるフライ低地が，ニューギニア地域とオーストラリア大陸との陸橋
であり，白亜紀中期以降の海水準上昇によりその陸橋が沈水したとした.

　図13-14に東南アジアからオーストラリア大陸にかけてのいわゆるワレシア地域
をしめした. この地域はワレス線から西側が東洋区にあたり，ウェーバ線から東側
はオーストラリア区にあたり，その間の地域は両区の生物に類縁のものが複雑に分

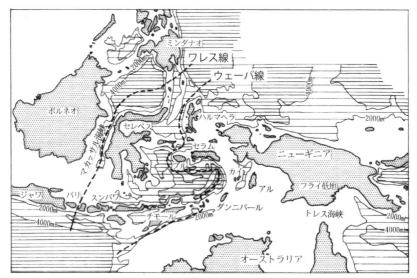

図13-14　ワレシア生物地理区の海底地形（星野，1992）。海底は水深3,600mより浅い部分と深い部分にわけてしめした。ワレス線は水深100ｍのウルム氷期の海岸線にそってあり，ウェーバ線は水深約4,000ｍの等深線にそっている。

布するといわれる。ワレス線は水深100ｍのウルム氷期の海岸線にそってあり，ウェーバ線は水深約4,000ｍの等深線にそっている。ワレシア地域の生物相の分布は，恐竜がアジアからオーストラリア大陸へ移住したとする星野（1991）の陸橋を想定して，白亜紀以降のその陸橋の沈水の過程で検討するべきであると私は考える。

　これらのことから，水深4,000ｍに白亜紀中期の海水準があったとすると，中生代に陸上動植物が渡って移動した陸橋がみえてくる。図13-15にワレスの現在の生物地理区と水深3,600ｍでかこんだ海をしめした地形図をしめした。この図から，中生代はじめに南大西洋で南アメリカ大陸とアフリカ大陸をつないだ陸橋と考えられる地形は，リオグランデ海台—大西洋中央海嶺—ワルビス海嶺であったと思われる。南米側のリオグランデ海台の水深910ｍの海底からは，2013年に「しんかい6500」の潜航調査で花崗岩が採集され，そこが5000万年前には侵食された花崗岩台地であったことが報道された（日本経済新聞，2013）。また，アフリカ側のワルビス海嶺の北部では白亜紀中期の浅海の石灰岩が採取されていて，白亜紀後期はじ

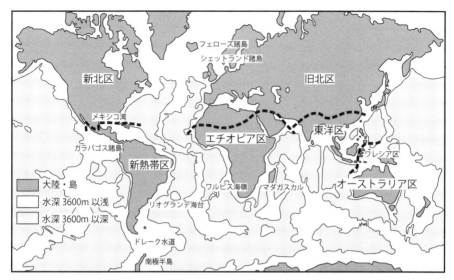

図13-15　ワレスの生物地理区. 海底は水深3,600 mより浅い部分と深い部分にわけてある. 水深3,600 m
の等深線で囲むと大陸と大陸をつなぐかつての陸橋が見えてくる.

めに沈水したことがあきらかになっている (Pastouret and Goslin, 1974).

ガラパゴスとマダガスカルの生きものたち

　大陸移動で説明できない生物の分布, たとえばガラパゴス諸島のリクガメなどや
マダガスカル島のキツネザルなどの孤島の生物分布について, 「いかだ」による漂
着説がある. これは, 偶然にも流木にのった生物が孤島に流れついたというもので
ある. しかし, 生物はそれらが棲む環境とともに移動できるのであり, この説は数
匹の漂着生物が生態学的にも異なった地域で生き残れる可能性がほとんどないと
いうことと, その後により優位な動物が同じような漂着によって移住する可能性が
あることを無視している. さらに, 島伝いの移動説については, ワレス線にあたる
現在のバリ島とロンボク島の間の約10 kmの距離さえも, ヒト以外の陸生動物が渡
れなかったという事実を無視している.

　ガラパゴス諸島は13の島々からなり, 中央アメリカからつづくココス海嶺の上
にある (図13-16). ココス海嶺はプレートテクトニクスでは現在のプレートの湧き

出し口とされ (Hay, 1977)，もっと
も古い島でも500〜300万年前に形
成されたという (Cox, 1983).

　ガラパゴス諸島には，海イグアナ
や陸イグアナ，ゾウガメ，オオトカ
ゲ，ヤモリ，ヘビなどの爬虫類とコ
ウモリやネズミ，ダーウィンフィン
チとよばれる陸鳥など固有の陸生
動物がいて，また固有の植物相もあ
る．そして，それぞれの動物はいく
つかの島ごとに種や亜種に分化し
ているという特徴がある．

図13-16　ココス海嶺の海底地形（星野，1992）.

　そのうちゾウガメは，*Geochelone elephantopus* という1種に含まれる15亜種
が確認されていて，*Geochelone* 属の代表的なものは，南アメリカやガラパゴス，
アフリカ，インド洋のマダガスカルやセイシェル諸島のアルダブラ環礁とアジアの
セレベス島とハルマヘラ島に生息する (Vries, 1984). また，ネズミは三つの固有属
が認められていて，それらは北，中央，南アメリカに出現しているネズミの極端に
多様化したグループとされる (Clark, 1984).

　現在のプレートの湧き出し口で形成されている火山島に，古い生物の子孫が生息
するということは，それらがいかだにのって来たとしても私には考えられないこと
である．また，ガラパゴス諸島の植物相は，その構成において近くの大陸のそれと
非常に異なっていて，近くの大陸で重要ないくつかの植物相の科がガラパゴス諸島
では欠如していて (Eliasson, 1984)，最近に漂流して来たものでないことが示唆さ
れている．

　ココス海嶺は，海水準が2,500m低くなると陸地となり，ガラパゴス諸島と中央
アメリカは陸地で連続する．リクガメは古第三紀に繁栄して始新世前期までに世界
中にひろがった動物であり，始新世にガラパゴス諸島が中央アメリカから陸つづき
だったとしたら，リクガメがガラパゴス諸島に分布することができる（図 13-17).
ガラパゴス諸島に生息するダーウィンフィンチ類がココス島にも生息し，それらは
同じ系統に属する (Lamichhaney et al., 2015). このことは，ココス海嶺がガラパ

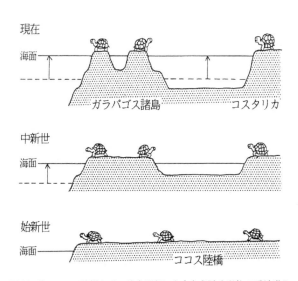

図13-17　ココス陸橋とその沈水過程にともなう陸生動物の系統進化
（星野，1992）．ガラパゴス諸島の動物は始新世にココス陸
橋を渡り，その後の海水準上昇と島の隆起で孤立した．

ゴス諸島の陸生生物の陸橋だったことを支持すると思われる．

　始新世中期には海水準が上昇したことが知られているが，そのときにココス海嶺はガラパゴス諸島を残して沈水した．そして，その後の海水準の上昇とそれぞれの島の火山活動や隆起によって，ガラパゴス諸島のそれぞれの島に隔離されて，リクガメの子孫が生き残ったと考えられる．ガラパゴス諸島の海底からの地形断面は，まさにそこに生息する生物の系統樹をしめしていると思われる．

　マダガスカル島には原猿類のキツネザルが遺存種として生息する．マダガスカル島とアフリカ大陸の間のモザンビーク海峡は水深 3,000 m で陸つづきとなる（図13-18）．モザンビーク海峡の海底での深海掘削のサイト242では水深2,275 m の掘削深度676 m で，その始新世中期の石灰質軟泥の基底に時代は不明だがサンゴ礁石灰岩が採集されている（Shipboard Scientist Party, 1975）．このことから，始新世中期以前にはマダガスカル島はアフリカ大陸と陸つづきであった可能性がある．

　始新世中期の海水準上昇でマダガスカル島はアフリカ大陸から孤立した．そのた

め，その後に進化した真猿類がモザン
ビーク海峡を渡って，マダガスカル島
に来ることができなかった．そのため，
原猿類の遺存種であるキツネザルが
現在まで，マダガスカル島で生息する
ことができたと考えられる．

　水深 2,500 m の始新世の陸地は，す
でに第 12 章の「親潮古陸」のところ
でのべたが，東北日本の太平洋側の大
陸斜面にもある．ここでは北海道から
つづく沼沢地や蛇行河川が発達する
広大な陸地が白亜紀から始新世の時

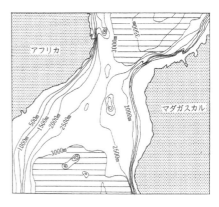

図 13-18　モザンビーク海峡の海底地形（星野，
1992）．

代にあり，それが始新世のあとの時代以降に沈水したことがあきらかになっている．

海水準はなぜ上昇したか

　地球温暖化による数 m の海水準上昇でも，海岸平野に住む私たちにとっては脅
威である．それため，本書で提案している数 1,000 m もの海水準の上昇など，皆
さんには想像もつかない現象であろう．しかし，私たちの生きている数 10 年～数 100
年という時間と，私が今議論している数 10 万年～数 100 万年，さらに数 1000 万
年という時間では，そのオーダーが異なっている．

　また，海水準上昇は，地殻の隆起とともに陸上も同時に上昇していることから，
陸上に棲むものにとって，その上昇量と海水準の上昇量が同じであれば，海水準上
昇に気がつかないこともある．すなわち，海岸線における海水準変化とは，地殻（地
球）の隆起量とその表面をおおう海水準の上昇量との差であり，それは陸上におい
てはあくまで海岸線の見かけの変化である．

　私は，これまで本書の中で海水準が時代の経過にしたがって，大陸や海底の隆起
（上昇）にともない，上昇してきたことをのべてきた．具体的には，白亜紀中期（約
1 億年前）の海水準は現在のそれより約 4,000 m 低いところにあり，始新世前期（約
5000 万年前）には約 2,500～3,000 m 低いところ，中新世末期（約 600 万年前）に
は約 2,000 m 低いところ，そして更新世中期の今から約 40 万年前には約 1,000 m

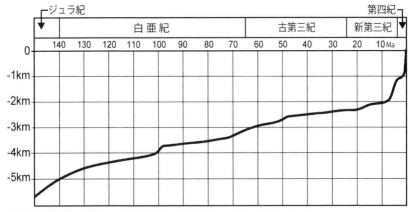

図13-19　ジュラ紀以降の海水準上昇曲線 (Hoshino, 1981 を参考に作成).

低いところにあったと考えられる (図 13-19).

　白亜紀中期の海水準の位置は第一鹿島海山のほぼ現在の山頂水深であり，始新世前期の位置はガラパゴス諸島をのせるココス海嶺やモザンビーク海峡の水深である．また，中新世末期の海水準の位置は，地中海の海底に分布する蒸発岩層や大陸斜面に発達する多くの海底谷の末端水深にあたる．そして，更新世中期の今から約40万年前の海水準の位置は，駿河湾の石花海海盆の水深にあたる．なお，メキシコ湾の深海底は 3,600 m の深さがあるが，さらにその 1,400 m 下の現在の海水準から約 5,000 m 下にはジュラ紀後期の岩塩層がある (Uchupi, 1975)．このことから，ジュラ紀後期の海水準は現在より約 5,000 m も下にあったと考えられる．

　さて，数 1,000 m もの海水準の上昇がどのようにして起こったのだろうか．中生代以降，地球の表面を構成する地殻の多くの部分が隆起をしている．隆起は，大陸や島弧周辺だけでなく，海嶺や大洋底でも隆起が起こった．その隆起を起こしたものは，リソスフェア (岩石圏) の下を構成する上部マントルのアセノスフェア (岩流圏) 起源の玄武岩マグマの活動で，マグマが上昇して大洋底のモホ面の上の地殻の中に迸入ないし溶岩として噴出して大洋地殻を形成することで，海水準が上昇したと考えられる．大洋底の大洋地殻の厚さは約 5 km あり，ジュラ紀以降の海水準上昇がそれとほぼ同じ 5 km と考えられる (星野, 1991)．

　すでに図 10-25 (232 頁参照) にしめしたが，ジュラ紀以降に海底の底上げ作用に

よって海水準が上昇し，現在の地形も形成された．海溝は，大陸側と大洋側の上昇からとり残されたところである．大洋底のギョーの山頂水深が，海溝のギョーのそれよりも浅いのは，海溝のギョーが海溝に沈んだのではなく，大洋底のギョーが大洋底ごと隆起したためである．そのため，大洋底のギョーの山頂水深は，場所によって深さが異なっている．

星野 (1991) は，中生代以降を玄武岩時代と定義し，地球創生の早い時期に集積した石質隕石に含まれていた半減期約 45 億年のウラン 238 の崩壊熱によって，中生代以降にアセノスフェアが融解して体積が増大し，リソスフェアの弱線（深部断裂）にそって上昇して，地殻中に迸入して地殻の隆起や火成活動を引き起こし，同時に海水準も上昇させたとした．さらに，星野 (2014) では，地球の起源から原生累代末期と古生代末期の二度の台地の隆起と沈水，その周辺での地向斜の形成と隆起，そして玄武岩時代の地殻変動の特徴と歴史がくわしくのべられている．

それによると，先カンブリア時代末期，すなわち原生累代末期のグレンビル期には，海水準は現在より 11 km 低く，現在太平洋がある地域には広大な準平原台地が形成されて，その後の海水準の上昇と太平洋底での洪水玄武岩の噴出活動などにより，水深 5,500～6,000 m で平坦な現在の大洋底が形成されたとのべている．すなわち，今から約 10 億年前に太平洋全体が陸地であり，それ以後に沈水して海底になったもので，海溝底と太平洋のモホ面の深さがその陸地の表面に相当するという (星野, 2014)．

プレートテクトニクスのしくみ

現在の地球科学の分野で，地殻変動や地震の発生について流布している説として，プレートテクトニクスがある．多くの皆さんが，地震の発生についてテレビなどで紹介されているので，よく知っていると思うがその概要をのべる．

プレートとは，「岩板」のことで，地球の表面をおおう厚さ 100 km もある一枚板のような岩板で，地殻とマントルの最上部をあわせたリソスフェア（岩石圏）とそれはほぼ同じであるという．プレートテクトニクスでは，地球の表面は 10 数枚のプレートでおおわれているという．これらのプレートは大洋底にある中央海嶺で生まれて，島弧の周辺にある海溝に沈みこむことが重みとなって引きずられて移動して，あるプレートと別のプレートの境界部で火山や断層，地震などのさまざまな

地殻変動を起こすとされている．そして，プレートテクトニクスは，これらのプレート境界部や地球で起こるさまざまな地殻変動に，ほぼプレートの動きだけで明解な説明ができるとされている．

　プレートテクトニクスのもとになった考えかたとして，1915 年にドイツのヴェゲナー（Wegener, 1915）が提唱した大陸移動説がある．この大陸移動説は，南北アメリカ大陸とヨーロッパ・アフリカ大陸の大西洋岸の海岸線が似ていることと，両岸で発見された古生物の化石が一致することなどから，もとは一つの大陸でそれがわかれて移動したとする仮説である．しかし，そのころの通説では，大西洋の両岸の古生物の類似は，古生代までアフリカ大陸と南アメリカ大陸との間にせまい陸地が存在するとした陸橋説が支持されていたために，ヴェゲナーの説はうけ入れられなかった．

　しかし，1950 年以降，海底の地形や地殻の構造などがあきらかになり，大西洋の大洋底は 5,000 m 以上も深く，陸橋となる大陸が存在しないと考えられるようになった．また，マントルが対流しているという考えかたや，古地磁気の研究の進展から，大陸が移動したのではないかという説が再浮上した．そして，海底の調査により，大西洋中央海嶺が隆起して両側に押し開くような地形（リフト）をしていること（Heezen, 1960）と，その海嶺の両側にみられる海底の磁気異常が対称的に分布することから，Hess（1960, 1962）と Diez（1961）によって海洋底拡大説が唱えられ，Wilson（1963, 1965）によって全地球の地殻変動を説明するプレートテクトニクスとして完成した．

　地殻変動を起こすプレート境界には，発散型境界と収束型境界があるという．発散型境界は，マントルの上昇部にあたり，東太平洋海嶺や大西洋中央海嶺などで開いた割れ目に地下から玄武岩質マグマが噴出してプレートが生まれ，東西に移動しているという．発散型境界は，陸上にもあり，東アフリカの大地溝帯は陸上にある発散型境界で，そこは大規模に南北に隆起し，その中央部には正断層が発達して大地溝帯が形成されている．

　収束型境界は，異なったプレートが移動してきて出会うところであり，それには日本海溝のような「沈みこみ型」や，伊豆半島のような「衝突型」，トランスフォーム断層とよばれる「すれちがい型」がある．

　「沈みこみ型」は，はるか遠方の海嶺で生まれて移動してきた二つないし三つの

プレートが出会い，それぞれの重さによって，軽いプレートの下に重いプレートが沈みこみ，沈みこんだ部分に海溝ができ，衝突した岩盤が互いに動くことで地震が発生する．深く沈んだプレートから分離された水が，周辺の岩石の融点を下げて，地下ではマグマが発生して，マグマが上昇して火山が噴火する．移動してきたプレートの上にのっている堆積物は海溝で沈みこむときに陸側に押しこまれて付加して，日本列島の陸地もこのようにしてできたという．日本海溝にある第一鹿島海山は，まさに海溝に沈みこんでいて，現在付加しているものとして紹介されている．

「衝突型」は，沈みこみをほとんどしないで相手方のプレートの下に一方が押し入り，他方を押し上げて隆起させるという．「すれちがい型」では，すれちがう境界同士の間で，はっきりした横ずれ断層（トランスフォーム断層）が形成される．中央海嶺の東西のずれもトランスフォーム断層で説明されている．

また，ハワイ諸島など中央太平洋の直線的に配列した火山列島の形成については，ホットスポットというプレートの動きとは別に，位置が固定したマグマの発生点があることにより，その上をプレートが通過するために，火山島の直線的な配列を説明している．

第一鹿島海山は割れて沈みこんでいるか

私が研究をした第一鹿島海山については，1980年に海上保安庁が地形からの憶測で，この海山の西側半分が崩れ落ちたような形をしていると発表した．そして，1986年におこなわれた海山での深海潜航による観察などから，海山の西側斜面での断層崖などが確認されて，第一鹿島海山は太平洋プレートの日本列島の下への沈みこみにともなって，もともと一つの山体であったものが，西半分が割れて沈降して，日本列島に付加していると解釈された．

しかし，私は，第一鹿島海山の山頂の音波探査断面（図13-20のa）と石灰岩の研究から白亜紀中期のサンゴ礁がそれじたいで堡礁として独立したものあり，半分に割れたものではないと考えている（Shiba, 1988, 1993）．また，西半分とされる高まりから採集された石灰岩は，海山にサンゴ礁が形成しているときに，そこから流れて落ちて堆積した岩砕流堆積物であり，サンゴ礁そのものではないと考えている（Shiba, 1988, 1993）．

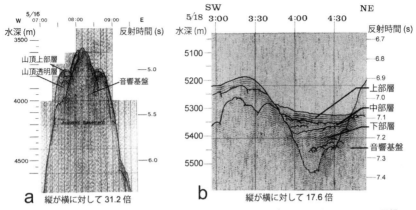

図13-20　第一鹿島海山の山頂(a)と西側凹地(b)の音波探査断面(根元，1985)．aの山頂の周縁には サンゴ礁と考えられる山頂透明層がある．bの凹地の地層は水平で変形していない．

　また，海山とその西半分とされる高まりの間の凹地には，水平に重なる第四紀の堆積層がある (根元，1985)．海山が動いて沈みこんでいるのであれば，それらは変形しているはずであるのに変形していない (図13-20のb)．

　なお，第一鹿島海山調査団ではこの凹地の中央の水深5,324 m で，ピストンコアラーにより 532 cm のコア (柱状試料) を採集した (図13-21)．このコアの 216 cm までは有孔虫化石はまったくみられないが，その下からは浮遊性有孔虫化石の *Neogloboquadrina pachyderma* と *Globorotalia inflata* が多く産した．その中でも，216〜448 cm の間は寒冷種の *Neogloboquadrina pachyderma* の左巻き個体が卓越して産した．318 cm から下では *Globorotalia tosaensis* が含まれ，*Globorotalia trancatulinoides* は 497 cm より上位で出現し，458 cm より下では *Globorotalia inflata* が卓越し，その範囲には暖流系種も含まれていた (柴，1985)．

　この海域の現在の浮遊性有孔虫群集は，遷移帯水域の群集に属し，遷移帯水域では Keller and Ingel (1981) の結果により，*Neogloboquadrina pachyderma* の左巻き個体が最初に卓越する少し上位に *Globorotalia tosaensis* の最終出現層準がある．Kent et al. (1971) は，この *Neogloboquadrina pachyderma* の左巻き個体が最初に卓越する，遷移帯に寒冷化がはじまった時期を約 120 万年前とした．このことから，第一鹿島海山の西側の凹地で採集されたコアの 448 cm のところが約 120 万年

前の可能性がある.

　深海では，水深が約4,000 m よりも深くなると温度や水圧によって有孔虫などの石灰質 (炭酸塩) の殻が溶けてしまう. その深度を炭酸塩補償深度 (CCD) といい，加藤 (1977) によれば鹿島灘沖の CCD は約4,380 m であり，このコアの採集深度は，CCD より 1,000 m 深く，実際にこのコア上部の216 cm までは有孔虫の殻が存在しない. しかし，このコアの216 cm 以下からは，有孔虫の殻が産出することはどういうことなのだろうか.

　第5章でのべたが，今から約40万年前からはじまる有度変動により，海水準は1,000 m 上昇した. 日本海溝南端の第一鹿島海山西側の凹地でも，今から約40万年前には海水準が 1,000 m 低く，水深が4,324 m だったとしたら，そのコア試料の216 cm 以下から有孔虫の殻が出現するこ

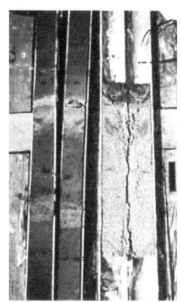

図 13-21　第一鹿島海山西側の凹地の水深 5,324m で採集されたコア試料. 右の白い部分は石灰岩の砂からなるタービダイト (Shiba, 1988).

とが説明でき，その216 cm の層準が約40万年前の時代となる.

　この凹地の堆積物は水平に堆積していて乱されていないことから，第一鹿島海山といっしょに海溝底に沈みこんでいるのではなく，駿河湾の駿河湾中央水道と同じく，両側の海底の上昇に対して孤立し，上昇する海水準のために CCD よりも深い海底になってしまったと思われる.

第一鹿島海山は南半球から来たか

　プレートテクトニクスによると，第一鹿島海山はその山頂にサンゴ礁が形成された白亜紀中期には南半球の南緯30度付近にあり，太平洋プレートの移動によって，現在日本海溝まで到達した (Winterer, 1991) とされている.

　中生代から新生代はじめには，ヨーロッパから中東地域，ヒマラヤ山脈をへて，

日本を含む太平洋西岸につながっていたテチス海とよばれる海があった．テチスとは，ギリシャ神話のゼウス神の母の名前である．第一鹿島海山の化石には，そのテチス海にあった白亜紀中期のサンゴ礁に棲んでいた巻貝や二枚貝が多く含まれる．巻貝ではとくにネリネアは，そのほとんどがヨーロッパまたは中東地域のものと同種である．

　二枚貝では，ルディストという，中生代末に絶滅した殻の大きさが左右でちがう固着性の厚歯二枚貝が含まれている．ルディストは，白亜紀に発展して造礁サンゴより大規模な骨格を組み上げて，たくさんの炭酸塩岩（石灰岩）の礁を形成したことが知られている．私とフランスの研究者は，第一鹿島海山のルディストから *Praecaprotina kashimae*（図 13-3 の 6）という新種を発見した（Masse and Shiba, 2010）．そして，私たちの発見した新種が含まれる *Praecaprotina* 属のルディストは，これまで北海道や本州，四国などの日本列島だけから報告されていて，日本だけに分布する属であることがわかった．

　プレートテクトニクスが解説するように，第一鹿島海山が南緯 30 度付近にあったとするならば，その山頂のサンゴ礁の化石にテチス海と日本列島を特徴づける種類が含まれているということは考えられない．第一鹿島海山のサンゴ礁の化石から考えられることは，この海山は南緯 30 度付近から移動して来たものではなく，もともと現在の位置である日本列島の近くにあったということである．すなわち，第一鹿島海山は白亜紀中期以降，その場所にあり，動いていないのである．

プレートテクトニクスの矛盾

　第一鹿島海山がプレートにのって動いて来ていないとすると，プレートテクトニクスは成立しないことになる．第 8 章で，私は，駿河湾や海溝，そして現在の地形は海洋プレートが沈みこむことによって形成されたのではなく，今から約 40 万年前から起こった地殻の隆起と海水準の上昇によって形成されたものであるとのべた．第 10 章では，プレートの三重合点とされる富士川谷の新第三紀の地層の堆積と褶曲形成，および断層運動は，中新世後期からの島弧の隆起運動によるものであり，プレートテクトニクスにより説明されている伊豆半島の衝突によるものでないことをのべた．また，第 11 章では伊豆半島が南から来ていないということをのべ，第 12 章ではプレートの沈みこみで形成されたとされる付加体は島弧の隆起によっ

て形成されたもので，海側から付加したものでないことをのべた．

　このように，私が調査した地域の地層の形成と地殻変動について，私はプレートテクトニクスでは説明できないと考えている．そのため，私は以前から，プレートテクトニクスについて多くの疑問をもっていて，プレートテクトニクスについて学習すればするほど，その仮説じたいが多くの矛盾を含んでいることに気がついた．

　まず，大きな疑問の一つは，プレートというものがいったい何かということである．中央海嶺で生まれたときは火山から噴出した玄武岩の溶岩であるが，移動していく間に厚さ100 kmもの地殻とマントル最上部をあわせたリソスフェア（岩石圏）に変化してしまうのである．どのようなメカニズムで，玄武岩溶岩が厚さ100 kmもあるリソスフェアに変化するのだろうか．

　また，地球は10数枚のプレートにおおわれているとされるが，フィリピン海プレートやカリブ海プレート，スコシアプレートなどのプレートには，それらが生まれるための中央海嶺がない．それらは，どこからどのように生まれたのか．さらにプレートの移動については奇妙である．プレートの推進力と考えられていた大規模なマントル対流が否定され，海溝にプレートじたいが沈みこむことによって，その重みで引きずられてプレートが移動するという．しかし，プレートの移動の原因がそうだとしても，最初に沈み込んだプレートはいったいどのようにして海溝の位置まで移動して来たのであろうか．

　プレートの湧き出し口とされる中央海嶺には，最近噴出した玄武岩だけでなく，大陸の岩石や古い時代の岩石が数多く発見されている．大西洋中央海嶺のセントポール岩礁では，8億年前の超塩基性岩が発見されている．超塩基性岩とは，玄武岩よりマグネシウムや鉄を多く含む岩石である．アゾレス諸島サンタマリア島では片麻岩と花崗岩など大陸の岩石が知られている．また，東太平洋海嶺でも，流紋岩や花崗岩など大陸の岩石がロシアの研究者から報告されている．

　インド洋の海嶺からは，先カンブリア時代や古生代の火成岩や変成岩が知られていて，セイシェル諸島をはじめ大陸の岩石からなる海台もある．また，大西洋の南アメリカ大陸の南東にあるリオグランデ海台では，すでにのべたが「しんかい6500」の潜航調査で花崗岩が採集されている．

　中央海嶺の両側の海底の磁気異常は対称的に分布して，バーコードのような縞模様をしている．このことが，海洋底拡大説の発想にもつながったことであるが，地

磁気の縞模様は全磁力量の違いをあらわすもので，磁極が現在と同じか反対かをあらわすものとは限らない．また，大洋底の深海掘削のいくつかでは，海底下の玄武岩層の中や下に，それより新しい時代に水平に貫入（迸入）した玄武岩の岩体が発見されることがある．

　また，ハワイのような直線的な火山島列を説明するのに，ホットスポット説がある．しかし，ホットスポット説では，プレートの移動する方向が一定なので，ハワイの火山島列と方向の違う火山島列について説明することはできない．また，300以上ものギョーなど海山のある中央太平洋海山群は，ホットスポット説ではまったく説明できず，白亜紀に起こったプレート内火山活動（Schlanger et al., 1981）として説明されている．

　プレートの表層をつくる玄武岩はマントルから直接生成されたものとされ，ナトリウムとカリウムの少ないことを特徴とされる海洋底を特徴づけるソーレアイト質玄武岩である．しかし，ハワイも含めて火山島や海山をつくる火山岩は，ナトリウムまたはカリウムが多い大陸の火山を特徴づけるアルカリ玄武岩である．また，ジュラ紀のプレートがあるはずの日本海溝の大洋側斜面では，590万年前（中新世後期）のアルカリ玄武岩が発見されている（Hirano et al., 2001）．なお，大洋域でのプレートテクトニクスで説明できない岩石のくわしい記録については，星野（2010）や矢野ほか（2009），ワシリエフ（2017）などを参照されたい．

　プレート境界や中央海嶺から遠く離れた大陸の中にも，火山や地震がある．これらの現象も，プレートテクトニクスでは説明するのに苦労している．プレートテクトニクスでは，火山活動や地震活動がプレート境界とホットスポットでしか発生しないというルールがある．したがって，このルールに反する現象を説明するために，プレートやホットスポットの数を増やすか，この仮説のルールを一部変更して，実際の現象に合わせる努力がおこなわれる．

　地球内部を通過する地震波速度の変化から，マントルの中で地震波の早い部分と遅い部分があることがわかってきた．地震波の早い部分は温度が低いと考えられ，遅い部分は温度が高い部分と考えられる．その温度分布で描かれた地球内部のもようを地震波トモグラフィーという（図13-22）．この温度の高い部分は，マントル内で熱いものが湧き上がるように分布すると思われることから，ホットプルームとよばれ，マントル物質または熱が上昇しているところと考えられている．しかし，そ

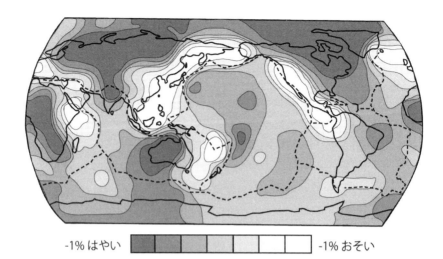

図13-22　地震波トモグラフィーによる地表下78〜148kmのP波速度異常の分布（西村, 1995 を編図）．実線は陸地の概形をあらわし，破線はプレート境界とされるものをしめす．低速（高温）域にあたるプルームの上昇域（白い部分）は，プレートの湧き出し口とされる中央海嶺などとはかならずしも一致しない．環太平洋と東アフリカからヨーロッパにかけて低速（高温）域があり，火山活動や地震活動と関連があると思われる．

のホットプルームは，プレートが生まれる中央海嶺とは一致せず，スーパーホットプルームとよばれる大規模なものはアフリカ大陸と南太平洋に分布する．

　このように，プレートテクトニクスでは説明できないさまざまな事実や現象がある．プレートテクトニクスは，現在の地球表面の岩石や火山・地震の分布をおおまかに説明できても，地球の長い歴史の中でのさまざまな地殻変動を経験してきた現在の地殻の姿を，その過程も含めてすべてを説明できるものではない．それは，プレートテクトニクスが，現在の大陸と海洋底の地形をもとに考案された，現在の地形のおおまかな特徴とその形成を説明するための机上の仮説の一つにすぎないからである．

南極氷床と草原の発達と哺乳類

　海に棲むクジラとカイギュウの先祖は陸上の哺乳類だったが，始新世になって海に生活の場を移した．両方とも中新世には水中生活に適応して後肢がなくなり，前肢がヒレ状になり，体形が紡錘形になり，世界中の海に分布をひろげた．最近の見解では，クジラは鯨偶蹄目のカバ科に属する先祖から進化し，カイギュウはアフリカ獣類のグループとしてゾウ（長鼻目）と近縁とされる．

　これらの陸上哺乳類が海で生活するようになったのは，始新世になって大洋の生物生産性がそれまでとは比べものにならないくらい高まり，クジラとカイギュウにとっての餌が多量にあったからだと思われる．

　南アメリカの最南端と南極大陸の南極半島との間はドレーク水道とよばれ，海水準を3,000 m 以上下げると現在の南ジョージア島や南サンドウイッチ諸島がほぼつながり陸化する．この彎曲した細長い陸地，スコティア弧は陸橋となる．今から 5000 万年前の始新世中期に海水準は現在の水深 2,500 m にあったと仮定すると，スコティア陸橋は弧状の島々の連なりとなり，それでもこの水道を閉鎖的なものにしているが，海水準がさらに上昇するとこの島々の連なりも，いくつかの島を残して海中に没する（図 13-23）．

　南極大陸の気候は新生代になって寒冷化していったが，寒冷化のはじまりは始新世中期以降と考えられる．その証拠は，南極半島のキングジョージ島の始新世前期の溶岩の上に氷河堆積物が発見されていること（Birkenmajer and Zastawniak, 1989）と，南極海の太平洋側での深海コアにその時期の海氷起源堆積物が発見されていること（Wei, 1989）である．これらのことから，Prothero（1994）は始新世中期に南極に新生代になってはじめての氷河（山岳氷河）が形成され，地球規模の寒冷化がはじまったとした．また，Wolfe（1978）は，始新世と漸新世の境界で急激な寒冷化が起こったとし，これを Terminal Eocene boundary とよんだ．また，南極では中新世中期の 1400 万年前には大陸氷床が大規模に発達していたことが推定されている（Kennet, 1982）．

　始新世中期以降の寒冷化のはじまりは，スコティア陸橋が水没していった過程で南極をとり巻いて流れる南極環流（南極周回流）が発生したことによる．南極の寒冷化が段階的に進み，南極に大陸氷河が発達しはじめた．すなわち，中生代以降，始新世中期になるま

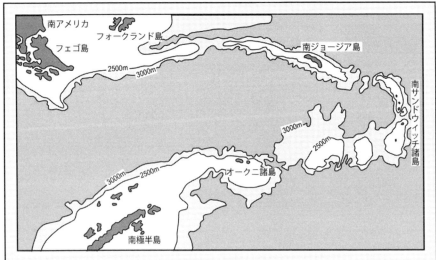

図13-23 南アメリカと南極の間のスコティア弧（ドレーク水道）の海底地形（星野，1992）.

で地球上の陸地にはどこにも氷床がなく，地球全体が温暖だった．南極大陸での大陸氷河と南極環流の発達により，南極海では溶存酸素や栄養塩を含み高い塩分の重い水である南極底層水が生まれた．そして，それは深海底にそって北へ移動して熱塩循環（海洋大循環）がはじまった．

　南極の底層水と同じに重要な底層水が北大西洋底層水である．これも始新世の海水準上昇で，アイスランドの東側とスコットランドの北方の間にそれまであったテュリアン陸橋が沈水してフェローズーシェットランド水道ができ，北極海の底層水が北大西洋の深海底に流入していった．この大洋での熱塩循環は，大洋のさまざまな海域で湧昇流を発生させて栄養塩豊かな海をつくりだし，そこに海の生きものが大量に繁栄した．陸上の哺乳類だったクジラとカイギュウの先祖は，始新世中期以降にはじまった海洋大循環の結果生じた豊かな海に，海の幸を求めて進出して適応していったと思われる．

　奇蹄目のウマ科は，現在生きているのはウマ属（エクウス）のみで，そのウマ属はウマ，シマウマ，ロバの仲間など5亜属9種しかないが，中新世にはウマ科はたいへん繁栄していた．ウマ科の最古の化石は，北アメリカの始新世の地層から発見されたヒラコテリウムで，その大きさはキツネほどで森林に生息して葉食性であった．その後に，始新世にエピヒップスとパレオヒップス，漸新世にメソヒップスとミオヒップス，中新世にパラヒッ

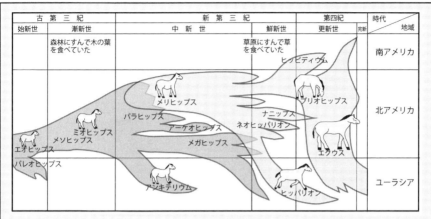

古 第 三 紀			新 第 三 紀			第四紀		時代
始新世	漸新世		中 新 世		鮮新世	更新世	完新	地域
	森林にすんで木の葉を食べていた				草原にすんで草を食べていた ヒッピディウム			南アメリカ
			メリヒップス		プリオヒップス			北アメリカ
エオヒップス	ミオヒップス メソヒップス	パラヒップス アーケオヒップス メガヒップス		ナニップス ネオヒッパリオン		エクウス		
パレオヒップス								
		アンキテリウム			ヒッパリオン			ユーラシア

図13-24 ウマの進化 (Macfadden, 1992).

プスとメリヒップスが生息し，これらは始新世から系統的に進化していった（図12-24）.

　今から約1600万年前の中新世前期〜中期に生息していたメリヒップスは，真の草食性をしめす高冠歯（こうかんし）を獲得したことと，より高速での走行を可能にした下肢骨（尺骨（しゃっこつ）と橈骨（とう）（こう），脛骨（けいこつ）と腓骨（ひこつ））の癒合（ゆごう）の2点で草原の草食動物として完全に適応していた．中新世前期〜中期には台地の隆起と乾燥気候がひろがるとともに，イネ科の草本類の発展によって大草原が拡大し，メリヒップスの出現はその大草原への進出の結果だった.

　今から約1100万〜600万年前の中新世後期，この時代には地殻の大隆起が起こったが，この時代に生息したプリオヒップスは，第二指と第四指を完全に消失させることで指が1本になり，現在のウマに近い形態をしていた．ウマ科のなかまは，それまで北アメリカで進化してきたが，更新世の氷河期にベーリング海を渡り，ユーラシア大陸やアフリカ大陸に到達し，現在のウマであるエクウス（ウマ属）に分化した．しかし，南北アメリカ大陸に残ったウマ科の動物は，氷河期に絶滅した.

　ウマ科は，中新世にミオヒップスやメリヒップスからも多様な種分化が起り大きく発展したが，ウシやシカなどのいわゆる草食性の偶蹄類が鮮新世から繁栄したことから，系統の大半は鮮新世にすでに絶滅してしまった.

　長鼻目（ちょうび）（ゾウ）のもっとも古い祖先は，今から約5300万年前の地層から知られ，体が小さくまだ歯には犬歯（けんし）もあった．この祖先は，ゾウの特徴である一対の長くのびた切歯をもち，臼歯（きゅうし）は咬頭（こうとう）が横列をつくり，5本の蹄（ひづめ）のある足指をもっていた．今から約2300

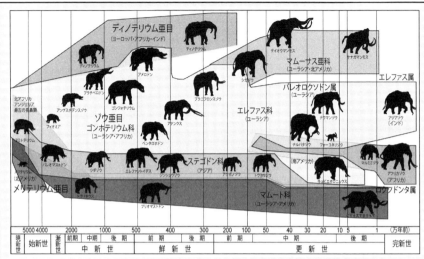

図13-25 ゾウの進化. 野尻湖発掘調査団・新堀 (1986) を一部修正.

年前の中新世になると, ゾウは大型になり, 上下の短い顎から長く突き出した切歯をもち, 鼻腔が頭の前にあり, 上唇が前に出てその先に鼻の穴があった.

今から約500万年前の鮮新世になると, ゾウは上顎だけに長い切歯をもち, 顎がさらに短くなった. そのため, 口には上下左右に各1本の大臼歯しかない現在のゾウのタイプがあらわれた. このゾウは顎が短くなったかわりに, 上唇が長くなった筋肉のついた鼻をもち, たいへん繁栄し, 南極とオーストラリア以外の大陸にひろく分布した. しかし, 更新世の後半になるとゾウの種類は激減して, とくに更新世後期のウルム氷期を生きぬいて現在生きているゾウは, アフリカゾウとアジアゾウの2種類だけになった (図12-25).

このように, 生物の進化や分布の拡大については, 地殻変動よる台地の形成と海水準上昇による海と陸地の地形の変化, それによる気候の変化が大きく影響している. とくに, ここでは新生代の始新世からの南極氷床の形成と, 中新世からの草原の拡大, 気候の寒冷化による哺乳類の進化と盛衰の例を上げた.

第14章

地震分布の実態

―東海地震はいつ起こる―

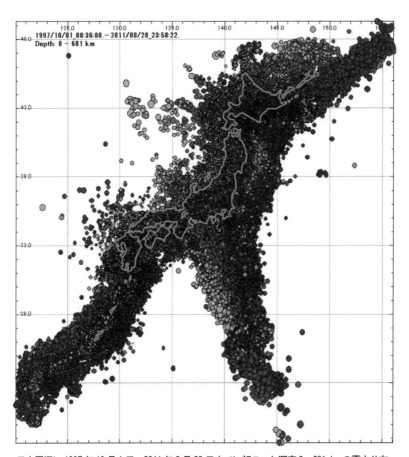

日本周辺に1997年10月1日〜2011年8月28日までに起こった深度0〜681 kmの震央分布
(柴，2013)．

「明日にも起こる」といわれた東海地震

　私は,「東海地震が起こる」といわれている静岡市に40年以上住んでいる. しかし, 静岡市およびその周辺地域は, ほとんど地震のないところという実感をもっている. 私は東京で育ったが, 東京では1ヶ月に1回以上地震を感じることがあったが, 静岡市では1年に1回ほど遠くで起こった地震を感じるくらいで, 40年間暮していて大きな地震を感じたことは, 1974年の伊豆半島沖地震と2009年の駿河湾地震, 2011年の東北地方太平洋沖地震とその直後の富士宮地震の4回くらいしかない.

　にもかかわらず, 1970年代以降, 駿河湾や遠州灘を中心とする静岡県西部で東海地震が起こるということで,「地震防災対策強化地域」に指定されて, 市民や企業は経済的なリスクをしいられ, 静岡県民は精神的に不安な日々を過ごしてきた. また, この間に多くの企業が県外に流出し, そのうえ静岡県は地震防災のために過去20数年間に1兆4,000億円も負担し, 莫大な経済的損失をうけている.

　「明日にも起こる」といわれつづけている東海地震はなぜ起きないのか. そして, すでに40年間起こっていないという事実があるにもかかわらず, なぜ東海地震は検証さえされないのか. さらに, 2011年3月11日に起こった東北地方太平洋沖地震以降, 東海地震という名前は聞かれなくなり, 近く起こるだろう地震は南海トラフ付近で起こる超巨大地震「南海トラフ巨大地震」であるという.

　いったい40年前に想定された「東海地震」とはどのようなものだったのか. 東海地震はなぜ起こるとされ, なぜ今まで起らなかったのか. さらに, 東海地震はいつ起こるのか, または起らないのか.

東海地震とは何か

　南海トラフ (西南日本海溝) の陸側斜面で起こる地震について, 1970年代はじめに地震学者によって, 震源の集中などをもとに, 四国の足摺岬から駿河湾にかけてA〜Eの五つの震源領域が区分された (図14-1). 震源領域のAは四国の足摺岬と室戸岬の間の土佐沖, Bは室戸岬と紀伊半島の潮岬の間の紀伊水道沖, Cは潮岬と三重県の大王岬の間の熊野灘, Dは伊勢湾沖, Eは遠州灘から駿河湾というものであった.

　この震源領域のうち, 1944年に発生した東南海地震はCとD領域で発生したと

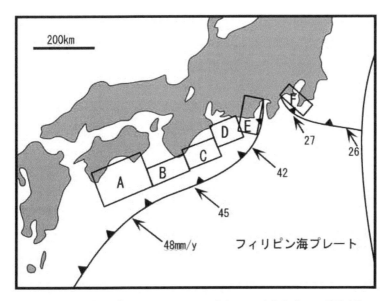

図 14-1　フィリピン海プレートの沈み込みにともなって発生するプレート境界地震の
　　　　推定震源領域の位置．A〜Eが東海地震および南海地震，Fが関東地震の推
　　　　定震源領域をしめす．矢印と数字は本州に対するフィリピン海プレートの進
　　　　行方向と速度（小山，2008）．

され，その2年後の1946年に発生した南海地震はAとB領域で発生したとされた．
そして，E領域だけが1940年代に地震が発生しなかったために，1970年代はじめ
から遠州灘中部から駿河湾にかけての E 領域を震源域とする巨大地震の発生が危
惧されるようになった．

　そして，1976 年に東大地震研究所の助手だった石橋克彦氏により「駿河湾地震
説」が提唱され（石橋, 1977），地震学者の多くが東海地震の発生の可能性を強く主
張した．1978 年には国会で「大規模地震対策特別措置法」が制定され，その中で
静岡県下を中心とした「地震防災対策強化地域」が設定され，体積歪計や GPS な
どの観測機器を集中して設置することで，世界でも例をみない警戒宣言を軸とした
「短期直前予知を前提とした地震対策」がとられることになった．

　小山（2008）によれば，東海地震は本来，熊野灘から駿河湾にかけてのC, D, E

領域を震源域とする巨大地震をさし，E領域のみを震源域とするものは「想定東海地震」または「駿河湾地震」とよぶが，前述の経緯から現在では遠州灘中部から駿河湾にかけてのE領域のみを震源域とする地震を「東海地震」とよび，C〜D領域の地震を「東南海地震」とよぶとしている.

東海地震のふしぎ

　「駿河湾地震説」を提唱した石橋氏は，提唱した当時に一般の人向けの説明で，「53枚のカードを3年に1枚の割合で41枚までめくったが，まだジョーカー（大地震）が出ていない．残りは12枚しかないから，次に出ても少しも驚くにはあたらない」と，トランプにたとえてその危機感をあおった.

　しかし，1976年8月の第34回地震予知連絡会の会合で東京大学教授だった浅田敏氏は，「部会各委員によると，駿河湾は独立で地震は起こさないという意見もあり，そうだとすると次の地震は100年後かもしれない．10年以内に地震が起こるか，100年後かを今のところ地球物理学的には決定できない」と報告した（茂木，1998）．それにもかかわらず，南海トラフぞいの巨大地震の中で，東海地震だけが明日にも単独で起こる可能性は否定できないとして，今日まで「東海地震は起こる」として対策が進められてきた.

　しかし，「明日にも起こる」という東海地震は，そう言われてからすでに40年以上の間起こっていない．このことから，10年以上前から東海地震が再検討され，歴史的にE領域だけが単独で震源域となった地震は知られていないこと，そしてE領域のひずみの蓄積量が少ないらしいことから，東海地震は単独で発生する可能性がきわめて少ないという意見が多くをしめてきた.

　これらのことから，中央防災会議の東海地震に関する専門調査会は，2001年12月の最終報告（中央防災会議，2001）の中で，「東海地震はいつ発生してもおかしくないものであるが，今後，相当期間同地震が発生しなかった場合には，東南海地震等との同時発生の可能性も生じてくると考えられる．今後の観測データや学術的知見の蓄積をもとに，10年程度後には，これらの関係について再検討する必要がある」として，東海地震の想定震源域を否定するのではなく，想定震源域に東南海地震の震源域である西のD領域を含めて拡大させてしまった.

　東南海地震等とは，1944年と1946年にA〜D領域に発生したとされる東南海と

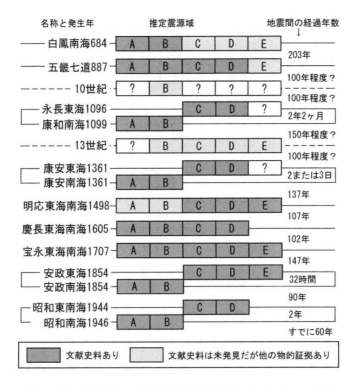

名称と発生年　　　　推定震源域　　　　地震間の経過年数

白鳳南海684	A	B	C	D	E	
五畿七道887	A	B	C	D	E	203年
10世紀	?	B	?	?	?	100年程度?
永長東海1096			C	D	?	100年程度?
康和南海1099	A	B				2年2ヶ月
13世紀	?	B	C	D	E	150年程度?
康安東海1361			C	D	?	100年程度?
康安南海1361	A	B				2または3日
明応東海南海1498	A	B	C	D	E	137年
慶長東海南海1605	A	B	C	D		107年
宝永東海南海1707	A	B	C	D	E	102年
安政東海1854			C	D	E	147年
安政南海1854	A	B				32時間
昭和東海1944			C	D		90年
昭和南海1946	A	B				2年
						すでに60年

███ 文献史料あり　　　▒▒▒ 文献史料は未発見だが他の物的証拠あり

図14-2　歴史上の東海および南海地震の推定震源領域（A〜E）（小山，2008）.

南海地震のような地震をさし，それらはほぼ100〜200年間隔で起こっているとされている（図14-2）．1854年の安政東海地震や1707年の宝永東海南海地震，1498年の明応東海南海地震では，東海地震の想定震源域であるE領域も震源域に含まれたと推定されている．

　しかし，地震計のなかった時代の震源決定は，文献などの被害記録に頼らざるをえず，信頼できる震央の位置がえられているとは考えられない．遠州灘から駿河湾にかけてのE領域では，過去に本当に大地震が起きていたのであろうか．

　また，1944年の東南海地震の震源は正確にはC領域の中であり，1946年の南海地震の震源はB領域の中にあり，AとD領域では地震は起こっていない．A〜E領域とはいったい何か，これらを設定した根拠とその領域でかならず地震が発生する

という考えじたいを，再検討する
必要があると私は考えている．

地震の分布

　実際に地震はどこで起こって
いるのか．地震学者たちは，日本
列島周辺の地震はプレートの境
界とプレート内部で起こってい
ると解説している．しかし，それ
は事実であろうか．

　本章のとびらにしめした図は
日本周辺で 1997 年 10 月 1 日〜
2011 年 8 月 28 日までに起こった
マグニチュード (M) M0.1〜M9
までの地震の震源分布である．震
源データは気象庁一元化震源デー
タを使用し，山形大学の川辺孝
幸教授から提供をうけた Scat3D
ソフトで分布図を作成した．震源
の深さは円のトーンで，規模は円
の半径でしめしてあるが，ここで
は震源の位置に注目するため，そ
れらの凡例を省略する．

　この図をみると，日本列島周辺
では海溝と島弧にそって多くの
地震が発生していて，まさに日本
列島は地震の巣のようにみえる．
しかし，これらの地震の震源をそ
の深度ごとにみると，いくつかの
深度の範囲により異なった分布

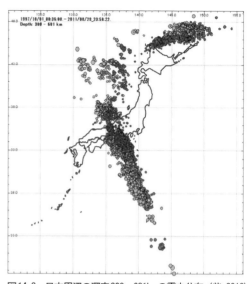

図14-3　日本周辺の深度300〜681kmの震央分布 (柴, 2013)

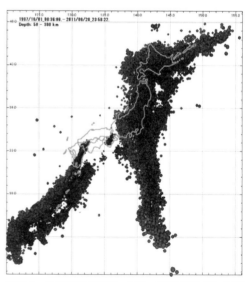

図14-4　日本周辺の深度50〜300kmの震央分布 (柴, 2013)

の特徴が認められる.

　深度 300 km～最深（681 km）で発生している地震（図14-3）は, 小笠原諸島の南から伊勢湾, 若狭湾を通り日本海の大和堆付近で終わる北北西―南南東方向で西に傾斜した深発地震が直線的に分布する. また, 千島海盆の北部から北海道の稚内付近までのびる東北東―西南西方向で北に傾斜した分布があり, これら二つの分布の間の日本海盆にも震源の分布があり, 全体に「く」の字型に直交するようにみえる. この深度範囲の震源分布はいわゆる深発地震面の下部にあたり, 上部の分布とは不連続で, 異なった分布をしめす.

　深度 50～300 km の地震（図14-4）は, いわゆる深発地震面上部を形成する震源の分布をしめすが, 伊勢湾から豊後水道の間の太平洋側（南海トラフ）では深発地震面に相当するものがみられない. このことは, 深発地震面に相当するプレート境界がないということになるのではないだろうか. ただし, 紀伊半島と熊野灘南東側, 室戸岬南方に震源の小規模な分布がみられる.

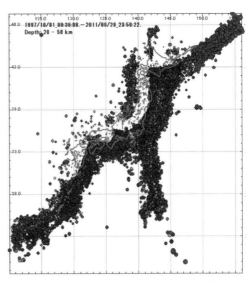

図 14-5　日本周辺の深度 20～50kmの震央分布（柴, 2013）. 白丸は超低周波地震.

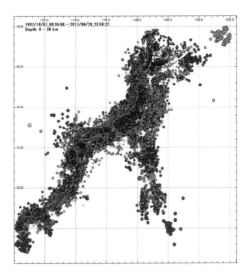

図 14-6　日本周辺の深度 0～20kmの震央分布（柴, 2013）.

深度20〜50 kmの地震（図14-5）は，島弧の太平洋側の大陸斜面に分布するものと，東北地方の日本海側大陸斜面と稚内付近に分布するものがある．島弧の脊梁部にはこの深さの地震がほとんどなく，西南日本の日本海側にも多くは分布しない．この深度範囲は島弧の下では大陸地殻下部に相当する．この地震のない範囲に，超低周波地震が多く発生していて，それは火山帯の下などに分布する．この深度範囲の下部のものについては，深発地震面の最上部の地震も含まれていると思われる．また，小笠原諸島より南側では地震がほとんどなく，千島弧では深さ25〜40 kmに集中する．

　地震は塑性破壊によって起こる現象であるから，地震がないということは弾性体もしくは溶融状の物質から構成されている可能性があり，火山帯や超低周波地震の分布ともほぼ一致することから，島弧の脊梁部の深度20〜50kmの範囲には溶融しているマグマの存在が推定される．

　深度0〜20 kmの地震（図14-6）は，島弧の脊梁部とその周辺の大陸斜面に分布する．深さ10 km以浅のものはとくに陸域といくつかの地域に集中して分布し，10〜20 kmのものは大陸斜面に分布する．また，海岸線にそっていくつかの地域で地震の空白域が認められる．小笠原諸島より南側ではこの深度の地震がほとんどなく，北海道と千島弧との間に空白域があり，千島弧では深さ15 km付近に大きな地震が分布する．10 km以浅の地震が島弧の陸域に分布することは，島弧の大陸地殻上部に地震が起こっていることになる．

海溝型地震

　海溝型地震は，一般にいわれている説明では，海溝での海洋プレートの沈みこみにともない，海溝陸側斜面の地下で発生する地震で，沈みこむ海洋プレートに押されて陸側のプレートにひずみが蓄積して陸側がはね上がり，地震断層を発生させて地震が起こるとされている．そのため，プレートの沈みこみ帯にそって，どこでも地震が起こることになっている．したがって，遠州灘から駿河湾にかけてのE領域では，大きな地震が起きていない，いわゆる空白域だったことから東海地震の発生が想定された．

　しかし，プレートの沈みこみ帯でどこでもM7〜M8（ときにM9におよぶ）地震が起こるのであれば，なぜそれは海域だけに発生するのであろうか．プレート境界

は陸上にも延長されているが，なぜ南海トラフの陸側延長域（図 14-1 の E と F 領域の間）で震源域が想定されていないのであろうか．また，プレートの沈みこみ帯で地震が起こるとするならば，地震は沈みこみ帯の水平方向のどこでも起こるはずなのに，なぜ震源分布が震源領域として集中するのであろうか．

　海溝型の浅発地震の震源分布の特徴と海底地形との関係について，1960 年代末に地震学者の北海道大学の田 望氏と海洋地質学者の星野先生によって，地震は深海平坦面（海段または前弧海盆）の分布と深く関連していることがのべられた．

　田（1968）は，1926〜1965 年までの深さ 60 km 以浅で起こった M6 以上の地震の分布と海段（深海平坦面）の分布をしめし，海段の内縁と外縁，それと海溝との距離別頻度分布をもとに，海段の縁辺に震央（震源の真上の地点）が集中することを指摘した．田（1968）の図では，昭和の南海地震と東南海地震がそれぞれ紀伊水道と熊野灘の深海平坦面の縁辺で発生していて，深海平坦面のない遠州灘沖では大きな地震は起きていないことをしめしている．

　星野（1969）は，深海平坦面の発達と極浅発地震（10 km 以浅）の震央分布との関係から，ただ一段の深海平坦面が発達しているところに極浅発地震が多発し，土佐湾のように二段の深海平坦面が分布するところや遠州灘のように水深の異なる何段かのせまい深海平坦面が分布するところでは極浅発地震がまったく発生していないことをのべている．そして，新第三系の堆積盆地が孤立して盆地状に発達し，しかも 1,000 m 以上の厚い地層をもっているところに極浅発地震が発生するとのべている．

　遠州灘沖には，新第三紀以降の時代の地層は分布するものの，盆地状に厚く分布せず，また海底地形も一段の深海平坦面から構成されていない．このことから，遠州灘沖はもともと地震が起こる場所ではない可能性がある．すなわち，そのことが，東海地震が 40 年間起きなかった理由の一つではないかと私には思える．

東北地方太平洋沖地震

　東北地方太平洋沖地震は，2011 年 3 月 11 日 14 時 46 分に日本列島の太平洋岸三陸沖の深さ約 24 km を震源として発生した地震である．その地震の規模は，M9.0 で，大正関東地震（1923 年）の M7.9 や昭和三陸地震（1933 年）の M 8.4 をうわまわる日本観測史上最大であるとともに，世界でも 1900 年以降 4 番目に大きな巨大

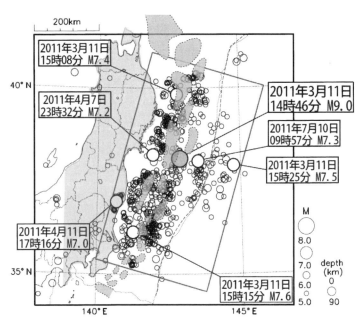

図 14-7　岩淵（1967）の深海平坦面の分布図に東北地方太平洋沖地震の震央
　　　　分布（気象庁 HP）を重ねたもの（柴，2013）．震央のほとんどが深
　　　　海平坦面の中ではなくそれらの周縁部に分布する．

地震とされている．

　この地震とそれにより発生した巨大津波による犠牲者は，死者・行方不明者あわ
せて 2 万人以上におよんだ．また，地震と津波により福島第一原子力発電所で重大
な事故が発生し，放出された放射能被害も含めこの地震による震災被害は，東北地
方はもとより日本全国に現在でも甚大な被害をもたらしつづけている．

　気象庁が公表している東北地方太平洋沖地震とその余震の震央分布を，東北地方
太平洋沖の詳細な深海平坦面の分布（岩淵，1967）に重ねると，まさに田（1968）が
しめしたように，東北地方太平洋沖地震の本震は宮城沖の深海平坦面群のひとつの
深海平坦面の東側縁辺で起こっていて，余震とされた地震も含めてほとんどの地震
が，海溝軸の東側のものをのぞいて深海平坦面の中ではなく，深海平坦面の周縁部
に集中する（図 14-7）．

このことから，すでに50年前に，東北地方太平洋沖地震の震源域を予測していた研究があったことを再認識すると同時に，このような重要な研究がこれまで顧みられなかったことを，私はとても残念に思う．

東海地震の可能性

　それでは，東海地震が起こるとされる，遠州灘およびその西側にかけての南海トラフの陸側斜面の海底地形をくわしくみてみよう．図14-8は，海上保安庁（1993）発行の海の基本図をもとに作成した海底地形図である．熊野灘の深海平坦面（熊野海盆）の海底は，ひろい平坦面を形成している．そして，昭和の東南海地震の震央は熊野灘の深海平坦面の北西縁にある．

　熊野灘のひろい深海平坦面がある海底（熊野海盆）に対して，遠州灘の海底は南側に下がる東西方向にのびた階段状の地形をしていて，大規模な深海平坦面がみられない．その北東側にある平坦な地形は御前崎からのびる隆起帯で，中央の谷は天

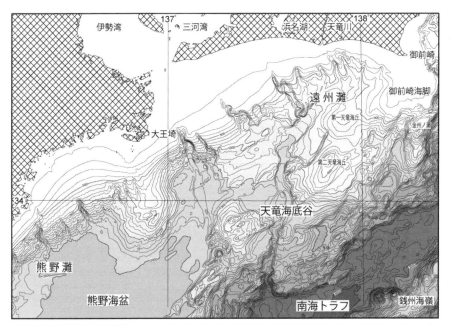

図14-8　遠州灘から熊野灘にかけての海底地形（海上保安庁水路部発行の海の基本図6602もとに作成）．深海平坦面の発達する熊野灘に対して，遠州灘には深海平坦面がみられない．

竜川から海底にのびる天竜海底谷である.

　もし，海溝型地震がプレートの沈みこみ帯のどこでも起こるものではなく，深海平坦面（前弧海盆）の縁辺部の地下で起こるとすれば，大規模な深海平坦面がみられない遠州灘，すなわちE領域西部では地震は起こらない可能性が強い.

　では，石橋氏により「駿河湾地震説」が提唱されたE領域東部の駿河湾で，大地震が起こるのであろうか．駿河湾ではこれまで海溝型とされる大地震はまったく起こっていない．また，駿河湾はこれまでもほとんど地震が発生していない地域でもある．しかし，2009年8月11日に石花海北堆の西麓の地下23 kmの深さでM6.5の地震（2009年8月11日駿河湾地震）が発生した．この地震の主震と余震域は，石花海海盆の北縁にそって限られた分布（図14-9）をしめす（柴ほか，2010b）.

　駿河湾中央水道の西側には石花海堆があり，その西側には水深が約900 mの石花海海盆がある．石花海堆は海溝陸側の外縁隆起帯にあたり，石花海海盆は前弧海盆に相当する．2009年の駿河湾地震は，前弧海盆と外縁隆起帯の境界で発生し，その余震域は外縁隆起帯から前弧海盆の北縁部にそって発生した．駿河湾では前弧海盆の規模が小さく，地震が起きても最大M6規模のもので，それより大きな地震が

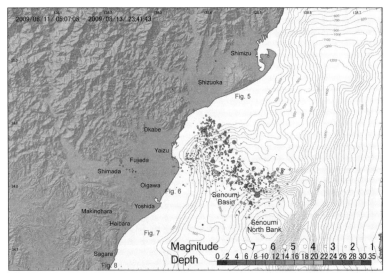

図14-9　2008年8月11日駿河湾地震の震央分布（柴ほか，2010b）．震央は安倍川河口から石花海北堆にかけて石花海海盆の北東縁に直線的に限られて分布する.

起きるとは考えらない.

　これらことから，東海地震が想定されている E 領域では，遠州灘でも駿河湾でも想定されているような大規模な地震が起きる可能性は少ないと，私は考える.

深発地震面は海溝から沈みこんでいない

　地震には，これまでのべてきた海溝型巨大地震と，阪神・淡路大震災を引き起こした 1995 年に起こった兵庫県南部地震 (M7.3) のような内陸直下型地震，それと温泉地帯などで起こる群発地震という三つのタイプがあるといわれている (島村，2011). 海溝型地震は，いわゆるプレート境界型で，ほかの二つはプレート内地震などといわれている. しかし，プレート内地震とはどのようにして起こるのであろうか. プレート内地震の地震発生メカニズムについては，プレート境界型のようにわかりやすい説明がされていない.

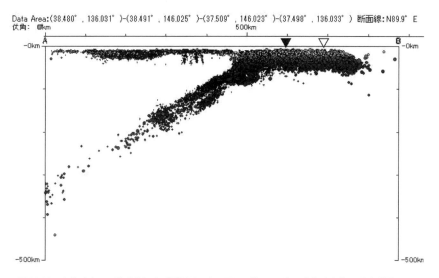

図 14-10　東北地方の三陸沖を切る地震震源の東西断面 (柴，2013). 東北地方太平洋沖地震の本震の震源は▼の地下 24 km にあり，海洋プレートが沈みこんでいるとされる日本海溝はさらにその東側 100 km の▽にある. 深発地震面上面の上方延長は海溝ではなく，それより陸側にあり，深発地震面がプレートの沈みこみ帯だとすると，プレートは海溝で沈みこんでいるのではなく，その 100 km 以上陸側から沈みこんでいることになる.

図14-10に東北地方の三陸沖を切る地震震源の東西断面をしめす．ここでは深発地震面は上下二列（二重深発面）をなし，上面の上方端は海溝ではなく，深海平坦面の西縁付近に延長される．東北地方太平洋沖地震の本震は深発地震面上面の上方延長よりも海溝側に分布し（図14-10の▼の深度24 km），海洋プレートが沈みこんでいるとされる日本海溝はさらにその東側100 km以上のところにある．

　深発地震面上面の上方延長が海溝より陸側にあることは東北日本弧だけでなく，伊豆一小笠原弧や琉球弧でもみられる事実である．深発地震面上面が海溝から沈みこんでいないのに，海洋プレートは海溝から沈みこんでいるのであろうか．海洋プレートの沈みこみ帯と深発地震面が一致しないのに，海溝型地震の発生機構はどのように説明されるのであろうか．

　また，東海地震や大規模地震が想定されている南海トラフには，前述したように深発地震面が存在しない（図14-4）．海溝型地震は海洋プレートが沈みこむときに起こるとされているので，海洋プレートの沈みこみ帯に相当する深発地震面が存在しないことは，南海トラフでは海溝型地震が発生しないということになる．

地震はどこで起こる

　図14-11は淡路島から大阪平野の地図に，兵庫県南部地震の震央分布を重ねたものである．大阪湾から大阪平野は，藤田（1990）のいう六甲変動によって急激に隆起した周囲の六甲山地や和泉山地などからとり残された，厚い堆積物を蓄積した堆積盆地となっている．兵庫県南部地震は，その盆地の北西縁の明石海峡の地下 16 km で発生し，淡路島北部から北東側の六甲山地との境界地域の北東一南西方向の帯状の地域が強く振動して，おもに神戸市街に大きな被害をあたえた．

　兵庫県南部地震のような内陸直下型地震とよばれる地震は，都市の発達する平野や盆地と隆起する山地との境界付近で発生する．その規模は海溝型におよばないが，震源が都市直下のために大きな被害が発生する．このような地震は，日本全国の平野や盆地でしばしば起こっていて，静岡平野でいえば，1935 年に有度丘陵の南西部と静岡平野との境界で起こった静岡地震（M6.4），清水平野では1965 年に北部山地との境界で起こった静岡地震（M6.1）がある．前述した 2009 年の駿河湾地震は海域であるが，石花海海盆の北縁部で起こったものである．

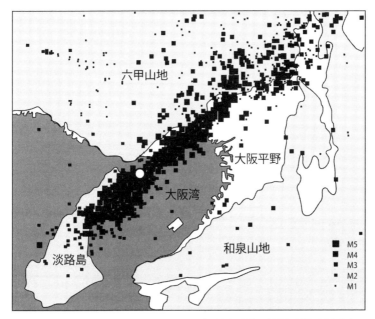

図14-11 淡路島から大阪平野の地域に兵庫県南部地震の主震と余震の震央分布を大阪湾周辺の地図に重ねたもの（柴, 2013 を一部改変）. ○は主震, ■は余震の震央の位置. 震央のほとんどは, 六甲山地と大阪平野—大阪湾の境界にそって分布する.

　このような地震は, 平野や盆地の規模が小さければその地震の規模も小さく, 大きければ地震の規模も大きい. このような地震は, 周期的に同じ盆地の同じところに起こるという考えかたもあるが, 島村 (2011) によれば地震に周期性はないとしている. ちなみに, 兵庫県南部地震と同じような地震は, 1596 年に六甲—淡路島断層帯で発生したとされる慶長伏見地震といわれ, 両地震の発生間隔は約 400 年になるが, ふたつの地震は同じ場所では起こっていない.

　海溝型巨大地震が深海平坦面, すなわち前弧海盆の縁辺部で起こるものであれば, 内陸直下型といわれる盆地縁辺部で起こる地震とその発生機構は同じであり, それらを区別するものは海域か陸域かということもあるが, むしろ盆地の規模の大きさではないだろうか. また, 地震の規模は, 前弧海盆や盆地の表面の地形が平坦で規

模が大きいほど，大きいと思われる．

　地形はその場所の地質や地殻変動を反映している．とくに海域では陸上のように侵食が顕著でないため，深海平坦面のような堆積地形が明確であり，地震や断層など地殻変動を反映する地形が認識しやすい．したがって，今後の地震発生機構の解明には，地形や地質の研究をもっととり入れるべきであると考える．

南海トラフの地震

　図14-12と図14-13にそれぞれ南海トラフぞいの深度0〜20kmと0〜50kmの震央分布を，また図14-14に南海トラフを横ぎる四つの南北断面における深度0〜50kmの震源分布をしめした．図14-14を見ると前述したように深発地震面は存在せず，深度20〜40kmにみられる震源の分布もその上方端は海岸線付近に延長され，南海トラフ軸とは一致しない．

　図14-12では，東海地方から紀伊半島の陸域にかけて深度30km以浅に地震の空白域が赤石山脈と紀伊山地にあり，その山地の南部に深度30〜50 kmの地震が集中する．またその海域では，深度30km以浅の地震の空白域は遠州灘から熊野灘にかけてあるが，深度30〜50kmの地震が集中しているのは熊野灘南部（熊野海盆の外縁地下）にあり，遠州灘には存在しない．すなわち，この地域において深度30〜50kmの地震の集中は赤石山脈や紀伊山地，熊野海盆外縁部など，隆起地塊南部縁辺部を縁どるように分布しているようにみえる（図14-13）．すなわち，この地域の地震は隆起地塊を外側（南側）から押し上げるようなに発生していると思われる．

　また，熊野灘南部に集中する地震の震源は20〜50 kmにあり，プレートの沈みこみ帯にあたる0〜10kmの深さに地震がほとんどないのが実態である（図14-15）．すなわち，プレートの沈みこみ帯と地震の発生とには関連性がない可能性がある．

　山地は隆起し，それに対して盆地は相対的に沈降しているところであり，たとえば大阪湾から大阪平野の地域と隆起する六甲山地との境界では，六甲変動による隆起と相対的沈降（海水準上昇）という運動が継続してきた．同じように，赤石山脈や紀伊山地，さらに深海平坦面（前弧海盆）を形成した海溝陸側の外縁隆起帯およびその陸側の大陸斜面上部も，第四紀以降も活発に隆起しつづけてきたところである．このような盆地に対する山地や大陸斜面の隆起運動のメカニズムが，地震の発生と密接に関係していると思われる．

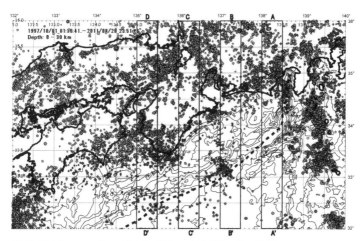

図14-12 南海トラフぞいの深度0〜20 kmの震央分布（柴，2013）.

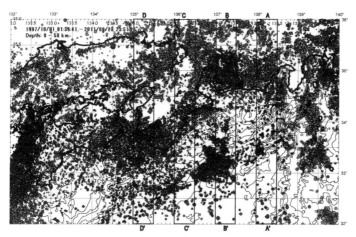

図14-13 南海トラフぞいの深度0〜50 kmの震央分布（柴，2013）.

　なお，島弧―海溝系の特徴は，島弧の隆起と火山活動，海溝および地震の発生である．島弧は，中新世後期以降，とくに約 40 万年以降の隆起によって形成されていると考えられ，火山活動と地震活動もそれにともなった活動と考えられる．したがって，プレートの沈みこみのみを地震の原因と考えるのではなく，島弧を形成し

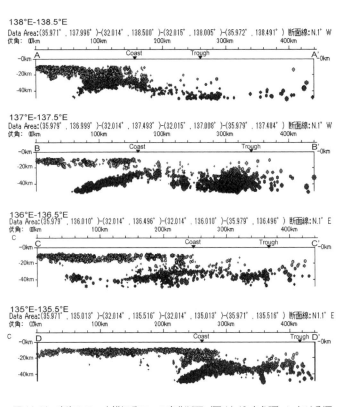

図14-14　南海トラフを横切る四つの南北断面（図14-13を参照）における深度0〜50kmの震源分布（柴. 2013）. Coastは海岸線の位置で, Troughは南海トラフのもっとも深い軸の位置を示します. どの断面でもトラフ軸からの深発地震面は認められない. AとD断面では海岸付近から陸側で地震が集中するところがある. B断面ではトラフ陸側（熊野海盆の外縁地下）に地震が数多く発生する集中部がある.

た隆起運動やマグマ活動と地震との関係から, 各地域の地震の特徴をよりくわしく検討して, 地震の研究を進める必要があると考える.

地震へのそなえ

　このようにみてくると, 一般に流布している「地震は沈みこむ海洋プレートに押

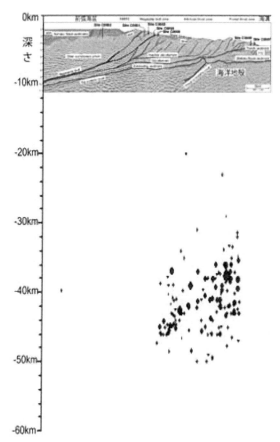

図14-15　熊野海盆の地下での地震分布. ほとんどの地震は海洋地
殻（プレート）の上面で起きているわけではなく, 実
際にはもっと下の20〜50 ㎞の深さに震源があり, プ
レートの上面とは関係なく地震が起きている.

されて, 陸側のプレートにひずみが蓄積して陸側がはね上がって起こる」という単
純なメカニズムで発生しているのではないと思われる.

　細井（1996）は, 地殻内の個体部分の「破壊」はきわめて微速度で徐々に進行す
る場合なら考えられても, 地震のような瞬間的エネルギーの解放に際しては周囲に

空間のない地殻内でどういう破壊の「実態」があるのか疑問であるとし，瞬間的破壊のためには爆発的に流動できる流体（水）そのものが主役であると考えざるをえないとのべている．このように，地殻あるいは地層を構成する個体の内部で，横圧力などによるひずみの応力が蓄積して，これがある限度を超すと突然破壊を起こすという一般に信じられている地震発生メカニズムについても，地殻や地層の「物性」の面から疑問がしめされている．

それでは地震がどのようなメカニズムで起こるのかというと，私は細井（1996）が提案した異常高圧ブロックから隣接層へ向って断層壁の弱い一部を突破口として高圧水が爆発的水流となって流れこむショックが，地震の原因の一つである可能性が高いと考える．とくに，温泉地域で発生する群発地震では，地下熱または水蒸気圧の上昇と地下水流動の変化などが群発地震の発生と密接に関連していると思われる．また，堆積盆地を一つの異常高圧ブロックと想定することで，これまでのべてきた堆積盆地の大きさと地震の規模の関係についても理解することができる．

したがって，地震のメカニズムを考える上で，地域ごとの隆起帯と盆地との相互の関係や，隆起を引き起こしている地殻内部とその下のマントル上部内での応力と熱の上昇やそれらの変化などが，地震の原因を解明していく上に重要であると思われる．

ただし，私は現在，次にどこでどのような地震が起こるかを予想することはできない．また，これまで起こった地震についてさえ，具体的にそれらがどのようなメカニズムで起こっているかを明確に説明できない．しかし，地震の多くが隆起帯と盆地との境界で起こることから，地殻の隆起を起こしている何か，おそらく地殻下部またはマントル上部での低速度層とされるものの変化や，マグマの活動およびそれによる地殻または地層内の熱や熱水などの水蒸気圧の変化と，地震発生が密接に関連していると思われる．

とりあえず，「東海地震はいつ起こるか？」というテーマの答えとして，私は「想定されているE領域の東海地震は起こらない可能性が高い」と結論づける．そして，その根拠は，これまでの想定に反して東海地震がこの40年間起こらなかったことと，海底地形と地震の分布の特徴からみて，遠州灘でも駿河湾でも想定されるような大地震を起こす要素がみあたらないということである．

ただし，地震の起こる原因や地震の周期については，現在のところ十分にわかっ

ていない．また，「これまで 3,000 億円もの国家予算を投入してきた前兆現象に頼る地震予知の可能性もない」という意見（Geller, 2011）もある．

　地震がいつどのようなところに起こるかは，誰も今のところ断言できない．そのため，地震予知ができることの期待から設置された「大規模地震対策特別措置法」を早期に廃止して，もっと地質学的研究も含めた科学的な地震研究と，地震防災のための研究がおこなわれることを望みたい．そして，地震がいつどのようなところに起こるかわからない以上，私たちは地震に対して自分自身でそのそなえを，つねに心がけておく必要がある．

コラム 14　　　　丹那断層の実態

　丹那断層は，伊豆半島北部の丹那盆地を通り南北にのびる活断層としてよく知られている（図14-16）．丹那断層は，1930年（昭和5年）11月26日未明に起きたマグニチュード7.3の北伊豆地震により，当時建設中だった東海道線の丹那トンネル内で北側に約2m，水平に左横ずれ（断層の上に立ったとき左側が手前に動くようなずれ）が起きて，断層面ができた．また，この断層にそった地域で，地表面にいくつかの断層面が発見された．

　現在，丹那断層の動いた痕跡は，二か所で見られる．一つは田代盆地南西部の火雷神社である．ここでは石段と鳥居の間が1.5mほど左横ずれしている．もう一つは，丹那盆地南部にある丹那断層公園で，ここではそこにあった家の石列や石垣，水路などが約2mずれたようすが観察できる．また，ここには地下観察室があり，地層の重なりかたと断層による地層のずれを見ることができる．

　丹那断層は，北は函南町の田代盆地の南西から丹那盆地をへて，伊豆の国市韮山の大沢池の西までつづくといわれている．しかし，実際に観察された断層面は一つの断層面として連続するものでなく，地域によっていくつも断層があり，それぞれの断層でその特徴や断層の両側のくいちがいかたが異なっている（図14-17）．したがって，丹那断層とよばれる断層は，それら別々の断層を「丹那断層」として連続させている可能性がある．

　たとえば，田代盆地から丹那盆地にかけては，断層の西側が隆起する断層が多いが，丹那盆地南部では反対に東側が隆起する断層が丹那断層とされている．すなわち，丹那断層は一つの連続した断層ではなく，北伊豆地震のときに田代盆地や丹那盆地で変位したいく

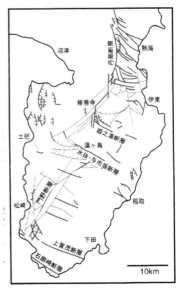

図14-16　伊豆半島の断層と丹那断層の位置（小山，2010）．

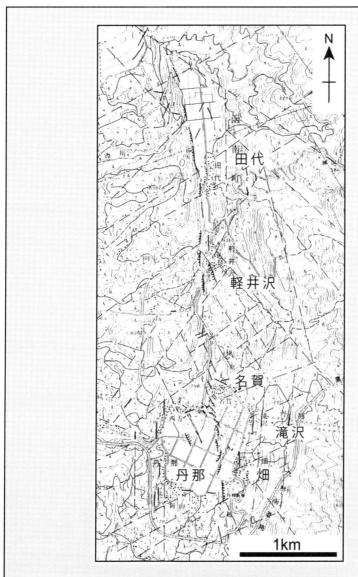

図14-17　田代盆地から丹那盆地で1930年の北伊豆地震で生
　　　　じた断層の位置と変位（柴，1996）．実線が断層．

つかの異なった断層を，南北方向に連続させたものと考えられる（柴，1996）.

　丹那断層の発掘調査では，丹那盆地北部の名賀で過去9回の変位が認められ，断層は平均して約700〜1000年の間に1回の割合で活動をくりかえしていると考えられている．しかし，丹那盆地中央部の川口の森では9回ではなく，6回しか変位が認められなかった．このことも，丹那断層が一つの連続した断層でないことをしめしている．

　丹那盆地の東西両側には，多賀火山の堆積物が分布しているが，その岩相と層厚が盆地を境に違っている．このことなどから，多賀火山が活動しているとき，またはそれ以前から，田代盆地から丹那盆地にかけては，いくつかの断層により東西の山地の隆起量より小さい丹那断層谷が形成されていたと考えられる．

　伊豆半島は，南北方向の台地が西に傾いて大きく隆起しているところであり，重力異常図では高異常地域で，そのような地域は基盤岩が非常に高い位置にあると考えられる．そのことは，地震探査でもうらづけられていて，上部地殻にあたる花崗岩層が地表近くに分布すると推定されている（Suzuki，1987）.

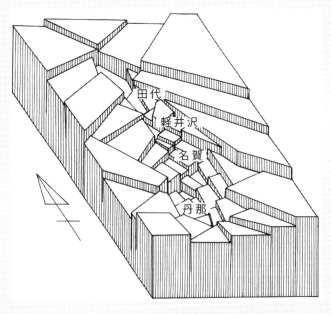

図14-18　田代盆地から丹那盆地周辺の地塊ブロックの構造（柴，1996）.

丹那断層谷は，南北に細長い溝状（地溝）の地形をしていて，重力異常図でも高異常地域の中の低い地域となっている．丹那断層谷は，伊豆半島の大規模な隆起運動の中で，それぞれの山地と盆地をつくる断層ブロック運動と密接に関連して形成されていると思われる．すなわち，図14-18でしめすように丹那盆地付近は，断層によって境された地塊ブロックにわかれて，南北に細長い溝状（地溝）の地形をつくっていると考えられる．それらの断層のうち直線上に連続するようにみえる田代盆地西縁から丹那盆地中央部にある複数の断層を，1本の断層として「丹那断層」とよんだと考えられる．

　最近の地震学の常識では，地震は断層によって生じるとされ，その規模は断層の長さによって決まるとされている．そのような地震を起こした断層を「地震断層」とよぶ．そのため，地震が起こるとそれを起こした「地震断層」が探索されるが，「地震断層」が明確でないものも多い．「地震断層」とされるものの多くには地震による地すべりで生じた断層なども含まれる．

　私は，丹那断層の例でしめしたように，地表にあらわれた断層は地震によってその付近の地塊ブロックの境界面のそれぞれが動いたために生じているもので，断層は地震の結果形成されるものと考えている．地震の規模が大きければ，それによって出現する断層の範囲もひろがることから，丹那断層と同様にいわゆる「地震断層」を長く連続されることになると思われる．

第15章

まとめ

―駿河湾の形成―

三保半島沖の駿河湾上空から見た富士山から赤石山脈の地形.

隆起した海底と沈んだ陸地

　本書では，駿河湾とそれをとりまく陸域のおいたちを，現在から過去にさかのぼって具体的にのべた．そして，現在の地形は過去からどのように変化してつくられてきたかをしめした．地形の変化は，それぞれの地域での陸と海の分布の変化や堆積層と地質構造の形成の結果としてあらわれ，その原因はそれぞれの時代での地殻表層部（陸地と海底）の大隆起と，それによる海水準上昇にある．

　地球は半径が約 6,400 km もある大きな惑星で，その内部は地震波速度の不連続面の存在から，地表から約 7〜40 km までを地殻，その下から約 2,900 km までの深さをマントル，さらにその下が核とよばれ，核は二つにわかれ地下約 5,100 km までが外核，その下から地球の中心までが内核とよばれる．

　ジュラ紀以降，上部マントルの下のアセノスフェア（岩流圏）上部での溶融活動が活発になり，上部マントルの弱線を通って上昇してきたソーレアイト（カルシウムに富む玄武岩）マグマにより，地殻表層の大陸や海底に大量の玄武岩溶岩が噴出した．その活動は大陸や海底の地表だけでなく，大陸や海底の地下でもその圧力によりマグマの迸入（地層や岩体の間に水平に侵入）がおこなわれた．それにより地殻の隆起が起こり，海底の隆起や溶岩の噴出により海水準の上昇が起こった．

　この地殻の隆起は海底を陸地にかえ，海水準上昇は陸地だったところを海中に沈めて海底にした．海水準はジュラ紀には現在よりも 5,000〜6,000 m 以上も低いところにあり，大陸と海洋の分布は現在のそれとは相当にちがうものだった．ジュラ紀に現在の日本海は大陸で，日本列島は日本海側の一部を残して，その東側の海底だった．そこには陸域からの砂や泥の堆積物や深海軟泥，海底火山活動による溶岩などが堆積していて，まだ海溝はなく，それらの堆積層（おもに深海軟泥）と溶岩層は北西太平洋の海底にもひろがっていた．

　ジュラ紀末期（約 1 億 5000 万年前）に起こった海水準上昇により，メキシコ湾にあった広大な岩塩を蓄積した干潟は浅い海域となり，南アメリカとアフリカ大陸をつないでいた南大西洋にあった陸橋と，オーストラリア大陸と南極をつないでいた陸橋は海底に沈んだ．

　白亜紀前期（約 1 億 2000 万年前）にはオーストラリア大陸とアジア大陸をつないでいたニューギニアのフライ低地にあった陸橋が海に沈んで，オーストラリア大陸に有胎盤類の侵入をふせいだ．白亜紀前期には西太平洋などで活発な火山活動が

あり，西太平洋に多くの火山島が形成された．白亜紀中期（約1億年前）までに海水準は現在より4,000 m低いところまで上昇し，その上昇により中部太平洋や北西太平洋にあった火山島の上に厚いサンゴ礁が形成され，白亜紀後期のはじめに起こった急激な海水準上昇によりそれらのサンゴ礁の島々が沈んでギョーとなった．

また，白亜紀前期〜後期にかけて環太平洋地域に酸性の深成火成活動が活発になり，中国大陸の縁辺部だった日本列島では中央構造線の内帯部でこの深成火成活動が起こった．そのため，内帯側が大規模に隆起し，内帯側には高温低圧型の変成岩帯（領家帯）が形成され，中央構造線の外帯側には低温高圧型の変成岩帯（三波川帯）が形成された．白亜紀前期に海水準が約1,000 m上昇したために，外帯側が相対的に深い海底となり，四万十帯を堆積させる大きな堆積空間が形成された．白亜紀後期〜古第三紀の間も内帯側の火山活動と隆起が継続し，四万十帯の堆積域は太平洋側にひろくひろがり，厚い堆積層が形成された．

西南日本弧の帯状構造がフォッサマグナで北側へ押し出した弯曲構造をしているのは，白亜紀からの伊豆—小笠原弧の隆起によりその背斜軸部が北へ傾斜したために，その外側に位置する西南日本弧の帯状構造が北側へ弯曲したと考えられる．その後も伊豆—小笠原弧の隆起は継続して起こり，大規模な地背斜構造が形成され，現在でもその地背斜構造は形成されつづけている．そして，伊豆半島は，その東側を境にその西側は西側へ，その東側は東側へ傾斜する南北方向にのびた曲隆地塊を形成している．

始新世前期（約5000万年前）には海水準は現在より3,000〜2,500 m低いところにあり，始新世中期の海水準上昇によって陸ガメや原猿類たちが渡った陸地が沈み，ガラパゴス諸島やマダガスカル島などその一部が島として現在まで残り，陸ガメや原猿類たちの楽園をつくった．

東北日本弧の太平洋側には，白亜紀後期〜始新世ころまで西南日本弧外帯の四万十帯にあたる蛇行河川の沼沢地や浅い海底（蝦夷堆積盆）がひろがっていたが，蝦夷堆積盆は中新世以降の海水準上昇により海底に沈んだ．また，日本海北部の大陸だった地域も中新世以降の海水準上昇によりひろく沈水した．

中新世後期（約1100万年前）には海水準は現在より2,000 m低いところにあり，現在の島弧をつくる隆起運動が本格的に起こった．今まで海底だった日本列島の大部分は，日本海側から太平洋側に押し出されるように隆起して弧状列島が形成され，

その列島の山地から周辺の大陸斜面の海底に多量の堆積物が供給され，太平洋側のその外縁部では海溝が形成されはじめた．

その後の鮮新世〜更新世前期（約530万〜180万年前）には，島弧の隆起も継続したが，同時に海水準も上昇した．伊豆—小笠原弧では，その時期に隆起よりも海水準上昇がまさり，オカダトカゲが生息した古伊豆半島が海底に沈みはじめた．

そして，今から180万年前〜40万年前までの更新世前期〜中期には，島弧の大規模な隆起が起こり，赤石山脈に代表される日本列島の山脈群が隆起して，それらの山地を削剥した堆積物によりその縁辺の海岸に大規模なファンデルタが形成され，大陸斜面が埋積された．この変動を小笠変動という．

遠州灘と駿河湾西岸では，おもに赤石山脈からの粗粒堆積物がファンデルタを形成し，小笠層群と石花海層群，庵原層群が堆積した．伊豆半島とその南側には，シモダマイマイが生息した古伊豆島があり，その北側には海があり，その海も60万年前に埋積され陸上火山がひろがった．

更新世中期の約40万年前になり，海水準は現在より1,000 m低いところにあり，その後に陸側では1,000 m以上におよぶ急激な地殻の隆起があり，また海水準も段階的に約1,000 m上昇した．この変動を有度変動とよび，有度変動では現象的に海進と海退堆積物が交互に重なる地層が形成され，駿河湾では石花海堆と石花海海盆が形成され，同時に有度丘陵の地層と地形も形成された．

この時代には，衝上断層をともなう陸側から太平洋側へ押し上がる急激で大規模な隆起運動があり，最終的に海溝や大陸斜面など駿河湾を含む現在の陸地と海底の地形が形成された．この大規模な隆起と海水準の上昇は，現在でも継続している変動であり，私たちはその時代の中に生きている．

すなわち，駿河湾は鮮新世からはじまる伊豆半島側と西岸側の隆起によって形成されはじめ，約180万年以降の赤石山脈の隆起によりその西側が堆積物で埋積され，約40万年前以降に起こった東西両岸の大規模隆起と，海水準の1,000 mのおよぶ上昇によって，現在の地形が形成された．この40万年前以降に起こった有度変動によって，駿河湾とそれをとりまく山地が形成されただけでなく，同時に日本列島も含めて世界の島弧とその大陸斜面，すなわち現在の世界の地形が形成された．

地球の微膨張と海水準上昇説

　地殻の大規模隆起にともなう海水準上昇の仮説は，星野通平先生の独創的な仮説であり，本書ではほぼこの仮説にしたがって多くのことを説明した．星野先生の仮説と私の考えの異なるところは，現在より海水準が 1,000 m 低かった最後の時代を，星野先生が今から 100 万年前としているのを，私は約 40 万年前としていることである．

　私は，星野先生の弟子であるが，星野先生の仮説を最初から信じてその指導のもとに研究していたわけではない．本書でこれまでのべたように，私自身が駿河湾とその周辺地域の地質やギョーなど含めた海底の地質を独自に研究していく過程で，結果として星野先生の海水準上昇の仮説にいたったものである．

　私の最初の研究は，卒業研究でおこなった第一鹿島海山の頂上から発見した白亜紀中期のサンゴ礁の化石であった．その研究では，白亜紀中期の海水準が現在よりも 4,000 m も低かったことを，第一鹿島海山だけでなく他の太平洋のギョーや世界中の海底でおこなわれている深海掘削などの資料も含めて検討して，その証拠を導くことができた．

　学生時代から調査してきた静岡市と焼津市の境界にある高草山地域の中新世中期はじめの海底火山の調査では，岩石学的な研究とともに溶岩の間にはさまれる泥岩層や凝灰岩層により，その地質構造と層序（地層や溶岩層の重なり）を明確にして，海底火山活動がどのようにおこなわれたかをあきらかにした．また，同じく学生時代におこなった天竜川流域での赤石構造線（赤石裂線）の追跡調査では，断層や変成岩の見かたなどについて学ぶことができた．

　静岡市街の北側の山地に分布する浜石岳層群や静岡層群，さらに富士川谷に分布する富士川層群などの中新世後期から鮮新世の地層（新第三系）の地質調査は，駿河湾団体研究グループとして学生時代から進めていたが，それぞれの地層のくわしい岩相分布図（どのような岩相の地層が分布するかをしめした地形図）や地質図（どのような地層が分布するかをしめした地形図）を作成していく中で，地層の堆積と褶曲構造の形成の関係についてあきらかにしていった．

　これらの地層は，関東山地や赤石山脈などの後背地の隆起にともなって堆積物が供給され，地下の地塊ブロックの隆起によって地層の堆積と褶曲が形成されたと推論した．すなわち，中新世後期〜鮮新世の島弧の隆起にともない，北東—南西方向

と北北西—南南東方向，および北西—南東方向の断層によって，富士川谷の基盤は地塊ブロック化されていて，それぞれの隆起量の差によって形成された富士川谷の個々の堆積盆地に地層が堆積して，同時に隆起量の差により褶曲構造が形成された．

また，富士川谷の富士川層群と曙層群，御前崎から掛川地域の相良層群と掛川層群の層序や化石の研究から，中新世後期と鮮新世のこれらの地域の化石層序を確立するとともに，二つの時代の地層の間の不整合を明確にして，中新世後期の隆起と鮮新世の海水準上昇の詳細についてあきらかにした．

とくに掛川層群の研究では，掛川層群に含まれる火山灰層をくわしく調べて，それを鍵層として地層の重なりをあきらかにして，掛川層群が四つの第三オーダーの堆積シーケンスからなる地層群であり，その堆積の過程で四回の海水準上昇があったことをあきらかにした．また，掛川層群の研究では地層の形成について深く考え，地層の形成には地殻の隆起と海水準の上昇か，または地殻の沈降と海水準の下降のどちらかが起こらなくてはならないことから，地層は地殻の隆起と海水準上昇により形成されたと考えた．すなわち，地球は微膨張していて地殻の隆起と海水準の上昇があり，その結果として地層が形成されるとともに，それが残され，私たちはそれを陸上で見ることができると結論した．

更新世前期〜中期のファンデルタの地層である小笠層群と庵原層群の堆積過程の研究から，約 180 万年前〜40 万年の島弧の大規模隆起とファンデルタの形成のあったことをあきらかにして，「小笠変動」として定義した．さらに，有度丘陵と駿河湾の石花海堆のファンデルタの研究から，約 40 万年以降から起こった衝上断層をともなう大規模隆起と，それと並行して段階的に起こった約 1,000 m におよぶ海水準上昇で特徴づけられる「有度変動」の結果，駿河湾が形成されたとした．

すなわち，駿河湾の東岸では伊豆半島が西側に傾いて隆起し，西岸では根古屋層と久能山層を形成したファンデルタが発達し，石花海堆と駿河湾西岸が隆起し，それとともに海水準が上昇したために，駿河湾中央水道と石花海海盆が隆起からとり残されて沈水し，現在の駿河湾が形成されたと結論した．

隆起する大地

本書であきらかにした，今から約 1100 万年前の中新世後期以降の島弧の大隆起変動は，日本列島だけでなく，太平洋をとりまく南北アメリカの西岸やインドネシ

アなど東南アジアの太平洋岸，さらにヒマラヤ山脈からヨーロッパのアルプス山脈にかけての地域でも起こっている．そして，私が「有度変動」とよんだ今から約40万年前以降の大規模な隆起によって，最終的に現在の地球上のすべての地形が形成されたと考えられる．この地殻の大規模な隆起運動は現在でも進行していて，現在の地震や火山活動も「有度変動」そのものの地殻の活動と考えられる．

　駿河湾西岸の陸域にあたる静岡市地域では，今から約180万年前の更新世前期の富士川のファンデルタの庵原層群や大井川のファンデルタの小笠層群のような安倍川のファンデルタの地層が分布しない．しかし，それは駿河湾の海底にあり，石花海堆を構成している．また，その基盤をなす鮮新世や中新世の地層は，静岡市地域の陸域に分布していて，私たちは南海トラフの陸側斜面の地質構造を陸上で観察できる．

　今から12万5000年前の下末吉期以降，ウルム氷期による海水準下降が起こり，海岸段丘を形成しながら段階的に海水準は下降し，下末吉期の海進とその後の海岸段丘形成のようすは，牧ノ原台地で見られる．そして，今から約1万5000年前のウルム氷期最盛期には，海水準は現在より約100 m低いところにあった．

　その後，温暖化にともなって海水準は上昇して，縄文海進時に最高に達して，その後海水準は下降して現在の水準にいたった．ウルム氷期最盛期以降の海水準上昇の停滞期と下降期に，安倍川の扇状地と三保の砂嘴の形成があり，私たちの住む静岡平野や清水平野，三保半島が形成された．

　この駿河湾とその周辺地域のおいたちは，駿河湾にとどまらず日本列島とその周辺の大陸斜面から海岸平野の形成の物語でもある．約40万年前からはじまった地殻の大規模隆起運動は現在でもつづいていて，赤石山脈やヒマラヤ山脈など隆起の中心では現在でも1年間に約4 mmも隆起している．その値をもとにすると，これらの山脈は10万年間で400 mも隆起するが，たとえば陸域が1年間に約2 mm隆起するとしても，20万年間で400 mも大地は隆起することになる．

　放射性廃棄物の地層処分として，地下数100 mに埋積する案があるが，10万年オーダーで人がそれらを管理できるかという議論は別にしても，埋積された場所は隆起してやがて数10万年後には侵食されて放射性廃棄物が地表に露出する可能性がある．やはり，原子力発電所という「トイレのないマンション」は，現実的に私たちが将来にわたり維持管理できないでもあり，今から数10万年後には地球の

生命を根絶させてしまうほど危険な存在であることを強く認識すべきである.

量から質への転換

　本書でのべたように，第一鹿島海山と伊豆半島が南から来ていないことや，南海トラフでプレートの沈みこみ面とされる深発地震面がないこと，付加体とされている堆積物は海側から付加しているものでないことなど，プレートテクトニクスでは説明できないことは多い．若い研究者は，これまで教えられてきた「プレートテクトニクスありき」で地質の現象を考えるのではなく，あくまでも自分で歩いて調べた事実から，自分自身の仮説を導く態度をもつべきであると考える.

　自然科学研究の基本的な方法は，アガシーがのべた「Study nature, not books.」であるべきである．若い研究者は，自分たちの研究対象そのものを既成概念にとらわれることなく，自然に対して無心に向き合い，観察して，そこから自ら導き出したものを糧として，研究を積み上げていくことを期待する.

　本書の内容の多くは，私と私とともに野外を歩いて調査した学生たちによる1日の調査ルートマップの積み重ねからなっている．1日のルートマップだけでは，それはとるに足らないものかもしれないが，そのきちんとした記載があってさらに継続する努力や探究心により，10，100，1000とルートマップが増えてきた．それにより，地質図が描かれる地域が拡大して，私たちの研究対象となる空間（地域のひろさ）と時間（地層の重なり）の範囲が拡大してきた．そして，それらのデータの量が質の転換を起こした.

　この量から質への転換は，単に数が増えたから質的な転換を起こしたわけではなく，調査の過程で先人の研究成果の学習や研究方法の新たな試行などの探究心と，さまざまな思考錯誤しながらの考察の結果，それらがあるとき一つに集約されて一つの研究成果として結実したものである．そこには無駄な探求や考察といったものは最終的に一つもなく，すべての試行が成果に対してなんらかの貢献をしている.

　地質学の醍醐味は，調査地域の拡大とともに空間と時間のスケールが飛躍的に拡大すること，すなわち思考の大きな展開と転換があることである．皆さんにも，ぜひその醍醐味を味わっていただきたい．そのためには，まずは既成概念にとらわれずに，自然をそのまま観察する1日のルートマップをつくる調査が重要であり，調査の第一歩を自らが踏み出すことからすべてがはじまる.

あとがき

『駿河湾のなぞ―その沈黙の海底と生きている化石―』（星野, 1976）という本がある．これは，私の大学の師である東海大学名誉教授の星野通平先生が，昭和51年（1976年）に静岡新聞社から出版した本である．星野先生は，今から約1000万年前には海水準（海面の位置）が現在よりも2,000mも低いところにあり，それ以後に地殻が隆起して海水準も上昇して現在の地形が形成されたという考えで駿河湾の形成を説明した．

本書は，この『駿河湾のなぞ』を手本に，私のこれまでの研究からあきらかになった駿河湾を中心とした地域の地形形成を，陸と海の分布の変化を軸にまとめるために数年前から執筆をはじめた．しかし，私のこれまでの研究をまとめていくと，『駿河湾のなぞ』のような普及的な本ではおさまらない，専門的な内容が多くなって，本書はむしろ私の地質学研究の総まとめの内容になってしまった．

私は，高校3年生のときに，自分の進路に悩み多くの本を読みあさった．その中に星野先生の『海底の世界』（星野, 1965）があった．私はその本で海底の世界に興味をもち，東海大学海洋学部海洋資源学科に進んだ．そして，星野先生のもとで海底や陸上の地質学を学んだ．また，当時の学科におられた地質鉱床学の杉山隆二先生と地球物理学の早川正巳先生からも多くのことを学んだ．

大学時代には，東海大学丸二世などの調査船に乗って海底の調査に参加し，また静岡市周辺の山地を友人や先輩たちと地質調査をすることに没頭した．とくに，静岡市と焼津市との間にある高草山地域では，今から約1600万年前の海底火山の岩石と格闘し，火成岩について学んだ．

卒業研究では，星野先生が指揮した日本海溝の南端にある第一鹿島海山調査に参加して，4,000mの海底から採集したまっ白な石灰岩を研究試料として，その中から化石を発見して，その石灰岩が約1億年前の白亜紀中期にサンゴ礁で形成されたものであることをあきらかにした．

大学院修士課程では，杉山先生が指揮された小笠原諸島の東にある平頂海山（ギョー）から採集された試料から，第一鹿島海山と同じ時代のサンゴ礁の化石を発見してその試料を研究し，その海山を「矢部海山」と名づけ，さらに太平洋に数多く

あるギョーの歴史と白亜紀の海水準変動について研究した.

　東海大学自然史博物館の学芸員となったのちは, 静岡市清水区の浜石岳など興津川流域の山地を中心に, 富士川河口の蒲原から岩淵にかけての庵原丘陵, 静岡市南部の有度丘陵をフィールドに, 東海大学海洋学部の学生たちとともに駿河湾団体研究グループ (駿河湾団研) を組織して, これらの地域の地質調査をおこない, その地域のくわしい地質と地質構造をあきらかにした. とくにこの地域の地層には大量の礫層があり, それらの堆積のしかたやそれぞれの礫がどこから来たかなど, 礫層のもっている情報量の重要性を認識して, 調査をおこなうようになった.

　また, 1990 年からは, 駿河湾西岸の御前崎市から牧之原市, 菊川市, 掛川市, 袋井市, 磐田市にかけての地域と有度丘陵, 山梨県身延地域の地質調査を, おもに卒業研究の学生とともに駿河湾団研として調査し, それらの地域に分布する中新世以降 (今から約2300 万年前から数万年前まで) の地層の層序と, 貝化石や有孔虫化石, 火山灰層などから地質時代と堆積環境を調べ, 地層の堆積過程をあきらかにしてきた.

　とくに掛川層群の調査では, 堆積相解析や海水準変化, 堆積シーケンスの考えかたに出会い, 有度丘陵をはじめ小笠層群や曙層群の調査ではファンデルタの復元などにより, 地層がどのように形成されるかということを軸に, 駿河湾周辺地域の鮮新世以降の地層の堆積過程と海水準変動をあきらかにしてきた.

　駿河湾団研は, 1974 年に故安間 惠氏がリーダーとなって, 海洋学部の学生たちがはじめた地域の地質を調査する研究グループである. 駿河湾団研という名前は, 駿河湾とその周辺地域の地層を調べて, いつか駿河湾の形成をあきらかにしようという目的で, 学生の勢いでその名前がつけられた. その結果, 発足から 40 年以上がたち, 約170 回におよぶ団研の合宿調査で, 調査ルート数は2,300 以上, その一つひとつのルート調査の積み重ねによって, 富士川から天竜川までの駿河湾西岸の新第三系以降の地層が分布する地域について, 2,500 分の1 または5,000 分の1 の詳細な岩相分布図と地質図を, 私たちは現在ほぼ完成させることができた.

　本書は, この岩相分布図と地質図をもとに, 駿河湾の海底の地質も含めて, 私と駿河湾団研で調べた事実から, 私が考えた駿河湾の形成過程の全容と, そのことから現在の日本列島や太平洋の地形形成についての試論をのべたものである.

　本書の編集と発行にあたっては，東海大学出版部の田志口克己氏にお世話になった．東海大学名誉教授の星野通平先生には，これまでの私の研究を見守っていただき，その方向を導いていただいた．三保半島の空撮とラブカの写真は元東海大学教授の佐藤　武氏と久保田　正氏に，石花海北堆の海底写真は東海大学准教授の坂本泉氏に，駿河湾の立体模型とナウマンゾウの切歯化石，掛川層群の貝化石の写真は東海大学海洋学部博物館 (海洋科学博物館および自然史博物館) に，駿河湾周辺衛星写真は東海大学情報技術センターに提供していただいた．また，元東海大学出版会の中陣隆夫氏と，元株式会社イージーサービスの佐藤久夫氏には，原稿をみていただきご助言をいただいた．表紙カバーの赤色立体地図は，アジア航測株式会社と同社の千葉達朗氏に作成・提供のご協力をえた．

　なお，第 8 章の「駿河湾の形成」と第 11 章の「伊豆半島の地質と生物」については，『化石研究会誌』の第 49 巻 1 号に掲載した私の論文「駿河湾はどうやってできたか？」と「伊豆半島は南から来たか？」に加筆して転載したもので，化石研究会に許諾をうけた．また，第 14 章「地震分布の実態」は，『科学運動と地学教育』の 69 号に掲載した私の論文「東海地震はいつ起こるか？」に加筆して転載したもので，地学団体研究会に許諾をうけた．これらの個人と団体に感謝する．

　本書で紹介した駿河湾周辺の地質については，その多くが 40 年以上にわたる私と駿河湾団体研究グループ (駿河湾団研) のフィールド調査による研究成果をもとにしたものであり，駿河湾団研の野外調査に参加されていっしょに調査研究された，故安間　恵，故岩田喜三郎，益子　保，大川勝徳，田倉治尚，満島裕直，小山嘉紀，柴　誠之，府川克彦，中村正直，實方祥剛，金澤泰平，吉水　吾，渡辺秀生，岩崎正人，猪俣義信，東　垣，故野中憲一，鈴木　隆，熊本智之，故佐藤立州，楡井　尊，阿部昌浩，鷹野雅博，鈴木弘明，荒川昌伸，山本玄珠，多田研一，山口　均，佐藤健造，勝家徹二，小島健一，渡辺真人，藤田　望，笠原　茂，望月康弘，廣瀬重之，山内大祐，城井浩介，小林　滋，中島良員，鈴木好一，此松昌彦，飯沼達夫，秋山泰久，大竹規夫，樽　礎，坂東和郎，大久保正寿，出口博久，故山田　学，水谷陸彦，椿　和弘，前田正男，望月智浩，加納和人，石川裕一，矢部英生，横山謙二，阿部勇治，阿部美和，堀内伸太郎，高清水康博，渡邊美行，武田好史，重野聖之，渡邊恭太郎，佐々木昭仁，大石　徹，高原寛和，山下　真，石田太一郎，中本裕介，高橋孝行，柳澤宏成，廣瀬祐市，篠崎泰輔，大迫崇史，柴　博志はじめ多くの学生・卒

業生諸氏と研究者に感謝する.

　また，私は東海大学海洋学部博物館（海洋科学博物館・自然史博物館）に 36 年間にわたり務めさせていただき，博物館での展示や教育，研究を私なりにできるかぎりのことをおこなってきた．これも歴代の館長はじめ，博物館の職員の皆さんのおかげであり，深く感謝する．最後に，休日のほとんどをフィールド調査と学生のための地質巡検にあけくれ，家族のための時間をつくらなかった夫であり父である私を，やさしくささえ，研究をつづけさせてくれた私の家族に感謝する.

2017 年 8 月 2 日

柴　正博

引用文献

阿部勇治・柴 正博・宮澤市郎 (2001) 庵原層群から産出したカズサジカの枝角化石.「海・人・自然」(東海大博研報), 3, 63-75.

相場淳一・関谷英一 (1979) 南西諸島周辺海域の堆積盆地の分布と性格. 石油技術協会誌, 44, 90-103.

赤石裂線追跡グループ (1976) 赤石裂線の位置. 地質学論集, 13, 73-81.

Akimoto, K. (1991) Paleoenvironmental studies of the Nishiyatsushiro and Shizukawa Groups, South Fossa Magna rigion. Sci. Rept. Tohoku Univ. 2nd ser. (Geol.), 61, 521-529.

天野一男 (1986) 多重衝突帯としての南部フォッサマグナ. 月刊地球, 8, 581-585.

Amano, K. and A. Taira (1992) Two-phase uplift of higher Himalayas since 17 Ma. Geology, 20, 391-394.

安藤寿男 (2005) 東北日本の白亜紀系―古第三系蝦夷前弧堆積盆の地質学的位置づけと層序対比. 石油技術協会誌, 70, 24-36.

青塚圭一・柴 正博 (2006) オーストラリア南東部の下部白亜系から産する恐竜化石の特徴.「海・人・自然」(東海大博研報), 8, 19-35.

荒谷邦雄 (2009) 伊豆諸島のクワガタムシ相の特徴とその起源, 他の分類群との比較. 日本生態学会関東地区会報, 58, 56-59.

浅野紘一・矢野孝雄・平尾和幸・田仲優一 (2012) 鳥取層群産魚類化石のタフォノミー――その2. 堆積相と魚類化石の形成プロセス―. 地球科学, 66, 177-191.

Barron, J. A. and J. G. Bardauf (1990) Development of biosilliceous sedimentation in the North Pacific during the Miocene and Early Pliocene. In: Tsuchi, R. ed., *Pacific Neogene Events - Their Timing, Nature and Interrelationship*, Univ. Tokyo Press, 43-64.

Bassinot, F. C., L. D. Labeyrie, E. Vincent, X. Quidelleur, N. J. Shackleton and Y. Lancelot (1994) The astronomical theory of climate and age of the Brunhes Matsuyama magnetic reversal. Earth Planet. Sci. Letter, 126, 91-108.

Berggern, W. A., D. V. Kent, C. C. Swisher III and M-P. Augry (1995) A revised Cenozoic geochronology and chronostratigraphy. In: Berggern, W. A., D. V. Kent, M-P. Augry and J. Hardenbol eds., *Geochronology, Time Scales and Gelobal Stratigraphic Correlation*, SEPM Special Publication, 54, 129-212.

ベローソフ, V. V. (1979)『構造地質学原論』. 岸本文男・青木 斌・金光不二夫訳, 共立出版, 368p.

Birkenmajer, K. and E. Zastawniak (1989) Late Cretaceous - Tertiary floras of King Georges Islands, West Antarctica: Their stratigraphic distribution and paleoclimatic significance. In: Crame, J. A. ed., *Origin and Evolution of the Antarctic Biota*, Geol. Soc. London, Special Publication, 47, 227-240.

Blow, W. H. (1969) Late Middle Eocene to Recent planktonic foraminiferal biostratigraphy. In: Brommimann, P. and H. H. Renz eds., *Internatl. Conf. Planktonic Microfossils, 1st, Geneva, 1967, Proc.*, 1, 199-421.

Broecker, W. S. and Van Donk (1970) Insolation changes, Ice volumes and the 180 record in deep-sea cores. Review of Geophysics and Space Physics, 8, 169-198.

Cater, A. N. (1990) Time and space events in the Neogene of South-Eastern Australia. In: Tsuchi, R. ed., *Pacific Neogene Events - Their Timing, Nature and Interrelationship*, Univ. Tokyo Press, 183-193.

鎮西清高・松島義章 (1987) 南部フォッサマグナ地域の新第三紀貝化石群. 化石, 43, 15-17.

地質調査所 (1982) 日本地質アトラス. 地質調査所, 119p.

中央防災会議 (2001)「東海地震に関する専門調査会報告」, 17p. http://www.bousai.go.jp/jishin/chubou/20011218/siryou2-2.pdf

Clark, D. A. (1984) Native land mammals. In: Perry, R. ed., *Key Environments Galapagos*, Pergamon Press, 225-231.

Colbert, E. H. (1973) Continental drift and the distibution of fossil reptiles. In: Tarling, D. H. and S. K. Runcorn eds., *Implications of Continental Drift to Earth Sciences*, Academic Press, 1, 395-412.

Cowan, D. S. and R. M. Silling (1978) A dynamic, scaled model of accretion at trenches and its implications for the tectonic evolution of subduction complexes. Jour. Geophys. Res., 83, 5389-5396.

Cox, A. (1983) Ages of the Galápagos Islands. In: Bowman, R. I., M. Berson, and A. E. Leviton eds., *Patterns of Evolution in Galápagos Organisms*, American Association for the Advancement of Science, Pacific Division, 11-24.

Dahal, R. K.・長谷川修二 (2007) ネパール・ヒマラヤ, カリガンダキ川トレッキング・ルートの応用地質学. 日本応用地質学会中国四国支部平成20年度研究発表論文集, 67-72.

Dalrymple, R. W. (1992) Tidal depositional systems. In: Walker, R. G. and N. P. James eds., *Facies Models Response to Sea Level Change*, Geological Assoc. Canada, 195-218.

檀原 毅 (1971) 日本における最近70年間の総括的上下変動. 測地学会誌, 17, 100-108.

田 望 (1968) 海底地形と浅発地震の震央分布. 北海道大学地球物理学研究報告, 20, 111-124.

Dietz, R. S. (1961) Continental and ocean basin evolution by spreading of the sea floor. Nature, 190, 854-857.

D'Onofrio, S., L. Gianelli, S. Iaccarino, E. Morlotti, M. Romeo, G. Salvatorini, M. Sampo and R. Sprovieri (1975) Planktonic foraminifera of the upper Miocene from some Italian sections and the problem of the lower boundary of the Messinian. Bull. Soc. Paleontl. Italy, 14, 177-196.

Eliasson, U. (1984) Native climax forest. In: Perry, R. ed., *Key Environments Galapagos*, Pergamon Press, 101-114.

遠藤秀紀 (2002)『哺乳類の進化』. 東京大学出版会, 383p.

Expedition 324 Scientists (2009) Testing plume and plate model of ocean plateau formation at Shatsky Rise, northwest Pacific Ocean. IPOD Preliminary Rept., 324, 1-115.

フォッサマグナ地質研究会 (1991) フォッサマグナの隆起過程. 地団研専報, 38, 159-181.

藤田至則 (1970) 北西太平洋の島弧周辺における造構運動のタイプとそれらの相関性. 星野通平・青木 斌編『島弧と海洋』, 東海大学出版会, 1-30.

藤田至則・角田史雄・小坂共栄 (1968) 新第三紀初期のフォッサマグナ. 日本地質学会第 75 年秋季学術大会総合討論資料「フォッサ・マグナ」, 52-61.

Geller, R. (2011)『日本人の知らない「地震予知」の正体』. 双葉社, 185p.

Gilbert, G. K. (1885) The topographic features of lake shores. U. S. Geol. Survey, 5th Ann. Rept., 69-123.

Goldblatt, P. (1993) Biological relationships between Africa and South America: an overview. In: Golgblatt, P. ed., *Biological Relationships between Africa and South America*, Yale Univ. Press, 3-14.

Habe, T. (1958) Report on the mollusca chiefly collected by the S. S. Soyo-Maru of the imperial fisheries experimental station on the continental shelf bordering Japan during the year 1922 - 1930, part 3, Lamelibranchia (1). Publ. Seto Mar. Biol. Lab., 6, 241-279, pls. 11 - 3.

波部忠重 (1977) 伊豆半島の陸産貝類相とその生物地理学的意義. 国立科学博物館専報, 10, 77-81.

Hamilton, E. L. (1956) Sunken islands of the Mid-Pacific Mountains. Geol. Soc. Amer. Mem., 64, 1-97.

Hamilton, E. L. and R. W, Rex (1956) Lower Eocene phosphatized globigerina ooze from Sylvania Guyot. U. S. Geol. Survey, Prof. Paper, 260-W, 784-797.

Hamilton, W. (1977) Subduction in Indonesian rigion. In: Talwani, L. and W. C. Pitman III eds., *Island Arcs, Deep Sea and Back-arc Basins*, AGU Maurice Ewing Series, 1, 15-31.

Haq, B. U., J. Hardenbol and P. R. Vail (1987) Chronology of the fluctuating sea levels since the Triassic. Science, 235, 1156-1166.

原田哲朗・徳岡隆夫・鈴木博之 (1970) 南方陸地問題. 星野通平・青木 斌編『島弧と海洋』, 東海大学出版会, 31-40.

Harms, J. C., J. B. Southard and R. G. Walker (1982) Structures and sequences in clastic rocks. SEPM, Lecture Couse, 9, 3-31.

波田重熙 (1996) 黒瀬川構造帯. 地学団体研究会編『新版地学事典』, 平凡社, 371.

Hay, R. (1977) Tectonic evolution of the Cocos-Nazca spreading center. Bull. Geol. Soc. Amer., 88, 1404-1420.

林 守人・千葉 聡 (2009) 伊豆諸島および伊豆半島におけるシモダマイマイの生態的・遺伝的変異. 日本生態学会関東地区会報, 58, 38-43.

Heezen, B. C. (1960) The rift in the ocean floor. Scientific Amer., 203, 98-110.

Heezen, B. C., J. L. Matthews, R. Catalanno, J. Natland, A. Coogan, M. Tharp and M. Rawson (1973) Western Pacific Guyots. Init. Rept. DSDP, 20, 653-723.

Hess, H. H. (1946) Drowned ancient islands of the Pacific basin. Amer. Jour. Science, 244, 772-791.

Hess, H. H. (1960) *The Evolution of Ocean Basins*. Department of Geology, Princeton University, 38p.

Hess, H.H. (1962) History of ocean basins. In: Engel, A. E. J., James, H. L. and Leonard, B. F. eds., *Petrologic Studies: A Volume to Honor A. F Buddington*, Geol. Soc. Amer., 599-620.

疋田 努 (2002)『爬虫類の進化』. 東京大学出版会, 234p.

Hirano, N., K. Kawamura, M. Hattori, K. Saito and Y. Ogawa (2001) A new type of intra-plate volcanism; young alkali-basalts discovered from the subducting Pacific Plate, north Japan Trench. Geophys. Research Letter, 28, 2719-2722.

広岡公夫 (1984) 古地磁気からみた日本列島の変動. 科学, 54, 541-548.

久富邦彦・三宅康幸 (1981) 紀伊半島・潮岬地域の隆起運動と火成活動. 地質学雑誌, 87, 629-639.

Hollister, C. D., J. I. Ewing, D. Habib, J. C. Jathaway, Y. Lancelot, H. Luterbacher, F. J. Paulus, W. Poag, J. A. Wilocoxon and P. Worstell (1972) Site 98 - North-east Province Channel. Init. Rept. DSDP, 11, 9-50.

星 一良・柳本 裕・秋葉文雄・神田慶太 (2015) 反射法地震探査解釈による伊豆・小笠原弧堆積盆の地質構造と発達史. 地学雑誌, 124, 847-876.

星野通平 (1962)『太平洋』. 地団研双書, 地学団体研究会, 136p.

星野通平 (1965)『海底の世界』. 東海大学出版会, 239p.

星野通平 (1969) 震央の分布と海底地形・地質との関連について. 東海大学紀要海洋学部, 3, 1-10.

星野通平 (1970) 第三紀末期の海水準変化と海溝の形成. 星野通平・青木 斌編『島弧と海洋』, 東海大学出版会, 155-177.

星野通平 (1972) 海岸平野の形成と第三紀末期以降の海水準変化. 地質学論集, 9, 39-44.

星野通平 (1973) 駿河湾の形成と中央構造線. 杉山隆二編『中央構造線』, 東海大学出版会 277-287.

星野通平 (1976)『駿河湾のなぞ 沈黙の海底と生きている化石』. 静岡新聞社, 253p.

Hoshino, M. (1981) Basaltic stage. Jour. Marine Sci. Technol., Tokai Univ., 16, 65-68.

星野通平 (1983)『海洋地質学』. 地学団体研究会, 373p.

星野通平 (1986) リフトの諸問題―隆起・沈降・海水準問題に関連して―. 藤田至則・星野通平・小松直幹・柴崎達雄編シンポジウム『陥没と隆起』, 地球科学研究センター設立準備室, 33-84.

星野通平 (1991)『玄武岩時代』. 東海大学出版会, 456p.

星野通平 (1992)『毒蛇の来た道』. 東海大学出版会, 150p.

Hoshino, M. (1998) *The Expanding Earth, Evidence, Causes and Effects*. E. G. Service Press, 295p.

Hoshino, M. (2007) *Crastal Development and Sea Level - with special reference to the* geological development of Southwest Japan and adjacent seas. E. G. Service Press, 199p.

星野通平 (2010)『反プレートテクトニクス論』. イージー・サービス, 207p.

Hoshino, M. (2014) *The History of Micro-Expanding Earth - History of the Earth from viewpoint of Sea Level Rise -*. E. G. Service Press, 234p.

星野通平 (2014)『地球の歴史 地球微膨張による』. イージー・サービス, 217p.

星野通平・伊津信之介・花田正明・安間 恵 (1982) 駿河湾・石花海の地質. 東海大学紀要海洋学部, 15, 109-121.

細井 弘 (1996) 地震の発生機構における流体の役割―地震を発生させる直接の原因は地下の間隙水である―. 柴崎達雄・植村 武・吉村尚久編『大地震 そのとき地質家は何をしたか』, 東海大学出版会, 189-206.

Hsü, K. J., L. Montadert, D. Bernoulli, M. B. Cita, A. Erickson, R. E. Carrison, R. B. Kide, F. Melieres, C. Muller and R. Wright (1977) History of the Mediterranean salinity crisis. Nature, 267, 399-403.

藤田和夫 (1968) 六甲変動, その発生前後―西南日本の交差運動と第四紀地殻運動. 第四紀研究, 7, 248-260.

藤田和夫 (1983)『日本の山地形成論―地質学と地形学の間』. 蒼樹書房, 436p.

藤田和夫 (1984) ヒマラヤと日本海溝の間―序にかえて―. 藤田和夫編『アジアの変動帯―ヒマラヤと日本海溝の間―』, 海文堂, 1-4.

藤田和夫 (1990) 満池谷不整合と六甲変動―近畿における中期更新世の断層ブロック運動と海水準上昇. 第四紀研究, 29, 337-349.

茨木雅子 (1981) 伊豆半島の*"Lepidocyclina", Miogypsina* の産出層準の浮遊性有孔虫による地質年代. 地質学雑誌, 87, 417-420.

茨木雅子 (1986) 掛川地域新第三系の浮遊性有孔虫生層序基準面とその岩相層序との関係. 地質学雑誌, 92, 119-134.

Ibaraki, M. (1986) Neogene planktonic foraminiferal biostratigraphy of the Kakegawa area on the Pacific coast of Central Japan. Rept. Fac. Sci. Shizuoka Univ., 20, 39-173.

Ibaraki, M. and R. Tsuchi (1978) Planktonic foraminifera from Lepidocyclina horizon at Namegawa in the southern Izu Peninsula, central Japan. Rept. Fac. Sci. Shizuoka Univ., 12, 115-130.

市川浩一郎・藤田至則・島津光夫編 (1970)『日本列島地質構造発達史』. 築地書館, 232p.

飯島 東・加賀美英雄 (1961) 三陸沖―釧路沖大陸斜面の新第三紀以降の構造発達史. 地質学雑誌, 67, 561-577.

今永 勇 (1999) 足柄層群の構造. 神奈川県立博物館調査報告 (自然), 3, 41-56.

井本伸廣 (1995) 1 章 弧状列島としての日本列島. 地学団体研究会編 新版地学教育講座 8『日本列島のおいたち』, 東海大学出版会, 1-8.

稲葉栄生 (1972) 駿河湾の海洋構造.『駿河湾の自然』, 東海大学海洋学部, 65-85.

Ingel, J. C. Jr. (1975) Summary of late Paleogene-Neogene insular stratigraphy, paleontology, and correlations, Pilippine Sea and Sea of Japan region. Init. Rept. DSDP,

31, 837-855.

井内美郎・奥田義久・吉田史郎 (1978) 紀伊水道南方の滋上部大陸斜面成立時期. 地質学雑誌, 84, 91-93.

石橋克彦 (1977) 東海地方に予想される大地震の再検討 駿河湾地震の可能性. 地震予知連絡会会報, 17, 126-132.

石橋克彦 (1986) 南部フォッサ・マグナのプレート運動史 (試論). 月刊地球, 8, 591-597.

石田志朗・牧野内猛・西村 昭・竹村恵二・壇原 徹・西山幸治・竹田 明 (1980) 掛川地域の中部更新統, 第四紀研究, 19, 133-147.

石原武志・水野清秀・本郷美佐緒・細矢卓志 (2013) 駿河湾北部の沿岸域における平野地下の第四系地質調査. 平成25年度沿岸域の地質・活断層調査研究報告, 65-76.

石塚 治・及川輝樹 (2008) 伊豆半島及び周辺地域の火成活動史. 日本火山学会講演予稿集 2008, 114.

磯崎行雄 (2000) 日本列島の起源, 進化, 未来. 科学, 70, 133-145.

伊藤 慎・増田富士夫 (1986) 堆積体の発達様式から見た地質構造―足柄層群を中心とした丹沢山地周辺の上部新生界―. 月刊地球, 8, 616-620.

岩淵義郎 (1967) 日本列島東方沖の海溝地形について. 地質学雑誌, 74, 37-46.

岩淵義郎 (1970) 海溝. 海洋科学基礎講座 8 『深海地質学』, 東海大学出版会, 145-220.

岩田尊夫・平井明夫・稲葉土誌典・平野真史 (2002) 常磐沖堆積盆における石油システム. 石油技術協会誌, 67, 62-71.

伊豆半島ジオパーク HP http://izugeopark.org/izugeomain/

海上保安庁 (1993) 大陸棚の海の基本図 (50万分の1)「駿河湾南方」(no. 6602), 水路協会.

海上保安庁 (1994) 大陸棚の海の基本図 (20万分の1)「駿河湾南方」(no. 6639), 水路協会.

貝塚爽平 (2000) 5-6 関東平野西部 (2) 多摩丘陵と下末吉台地. 貝塚爽平・小池一之・遠藤邦彦・山崎晴雄・鈴木毅彦編『日本の地形4 関東・伊豆小笠原』, 東京大学出版会, 239-256.

加賀美英雄・本座栄一・木村政昭・井上雅夫・奈須紀幸 (1968) 相模湾の南相模層について. 海洋地質, 4, 1-15.

狩野彰宏 (2004) 7. 4. 更新統琉球層群. 石灰石の電子教科書「炭酸塩アトラス」, http://www. scs. kyushu-u. ac. jp/earth/kano/Carb/7/7_4. html.

狩野謙一 (1988) 2. 9 四万十帯. 日本の地質編集委員会編『日本の地質 中部地方 I』, 共立出版, 46-51.

加藤 泉 (1977) 日本周辺海域より得られた底質中の浮遊性有孔虫について. 東海大学大学院海洋研究科修士論文.

川村信人・安田直樹・渡辺輝夫 (2000) 渡島帯ジュラ紀石英長石質砂岩の組成と供給地質体. 地質学論集, 57, 63-72.

河村善也 (1991) ナウマンゾウと共存した哺乳類. 亀井節夫編著『日本の長鼻類化石』, 築地書館, 164-171.

河村善也 (1998) 第四紀における日本列島への哺乳類の移動. 第四紀研究, 37, 251-257.

Keller, G. (1978) Late Neogene biostratigraphy and paleoceanography of DSDP Site 310 Central North Pacific and correlation with the Southwest Pacific. Marine Micropaleontology, 3, 97-119.

Keller, G. (1980) Middle to late Miocene planktonic foraminiferal datum levels and paleoceanography of the North and Southeastern Pacific Ocean. Marine Micropaleontology, 5, 249-281.

Keller, G. and J. C. J. Ingle (1981) Planktonic foraminiferal biostratigraphy, paleoceanographic implications, and deep-sea correlation of the Pliocene-Pleistocene Centerville Beach section, northern California. Geol. Soc. Amer. Special Paper, 184, 127-135.

Kennett, J. P. (1973) Middle and Late Cenozoic planktonic foraminiferal biostratigraphy of the Southwest Pacific - DSDP Leg 21. Init. Rept. DSDP, 21, 575-640.

Kennett, J. P. (1982) *Marine Geology*. Prentice-Hall, Inc., 813p.

Kent, D., N. D. Opdyke and M. Ewing (1971) Climate change in the North Pacific using ice-rafted detritus as a climatic indicator. Bull. Geol. Soc. Amer., 82, 2741-2754.

菊池隆男 (1988) 最終間氷期以降の見海面高度—海成段丘の隆起速度と古海面高度の数学的解法—. 地形, 9, 81-104.

小林恒明 (1981) 日本産アカネズミ Group の分類. 哺乳類科学, 42, 27-33.

小松直幹 (1979) 常磐・北上沖の堆積盆地について. 石油技術誌, 44, 267-271.

Konishi, K. (1985) Cretaceous reefal fossils dredged from two seamounts of the Ogasawara Plateau. Preliminary Rept. Hakuho Maru Cruise KH84-1, 169-180.

小西省吾・吉川周作 (1999) トウヨウゾウ・ナウマンゾウの日本列島への移入時期と陸橋形成. 地球科学, 53, 125-134.

近藤康生 (1985) 静岡県有度丘陵の上部更新統の層序. 地質学雑誌, 91, 121-140.

小坂共栄 (1980) 大峰帯の礫岩. 信州大理学部紀要, 15, 131-146.

小坂共栄 (1984) 信越方向, 大峰方向ならびに津南—松本線. 信州大理学部紀要, 19, 121-141.

小山真人 (1986) 伊豆半島の地史と足柄・大磯地域の更新世. 月刊地球, 8, 743-752.

小山真人 (2008) 東海地震はどんな地震か？ 里村幹夫編『地震防災』, 学術図書出版, 160p.

小山真人 (2010)『伊豆の大地の物語』. 静岡出版社, 303p.

小山真人・新妻信明・狩野謙一・高木圭介・内村竜一・吉田智治・唐沢 譲・田邊裕高 (1992) 駿河トラフ伊豆側斜面の地質とテクトニクス—「しんかい2000」第 579 潜航の成果—. 海洋科学技術センター試験研究報告「第 8 回しんかいシンポジウム報告書」, 145-161.

紀伊四万十団体研究グループ (1968) 紀伊半島四万十帯の研究 (その 2). 地球科学, 22, 224-231.

木村政昭 (1976)「相模灘及付近海底地質図説明書」. 海洋地質図, 3, 地質調査所, 10p.

Kitamura, A., A. Omura, E. Tominaga, K. Kameo and M. Nara (2005) U-Series ages from the Middle Pleistocene Kunosan Formation in the Udo Hills, Shizuoka, central Japan. The Quaternary Research, 44, 177-182.

北里 洋 (1986) 南部フォッサマグナ地域における古地理の変遷. 月刊地球, 8, 605-611.

北里 洋 (1987) 南部フォッサマグナにおける底生有孔虫の古生物地理. 化石, 43, 17-23.

北里 洋・新井房夫 (1986) 有度丘陵, 小鹿層に夾在する On-Pm1 テフラ. 静岡大学地球科学

研究報告, 6, 45-59.

久保田孝一 (1978) 鷺ノ田層から海棲無脊椎動物化石の産出. 地球科学, 32, 257-258.

公文富士夫・別所孝範・B. P. Roser (2012) 紀伊半島四万十累帯の粗粒砕屑岩組成と後背地の変遷. 地団研専報, 59, 193-216.

栗山武夫・M. C. Brandley・片山 亮・森 哲・本多正尚・長谷川雅美 (2009) 伊豆諸島におけるシマヘビの系統地理と形態変化. 日本生態学会関東地区会報, 58, 31-37.

黒川勝己 (1999)『水底堆積火山灰層の研究法—野外観察から環境史の復元まで—』. 地学双書, 30, 地学団体研究会, 147p.

黒沢良彦 (1990) 伊豆諸島の昆虫相. 日本の生物, 4 (2), 23-28.

Ladd, H. S., E. Ingerson, R. C. Townsend, M. Russell and H. K. Stephenson (1953) Drilling on Eniwetok Atoll, Marshall Islands. Bull. Amer. Assoc. Petrol. Geol., 37, 2257-2280.

Ladd, H. S. and S. O. Schlanger (1960) Drilling operations on Eniwetok atoll. Bikini and neary atolls, Marshall Islands, Geol. Survey Profess. Paper, 260-Y, 863-899.

Lamichhaney, S., J. Berglund, M. S. Almén, K. Maqbool, M. Grabherr, A. Martinez-Barrio, M. Promerová, C-J. Rubin, C. Wang, N. Zamani, B. R. Grant, P. R. Grant, M. T. Webster and L. Andersson (2015) Evolution of Darwin's finches and their beaks revealed by genome sequencing. Nature, 518, 371-375.

Lonsdale, P., W. R. Normark and W. A. Newman (1972) Sedimentation and erosion on Horizon guyot. Bull. Geol. Soc. Amer., 83, 289-316.

Loutit, T. S. and J. P. Kennett (1979) Application of carbon isotope stratigraphy of Late Miocene shallow marine sediments, New Zealand. Science, 204, 1196-1199.

Lundberg, J. G. (1993) African-South American freshwater fish clades and continental drift: problem with a paradigm. In: Goldblatt, P. ed., *Biological Relationships between Africa and South America*, Yale Univ. Press, 156-199.

Macfadden, B. J. (1992) *Fossil Horses: Systematics, Paleobiology, and Evolution of the Family Equidae*. Cambridge Univ. Press, 384p.

町田 洋・松島義章・今永 勇 (1975) 富士山東麓駿河小山付近の第四系—特に古地理の変遷と神縄断層の変動について—. 第四紀研究, 14, 77-89.

町田 洋・新井房夫 (1992)『火山灰アトラス—日本列島とその周辺』. 東京大学出版会, 278p.

牧野内 猛 (2005) 4. 3 濃尾平野地域. 日本の地質増補版編集委員会編『日本の地質増補版』, 共立出版, 186-190.

槇山次郎 (1941) 大井川下流地方第三系層序及び地質構造.「矢部長克教授還暦記念祝賀講演録」, 1-13.

槇山次郎 (1950)『日本地方地質誌中部地方』. 朝倉書店, 233p.

槇山次郎 (1963)「掛川地方地質図説明書」. 地質調査所, 30p.

松島義章 (1987) 多摩川・鶴見川低地における完新世の相対的海面変化. 川崎市内沖積層の総合研究, 112-119.

Masse, J-P. and M. Shiba (2010) *Praecaprotina kashimae* nov. sp. (Bivalvia, Hippuritacea) from the Daiichi-Kashima Seamount (Japan Trench). Cretaceus Research, 31, 147-153.

Masuda, K. (1962) Tertiary Pectinidae of Japan. Sci. Rept. Tohoku Univ., 2nd Ser. (Geol.), 33, 117-238, 10 pls.

松田時彦 (1958) 富士川地域北部第三系の褶曲形成史. 地質学雑誌, 64, 325-345.

松田時彦 (1961) 富士川谷新第三系の地質. 地質学雑誌, 67, 79-96.

Matsuda, T. (1962) Crustal deformation and igneous activity in the South Fossa Magna, Japan. Geophys. Monogr., Amer. Geophys. Union, 6, 140-150.

Matsuda, T. (1978) Collision of the Izu-Bonin arc with central Honshu: Cenozoic tectonics of the Fossa Magna, Japan. Jour. Phys. Earth, 26, S409-S421.

松田時彦 (1984) 南部フォッサマグナの弯曲構造と伊豆の衝突. 第四紀研究, 23, 151-154.

松田時彦 (1989) 南部フォッサマグナ多重衝突説の吟味. 月刊地球, 11, 522-525.

Matsumoto, T. (1977) On the so-called Cretaceous transgression. Paleont. Soc. Japan, Special Paper, 21, 75-84.

Menard, H. W. (1964) *Marine Geology of the Pacific*. McGraw-Hill, 271p.

三梨 昂 (1973) 南関東・新潟地区における中新世から洪積世にいたる堆積盆地の変遷. 地球科学, 27, 48-65.

三梨 昂 (1977) 層厚変化による堆積層の区分単元とその基盤運動.「藤岡一男教授退官記念論文集」, 249-260.

水野清秀・下川浩一・山崎晴雄・杉山雄一 (1993) 伊豆北縁部プレート境界付近に分布する古期第四系の層序と対比. 日本第四紀学会講演要旨集, 23, 76-77.

水野清秀・杉山雄一・下川浩一 (1987) 静岡県御前崎周辺に分布する新第三系相良層群及び掛川層群下部の火山灰層序. 地調月報, 38, 785-808.

水野清秀・山崎晴雄・下川浩一・奥村晃史・百原 新・福田美和 (1992) 静岡県蒲原丘陵付近に分布する古期第四系の年代と堆積場の変化. 日本第四紀学会講演要旨集, 22, 84-85.

茂木清夫 (1998)『地震予知を考える』. 岩波新書, 240p.

Montadert, L., O. De Charpal, D. Roberts, P. Guennoc and J-C. Sibuet (1979) Northeast Atlantic passive continental margins: Rifting and subsidence provinces. In: Talwani, M., W. Hay and W. B. F. Ryan eds., *Deep Drilling Results in the Atlantic Ocean: Continental Margins, and Paleoenvironment*, Amer. Geophys. Union, 154-186.

Moores, E. M. and R. J. Twiss (1995) *Tectonics*. W. H. Freeman and Company, 415p.

森山昭雄・光野克彦 (1989) 伊那谷南部, 伊那層の堆積構造からみた木曽・赤石両山脈の隆起時期. 地理学評論, 62, A-10, 691-707.

Nagahashi, Y. and Y. Satoguchi (2007) Stratigraphy of Plicene to Lower Pleistocene Marine Formations in Japan on the basis of tephra beds correlation. The Quaternary Research, 46, 205-213.

長井雅史・高橋正樹 (2008) 箱根火山の地質と形成史. 神奈川県博調査研報 (自然), 13, 25-42.

南雲昭三郎 (1980) 日本海溝付近の地質構造と地震活動. 杉山隆二・早川正巳・星野通平編『地震』, 東海大学出版会, 25-40.

中本裕介・高橋孝行・柴 正博 (2005) 静岡県小笠山に分布する小笠層群の堆積シーケンス. 日本地質学会第112年学術大会講演要旨, 331.

中田 高 (1984) ヒマラヤ前縁帯. 藤田和夫編『アジアの変動帯—ヒマラヤと日本海溝の間—』, 海文堂, 5-28.

中屋志津男・鈴木博之・竹末佳永 (2012) 紀伊半島の中期中新世火成岩類と高温泉. 地団研専報, 59, 249-261.

奈須紀幸・本座栄一・藤岡換太郎・佐藤俊二 (1979) 日本海溝の深海掘削—親潮古陸の発見—. 海洋科学, 10, 807-815.

根元謙次 (1985) Ⅲ.音波探査による第一鹿島海山周辺の地質構造. 東海大学海洋学部第一鹿島海山調査団編『第一鹿島海山』, 東海大学出版会, 19-29, 32-37.

根元謙次 (1992) 駿河湾の地形と地質—日本でもっとも深い湾. 静岡の自然をたずねて編集委員会編 新訂版日曜の地学13『静岡の自然をたずねて』, 築地書館, 36-41.

根元謙次・柴 正博・小川浩史・伊藤博之・伊津信之介・佐藤 武・柴崎達雄 (1986) 小笠原海台の地形と地質—OPEX'84航海の成果—. 藤田至則・星野通平・小松直幹編著『シンポジウム「陥没と隆起」』, 地球科学研究センター設立準備室, 131-151.

日本経済新聞 (2013) 大西洋の海底に「陸地」発見アトランティス痕跡? (5月7日), http://www.nikkei.com/article/DGXNASDG07016_X00C13A5CR0000/

新妻信明 (1982) プレートテクトニクスの試金石—南部フォッサマグナ. 月刊地球, 4, 326-333.

新妻信明 (1985) 変動している日本列島—新第三紀テクトニクスとプレートの沈み込み—. 科学, 55, 53-61.

新妻信明 (1987) 南部フォッサマグナにおける海陸分布の変遷. 化石, 43, 2-5.

Niitsuma, N. and T. Matsuda (1985) Collision in the South Fossa Magna area, central Japan. Rec. Progr. Nat. Sci. Japan, 10, 41-50.

西村敬一 (1995) 1章 地殻・マントル・核. 地学団体研究会編 新版地学教育講座5『地球内部の構造と運動』, 東海大学出版会, 1-30.

西村瑞穂・渡辺大輔・保柳康一 (1993) 波浪卓越沿岸の堆積相—北部フォッサマグナ中期中新世の礫質堆積物から—. 信州大学理学部紀要, 29, 71-77.

西海 功 (2009) 鳥類系統地理から見た伊豆諸島のおもしろさと島の生物進化学のこれから. 日本生態学会関東地区会報, 58, 53-55.

野尻湖発掘調査団・新堀友行 (1986) カラーシリーズ日本の自然『日本人の系譜』. 平凡社, 115p.

野村 鎮 (1969) 伊豆諸島産コガネムシ主科の動物地理学的研究. 昆虫学評論, 21, 71-94.

大場達之 (1975) ハチジョウイタドリ・シマタヌキラン群集—伊豆諸島のフロラの成立にふれて—. 神奈川県立博物館研究報告, 8, 91-106.

Obruchev V. A. (1948) "Osnovnye cherty kinetiki i plastiki neotektonik". Izv. Akad. Nauk, Ser. Geol., 5, 13–24,

大江文雄・小池伯一 (1998) 長野県南安曇郡豊科町に見られる中新統別所累層の魚類群集. 信州新町化石博物館研究報告, 1, 33-39.

尾田太良 (1971) 相良層群の微化石層位学的研究. 東北大学地質古生物研邦報, 72, 1-27.

Oda, M. (1977) Planktonic foraminiferal biostratigraphy of the late Cenozoic sedimentary sequence, central Honshu, Japan. Tohoku Univ. Sci. Rept. 2nd Ser. (Geol.), 48, 1-72.

Oda, M., S. Hasegawa, N. Honda, T. Maruyama and M. Funayama (1984) Integrated biostratigraphy of planktonic foraminifera, calcareous nannofossils, radiolarians and diatoms of middle and upper Miocene sequences of central and northeast Honshu, Japan. Palaeogeography, Palaeoclimatology, Palaeoecology, 46, 53-69.

小川賢之輔 (1978) 富士川下流域.『フィールドワーク静岡の地学』, 静岡教育出版, 135-166.

小川勇二郎・久田健一郎 (2005)『付加体地質学』. 日本地質学会フィールドジオロジー刊行委員会編 Field Geology 5, 共立出版, 160p.

岡本 卓・疋田 務 (2009) オカダトカゲの分布とその起源―伊豆半島に乗ってきたトカゲ―. 日本生態学会関東地区会報, 58, 44-49.

岡村行信 (1990) 四国沖の海底地質構造と西南日本外帯の第四紀地殻変動. 地質学雑誌, 96, 223-237.

岡村行信・岸本清行・村上文敏・上嶋正人 (1987)「土佐湾海底地形図説明書」. 海洋地質図, 29, 地質調査所, 31p.

岡村行信・上嶋正人 (1986)「室戸沖海底地形図説明書」. 海洋地質図, 28, 地質調査所, 32p.

岡村行信・湯浅真人・倉本真一 (1999)「駿河湾海底地質図説明書」. 海洋地質図, 52, 地質調査所, 44p.

奥田義久・井上英二・石原丈実・木下泰正・玉木賢策・上嶋正人・石橋嘉一 (1976) 南海舟状海盆およびその北側斜面の海底地質. 海洋科学, 8, 192-200.

大森昌衛 (1976) フォッサマグナの定義と地質学的特性について. 海洋科学, 8, 617-623.

恩田大学・延原尊美・柴 正博・山下 真 (2008) 静岡県牧ノ原台地の更新統古谷層の貝化石群集と堆積環境.「海・人・自然」(東海大博研報), 9, 19-44.

長田敏明 (1980) 静岡牧ノ原台地の形成過程. 第四紀研究, 19, 1-14.

長田敏明 (1998) 牧ノ原台地の地形と地質. 地団研専報, 46, 78p.

大澤正博 (2005) 2. 2. 三陸沖・常磐沖の白亜系・古第三系 (1) 三陸沖. 日本の地質増補版編集委員会編『日本の地質増補版』, 共立出版, 55-56.

大澤正博・中西 敏・棚橋 学・小田 浩 (2002) 三陸～日高沖前弧堆積盆の地質構造・構造発達史とガス鉱床ポテンシャル. 石油技術誌, 67, 38-51.

大塚謙一 (1996) 静岡平野を巡って. 静岡地学会編『駿遠豆大地見てあるき』, 104-115.

大塚謙一・野田雅万 (1987) 蒲原礫層の堆積相解析. 日本地質学会第94年学術大会講演要旨, 350.

大塚弥之助 (1938) 静岡県庵原郡東部の地質構造. 地震研彙報, 16, 415-451.

大塚弥之助 (1943) 静岡県両河内村付近の地質構造. 地震研彙報, 21, 394-413.

大塚彌之助 (1955) 静川層群について (附 第三紀地殻変動の一考察). 地震研彙報, 33, 449-469.

尾崎正紀・水野清秀・佐藤智之 (2016)「5 万分の 1 富士川河口断層帯及び周辺地域地質編纂図説明書」. 海陸シームレス地質情報, 駿河湾北部沿岸域, 海陸シームレス地質図S-5, 地質調査総合センター, 57p.

小澤智生・井上恵介・冨田 進・田中貴也・延原尊美 (1995) 日本の新第三紀暖流系軟体動物

群の概要. 化石, 58, 20-27.

小澤智生・冨田 進 (1992) 逗子動物群—日本の後期中新世〜前期鮮新世暖流系動物群—. 瑞浪化石博物館研究報告, 19, 427-439.

Pastouret, L. and J. Goslin (1974) Middle Cretaceous sediments from the eastern part of the Walvis Ridge. Nature, 248, 495-496.

Prothero, D. R. (1994) *The Eocene-Oligocene Transition, Paradise Lost*. Colombia Univ. Press, 291p.

Rage, J-C. (1987) Fossil history. In: Seicel, R. A., J. T. Collins and S. S. Novak eds., *Snakes: Ecology and Evolutionary Biology*, McGrow-Hill, 51-76.

Rich, T. H. and P. Vickers-Rich (2000) *Dinosaurs of darkness*. Allen & Unwin, NSW, Australia, 222p.

Roberts, D. G. (1975) Evaporite deposition in the Aptian South Atlantic Ocean. Marine Geology, 18, M65-M72.

三枝春生 (2005) 日本産化石長鼻類の系統分類の現状と課題. 化石研究会会誌, 38, 78-89.

Saffer, D., L. McNeill, T. Byrne, E. Araki, S. Toczko, N. Eguchi, K. Takahashi, and the Expedition 319 Scientists (2010) Expedition 319 summary. Proc. Integrated Ocean Drilling Program, 319, 1-46.

斉藤常正 (1960) 静岡県島田・掛川付近の第三系とその浮遊性有孔虫化石群. 東北大学地質古生物邦文報告, 51, 1-45.

Saito, T. (1962) Eocene planktonic foraminifera from Hahajina (Hillsborough island). Trans. Proc. Palaeont. Soc. Japan, N. S., 45, 209-225.

Saito, T. (1963) Miocene planktonic foraminifera from Honshu, Japan, Sci. Rept. Tohoku Univ., 2nd, Ser. (Geol.), 35, 123-209, pls. 53-56.

Saito, T., L. H. Burckle and J. D. Hays (1975) Late Miocene to Pleistocene biostratigraphy of equatorial Pacific sediments. In: Saito, T. and L. H. Burckle eds., *Late Neogene Epoch Boundaries*, Micropaleontology Press, 226-244.

Saito, Y. (1994) Shelf sequence characteristic bounding surface in a wave-dominated setting: late Pleistocene-Holocene examples from Northeast Japan. Marine Geology, 120, 105-127.

酒井治孝・今山武志・吉田孝紀・朝日克彦 (2017) ヒマラヤのテクトニクス. 地質学雑誌, 123, 403-421.

里口保文・長橋良隆・黒川勝己・吉川周作 (1999) 本州中央部に分布する鮮新-下部更新統の火山灰層序. 地球科学, 53, 275-290.

里口保文・吉川周作・笹尾英嗣・長橋良隆 (1996) 静岡県の鮮新〜更新統掛川層群上部の火山灰層とその広域対比. 地球科学, 50, 483-500.

Schlanger, S. O. (1981) Shallow-water limestones in oceanic basins as tectonic and paleoceanographic indicators. SEPM Special Publication, 32, 209-226.

Schlanger, S. O., H. C. Jenkyns and I. Premoli-Silva (1981) Volcanism and vertical tectonics in the Pacific Basin related to global Cretaceous transgressions. Earth Planet.

Sci. Letter, 52, 435-449.

Schuchert, C. (1924) The paleogeography of Permian time in relation to the earlier Permian and late Periods. Proc. Pan-Pacific Sci. Congr., Australia, 1923, 2, Pacific Sci. Assoc., Aust. Nat. Res. Council, 1079-1091.

石油公団 (2000) 平成10年度国内石油・天然ガス基礎調査基礎試錐「三陸沖」調査報告書.

Sheridan, R. E. and P. Enos (1979) Stratigraphic evolution of the Black Plateau after a decade of scientific drilling. In: Talwani, M., W. Hay and W. B. F. Ryan eds., *Deep Drilling Result in the Atlantic Ocean: Continental Margins and Paleoenvironment*, Amer. Geophy. Union, 109-122.

柴 博志・柴 正博・横山謙二・駿河湾団研グループ (2012) 静岡市有度丘陵のファンデルタ堆積物の形成と海水準変動. 地学団体研究会第66回総会講演要旨集・巡険案内書, 86.

柴 正博 (1979) 小笠原諸島東方, 矢部海山 (新称) の地史. 地質学雑誌, 85, 209-220.

柴 正博 (1985) VI. 第一鹿島海山より産出された化石群集. 東海大学海洋学部第一鹿島海山調査団編『第一鹿島海山』, 東海大学出版会, 79-100.

柴 正博 (1987) 富士川谷の層序と構造. 構造地質研究会誌, 32, 19-35.

Shiba, M. (1988) *Geohistory of the Daiichi-Kashima seamount and the Middle Cretaceous Eustacy*. Sci. Rept. Nat. Hist. Mus., Tokai Univ., 2, 69p., 10pls.

柴 正博 (1991)「南部フォッサマグナ地域南西部の地質構造—静岡県清水市および庵原郡地域の地質—」. 地団研専報, 40, 98p., 3maps, 5pls.

Shiba, M. (1992) Eustatic rise of sea-level since Jurassic modified from Vail's curve. Abst. 29th IGC (Kyoto), 1-3, 95.

Shiba, M. (1993) Middle Cretaceous Carbonate Bank on the Daiichi-Kashima Seamount at the junction of the Japan and Izu-Bonin Trenches. In: Simo, T., B. Scott and J-P. Masse eds., *Cretaceous Carbonate Platform*, Amer. Assoc. Petrol. Geol. Mem., 56, 465-471.

柴 正博 (1996) 丹那断層の地震断層としての実態. 柴崎達雄・植村 武・吉村尚久編『大地震そのとき地質家は何をしたか』, 東海大学出版会, 229-243.

柴 正博 (2005a) 2.2 静岡, 掛川地域の新第三系・下部更新統. 日本の地質増補版編集委員会編『日本の地質増補版』, 共立出版, 132-136.

柴 正博 (2005b) 静岡県の自然のおいたち. 静岡の自然をたずねて編集委員会編 新訂版日曜の地学13『静岡の自然をたずねて』, 築地書館, 210-222.

柴 正博 (2013) 東海地震はいつ起こるか? 科学運動と地学教育, 69, 1-10.

柴 正博 (2015)『地質調査入門』. 東海大学出版部, 111p.

柴 正博 (2016a) 駿河湾はどうやってできたか? 化石研究会誌, 49, 3-12.

柴 正博 (2016b) 伊豆半島は南から来たか? 化石研究会誌, 49, 35-43.

柴 正博 (2016c)『はじめての古生物学』. 東海大学出版部, 190p.

柴 正博・阿部勇治・福田美和・横山謙二・堀内伸太郎・石川裕一・矢部英生・井上雅博・駿河湾団体研究グループ (1992) 静岡県富士宮市沼久保の富士川河床に分布する礫シルト層 (更新統) の層相と化石について. 自然環境科学研究, 5, 21-32.

柴 正博・廣瀬祐市・延原尊美・高木克将・安田美輪・富士幸祐・中村光宏 (2013b) 富士川谷新第三系，いわゆる静川層群の層序と軟体動物化石群集．地球科学，67, 1-19.

柴 正博・久松由季・岡崎宏美・渡邊 徹・柴 博志 (2012a) 静岡市有度丘陵に分布する中部更新統根古屋層の有孔虫化石群集と堆積環境の変遷．「海・人・自然」(東海大博研報), 11, 23-41.

柴 正博・石田太一郎・宮澤市郎・阿部勇治 (2003) 庵原層群沼久保礫シルト層から発見されたシカ化石．日本地質学会第 110 年学術大会講演要旨，147.

柴 正博・石川智美・横山謙二・田辺 積 (2012b) 『田辺 積氏化石コレクション』にみられる鮮新―更新統掛川層群産軟体動物化石群集と化石密集層の形成要因.「東海自然誌」(静岡県自然史研究報告), 5, 1-29.

柴 正博・伊津信之介・根元謙次 (1991b) 駿河湾，石花海北堆の礫の起源．地団研専報，38, 11-18.

柴 正博・加納和人・青木洋人・高清水康博 (1994b) 静岡県有度丘陵に分布する草薙層の層序．地球科学，48, 209-221.

柴 正博・北垣俊明 (2005) 静岡県の河川と河原の礫．静岡の自然をたずねて編集委員会編 新訂版日曜の地学 13『静岡の自然をたずねて』，築地書館，100-101.

柴 正博・増田祐輝・柴 博志・駿河湾地震被害調査グループ (2010b) 2009 年 8 月 11 日駿河湾地震の被害分布の特徴と地形・地質との関連.「海・人・自然」(東海大博研報), 10, 1-16.

柴 正博・森田端祐・藪 一典 (1994a) 駿河湾西岸における海浜礫の移動．東海大学紀要海洋学部，37, 147-167.

柴 正博・根元謙次・駿河湾団体研究グループ・有度丘陵沖調査グループ (1990a) 駿河湾西部，有度丘陵および沖合の地質構造．東海大学紀要海洋学部，30, 47-65.

柴 正博・大橋泰知・森住 誠・前川恒輝 (2016a) 掛川地域の中新統下部の堆積シーケンス―倉真層群と西郷層群の層序と堆積過程―．日本地質学会第 123 年学術大会講演要旨，215.

柴 正博・大石 徹・高原寛和・横山謙二・坂本和子・長谷川祐美・村上千里・有働文雄 (2010a) 掛川層群下部層の火山灰層.「海・人・自然」(東海大博研報), 10, 17-50.

柴 正博・大久保正寿・笠原 茂・山本玄珠・小林 滋・駿河湾団体研究グループ (1990b) 静岡県富士川下流域の更新統，庵原層群の層序と構造．地球科学，44, 205-223.

柴 正博・大迫崇史・立間愛里・正守由季・唐木 亮 (2013a) 静岡県小笠丘陵のファンデルタ堆積物の堆積過程．日本地質学会第 120 年学術大会講演要旨，265.

柴 正博・延原尊美・川田 健・宮澤市郎 (2014) 山梨県南巨摩郡身延町に分布する最上部中新統飯富層遅沢砂岩部層の軟体動物化石―逗子動物群の再検討―.「海・人・自然」(東海大博研報), 12, 7-20.

柴 正博・佐瀬和義・角田史雄・志知龍一・田中鉄司 (1991a) 富士山の基盤．地団研専報，38, 1-10.

柴 正博・関口巧真・小川育男 (2016b) 静岡県菊川市に分布する倉真層群より産出した *Carcharocles megalodon* の椎体化石.「海・人・自然」(東海大博研報), 13, 1-13.

柴 正博・篠崎泰輔・廣瀬祐市 (2012c) 山梨県身延町中富地域の新第三系，富士川層群および曙層群の有孔虫化石による生層序学的研究.「海・人・自然」(東海大博研報), 11, 1-21.

柴 正博・十河寿寛・川辺匡功・竹島 寛・村上 靖・横山謙二・駿河湾団体研究グループ (1996) 静岡県榛原郡地域の相良層群と掛川層群の層序. 地球科学, 50, 441-455.

柴 正博・惣塚潤一・山田 剛・東元正志・菊池正行・小坂武弘 (1997) 静岡県榛原郡地域の相良層群と掛川層群の浮遊性有孔虫生層序. 地球科学, 51, 263-278.

柴 正博・駿河湾団体研究グループ (1986) 静岡県清水市北部, 興津川流域の地質. 地球科学, 40, 147-165.

柴 正博・鈴木好一・駿河湾団体研究グループ (1989) 静岡層群の層序と構造. 地球科学, 43, 140-156.

柴 正博・高橋孝行・谷 あかり・山下 真 (2008) 静岡県牧ノ原台地の更新統古谷層の有孔虫化石群集と堆積環境. 「海・人・自然」(東海大博研報), 9, 45-68.

柴 正博・渡辺恭太郎・横山謙二・佐々木昭仁・有働文雄・尾形千里 (2000) 掛川層群上部層の火山灰層. 「海・人・自然」(東海大博研報), 2, 53-108.

柴 正博・横山謙二・赤尾竜介・加瀬哲也・真田留美・柴田早苗・中本武史・宮本綾子 (2007) 掛川層群上部層におけるシーケンス層序と生層序層準. 「亀井節夫先生傘寿記念論文集」, 219-230.

柴 正博・横山謙二・新村龍也・伊藤芳英 (2001) 掛川市上西郷における掛川層群産鯨目化石発掘調査の成果-地質および堆積環境. 「海・人・自然」(東海大博研報), 3, 77-89.

柴 正博・弓矢勝彦・根元謙次 (1993) 駿河湾北東部内浦湾の音響基盤の年代. 東海大学海洋研究所報告, 14, 55-63.

Shibata, K., S. Nishimura and K. Chinzei (1984) Radiometric dating related Pacific Neogene Planktonic datum planes. In: Ikebe, N. and R. Tsuchi eds., *Pacific Neogene Datum Planes - Contributions to Biostratigraphy and Chronology -*, Univ. Tokyo Press, 85-89.

島村英紀 (2011)『巨大地震はなぜ起こる─これだけは知っておこう』. 花伝社, 303p.

下川浩一・杉山雄一 (1982) 静岡県掛川市北部に分布する下部中新統三笠層群中の超塩基性─塩基性岩類の礫. 地質学雑誌, 88, 915-918.

新村龍也・柴 正博・深田竜一 (2005) 掛川層群大日層から産出した後期鮮新世の脊椎動物 (哺乳類・鳥類) 化石. 「海・人・自然」(東海大博研報), 7, 15-23.

新村龍也・柴 正博・横山謙二・北村孔志 (2001) 掛川市上西郷における掛川層群産鯨目化石発掘調査の成果-海生哺乳類化石. 「海・人・自然」(東海大博研報), 3, 91-99.

Shipboard Scientist Party (1975) Site 242. Init. Rept. DSDP, 25, 139-176.

Smith, A. J., D. G. Smith and B. M. Funnell (1994) *Atlas of Mesozoic and Cenozoic Coastalines*. Cambridge Univ. Press, 99p.

Smoot, N. C. (1983) Detailed bathymetry of guyot summits in the North Pacific by the multi-beam sonar. Surveying and Mapping, 43, 1, 53-60.

Soh, W. (1986) Reconstruction of Fujikawa trough in mid-Pliocene age and its geotectonic implication. Mem. Fac. Sci. Kyoto Univ. Ser. Geol. Mineral., 52, 1-68.

Steinmann, G. (1906) Geological observations in the Alps II. In: Dennis, J. G. ed., *Orogeny, Benchmark Paperin Geology*, Hutchinson Pub., 62, 50-52.

杉村 新（1972）日本付近におけるプレートの境界. 科学, 42, 192-202.

杉山 明・深沢 満・宮野正実・佐藤和志・亀井順一（1986）日本列島の沿岸海域に分布する鮮新統〜更新統の堆積形態とその間の不整合について. 藤田至則・星野通平・小松直幹編著『シンポジウム「陥没と隆起」』, 地球科学研究センター設立準備室, 153-172.

杉山雄一（1995）赤石山地の瀬戸川層群北部の地質と瀬戸川付加体の形成過程. 地調月報, 46, 177-214.

杉山雄一・寒川 旭・下川浩一・水野清秀（1987）静岡県御前崎地域の段丘堆積物（上部更新統）と更新世後期における地殻変動. 地調月報, 38, 443-472.

杉山隆一・下川浩一（1982）静岡県庵原地域の地質構造と入山断層系. 地調月報, 33, 293-320.

杉山雄一・下川浩一（1989）赤石山地四万十帯における前期中新世付加体（瀬戸川帯）の形成過程. 構造地質, 34, 173-188.

駿河湾団体研究グループ（1981）静岡県浜石岳周辺の地質. 地球科学, 35, 145-158.

駿河湾団体研究グループ（1982）静岡県庵原地域の地質層序と地質構造. 地団研専報, 24, 157-167.

Suzuki, F. (1987) Crustal structure in the Tokai district, central Japan as derived from explosion sesmic observations and their tectonic significanes. Ph. D. thesis of Tokai Univ., 149p.

鈴木博之・中屋志津男（2012）紀伊半島における四万十付加体の発達史について―付加体の多様性とその起源―. 地団研専報, 59, 273-282.

鈴木尉元・小玉喜三郎（1987）褶曲モデルの構成. 月刊地球, 9, 329-337.

鈴木尉元・三梨 昂・影山邦夫・島田忠夫・宮下美智夫・小玉喜三郎（1971）新潟第三系堆積盆に発達する褶曲の形成機構について. 地質学雑誌, 77, 301-315.

Suess, E. (1885, 1888, 1901, 1909) *Das Antlitz der Erde*. G. Freytag, Leipzig. [Translated as *The Face of the Earth*. 5 vol., (1904, 1906, 1908, 1909, 1924), Clarendon Pr., Oxford.)]

田口公則・冨田 進・井上恵介・門田真人（2012）伊豆半島今井浜の白浜層群産軟体動物化石群集, 日本地質学会第119年学術大会講演要旨, 269.

平 朝彦（1990）『日本列島の誕生』. 岩波新書, 岩波書店, 226p.

高橋正樹（2004）Ⅱ火山活動と地熱 1 陸上の火山. 藤岡換太郎・有馬 眞・平田大二編『伊豆・小笠原弧の衝突―海から生まれた神奈川』. 有隣新書, 有隣堂, 50-67.

高橋 聡・永広昌之・鈴木紀毅・山北 聡（2016）北部北上帯の亜帯区分と渡島帯・南部北上帯との対比：安家西方地域のジュラ紀付加体の検討. 地質学雑誌, 122, 1-22.

高草山団研（1979）静岡県高草山地域の層序と構造. 地質学論集, 16, 157-167.

高桑正敏（1979）伊豆諸島のカミキリ相の起源. 月刊むし, 104, 35-40.

高桑正敏（1980）神奈川県の昆虫相の特性とそれを支えてきた要因. 神奈川自然誌資料, 1, 1-13.

高野 修（2013）前弧堆積盆埋積層序学 2：セッティング変化に対する堆積システム応答―三陸沖・東海沖前弧を例として―. 日本地質学会第120年学術大会講演要旨, 94.

高清水康博・酒井哲弥・増田富士雄（1996）静岡県牧ノ原台地の上部更新統の堆積相と堆積シ

ークェンス. 地質学雑誌, 102, 879-882.

田村糸子・鈴木毅彦 (2001) 中期更新世テフラ Ng-1 と飛騨地域に分布する高山軽石層との対比. 第四紀研究, 40, 295-305.

田村糸子・山崎晴男・水野清秀 (2005) 前期鮮新世 4.1 Ma 頃の広域テフラ, 坂井火山灰層とその相当層. 地質学雑誌, 111, 727-736.

田山利三郎 (1952) 南洋諸島の珊瑚礁. 水路部報告, 11, 1-292.

東海大学海洋学部第一鹿島海山調査団 (1976) 第一鹿島海山の地形と地質. 地球科学, 30, 222-240.

東海大学海洋学部第一鹿島海山調査団 (1985) 『第一鹿島海山』. 東海大学出版会, 156p.

東海化石研究会編 (1993) 『師崎層群の化石』. 東海化石研究会, 112p.

徳岡隆夫・高安克己・吉田充夫・久富邦彦 (1988) 山麓堆積層にヒマラヤの上昇をさぐる. ネパール中央部アレン河地域のチュリアン (シワリク) 層群. 木崎甲子郎編『上昇するヒマラヤ』, 築地書館, 65-79.

徳田御稔 (1969) 『生物地理』, 築地書館, 199p.

Tomida, S. (1996) Late Neogene tropical and subtropical molluscan faunas from the South Fossa-Maguna resion, central Japan, Bull. Mizunami Fossil Mus., 23, 89-140.

Tomida, S., M. Shiba and T. Nobuhara (2006) First post-Miocene Argonauta from Japan, and its palaeontological significance. Cainozoic Research, 4, 19-25.

鳥居雅之・林田 明・乙藤洋一郎 (1985) 西南日本の回転と日本海の誕生. 科学, 55, 47-52.

鳥山隆三 (1974) 二畳紀. 浅野 清編『地史学』(上), 朝倉書店, 255-305.

土 隆一 (1958) 久能山礫層から *Paleoloxodon namadicus naumanni* の産出について. 地質学雑誌, 64, 311-312.

土 隆一 (1960a) 大井川下流地方第四系の地史学的考察. 地質学雑誌, 66, 639-653.

土 隆一 (1960b) 有度丘陵の地質構造ならびに地史. 地質学雑誌, 66, 251-262.

Tsuchi, R. (1961) On the late Neogene sediments and molluscs in the Tokai region, with notes on the geologic history of the Pacific coast of Southwest Japan. Japan Jour. Geol. Geogl., 32, 437-456.

土 隆一 (1967) 静岡・清水地域の地質.「静岡・清水地域の地質図説明書」, 静岡商工会議所, 11-14.

土 隆一 (1984) 南部フォッサマグナ・フィリピン海プート北縁のネオテクトニクス. 第四紀研究, 23, 53-54.

Tsuchi, R. and H. Kagami (1967) Discovery of nerineid gastropoda from seamount Susoev (Erimo) at the junction of Japan and Kuril-Kamuchatka Trenches. Rec. Ocean. Works Japan, 9, 1-6.

土屋公幸 (1974) 日本産アカネズミ類の細胞学的および生化学的研究. 哺乳動物学雑誌, 6, 67-87.

Tucholke, B. E., P. R. Vogt, K. R. Demars, J. S. Galehouse, R. L. Houghton, A. Kaneps, J. W. Kendrick, C. L. McNulty, I. O. Murdmaa, H. Okada and P. Routhe (1979) Site 384 : The Cretaceous / Tertiary boundary, Aptian reefs, and the J-Anomaly Ridge. Init. Rept.

DSDP, 43, 107-154.

恒石幸正・塩坂邦雄 (1981) 富士川断層と東海地震. 応用地質, 22, 52-66.

角田史雄・柴 正博・鈴木好一 (1990) 南部フォッサマグナ地域の浅層地殻の変形過程—特に, 新生代末における富士川谷の非対称背斜の形成過程—. 地質学論集, 34, 171-186.

津屋弘達 (1940) 富士火山の地質学的並びに岩石学的研究 (III), 3, 富士火山の南西麓, 大宮町周辺の地質, 地震研彙報, 18, 419-444.

Uchupi, E. (1975) Physiography of the Gulf of Mexico and Caribbean Sea. In: Nairn, A. E. M. and F. G. Stehli eds., *The Gulf of Mexico and Caribbean*, Prelnum Press, 1-64.

氏家 宏 (1958) 相良・掛川堆積盆地の地質構造. 日本地質学会第65年総会, 日本第三系シンポジウム討論会資料「フォッサ・マグナ」, 1-7.

Ujiié, H. (1962) Geology of Sagara - Kakegawa sedimentary basin in Central Japan, Sci. Rept. Tokyo Kyoiku-Daigaku, 8, 123-188.

海野 進・大木光一 (1989) 南部フォッサマグナ岩淵火山群の岩石学. 日本地質学会第96年学術大会講演要旨, 533.

Vail, P. R., R. M. Michum, Jr. and S. Thompson. III (1977) Global cycle of relative changes of sea level. In: Payton, C. E. ed., *Seismic Stratigraphy - Application to Hydrocarbon Exploration*. Amer. Assoc. Petrol. Geol. Mem., 26, 83-97.

ワシリエフ, B. I. (1991)『太平洋北西部地質構造の主な特徴』. 押手 敬・花田正明・石田光男訳編, 地球科学研究センター, 204p.

ワシリエフ, B. I. (2017)『太平洋の地質構造と起源』. 石田光男・杉山 明訳, 東海大学出版部, 413p.

Veevers, J. J. (1974) Western continental margin of Australia. In: Burk, C. A. and C. L. Drake eds., *The Geology of Continental Margin*, Springer, 605-616.

Vries, T. J. (1984) The giant Tortoises: A natural history disturbed by man. In: Perry, R. ed., *Key Environments Galapagos*, Pergamon press, 145-156.

渡辺信雄 (1972) 駿河湾の海水の流れ. 『駿河湾の自然』. 44-57, 東海大学海洋学部.

Wegener, A. (1915) *Die Entstehung der Kontinente und Ozeane*. Viewieg, Braunschweig. [Translated as *The Origin of Continents and Oceans*. (1924)]

Wei, W. (1989) Reevaluation of the Eocene ice-rafting record from subantarctic cores. Antatartic Journal of the United States, 108-109.

Wilson, J. T. (1963) Continental drift. Scientific Amer., 208, 86-100.

Wilson, J. T. (1965) A new class of faults and their bearing on continental drift. Nature, 207, 343-347.

Winterer, E. L. (1991) The Tethyan Pacific during Late Jurassic and Cretaceous times. Palaeogeography, Palaeoclimatology, Palaeoecology, 87, 253-265.

Winterer, E. L. and C. V. Metzler (1984) Origin and subsidence of Guyots in Mid-Pacific Mountain. Jour. Geophys. Res., 89, 9969-9979.

Wolfe, J. A. (1978) A paleobotanication interpretation of Tertiary climates in North hemisphere. American Science, 66, 694-703.

Xu, X., P. J. Makovicky, X. L. Wang, M. A. Norell and H. L. You (2002a) A Ceratopician dinosaur from China and the early evolution of Ceratopsia. Nature, 416, 315-317.

Xu, X., Y.-N. Chang, X.-L. Wang and C.-H. Chang (2002b) An unusual Oviraptorosaurian dinosaur from China. Nature, 419, 291-293.

山岸猪久馬・小坂共栄 (1991) 北部フォッサマグナにおける鮮新世〜前期更新世の構造運動. 地団研専報, 38, 129-140.

矢野孝雄 (1982) 後期新生代におけるフォッサマグナの基本構造. 構造地質, 28, 23-46.

矢野孝雄 (1995) 2. 中生代〜新生代の変動. 地学団体研究会編 新版地学教育講座 7『地球の歴史』, 東海大学出版会, 137-179.

矢野孝雄・A. A. Gavrilov・宮城晴耕・B. I. Vasiliev (2009) 大西洋底の古期岩石と大陸性岩石. 地球科学, 63, 119-140.

依田美行・石井 良・中西のぶ江・田中政仁・根元謙次 (1998) 三保半島沖大陸棚の堆積構造からみた三保半島の形成過程. 東海大学紀要海洋学部, 45, 101-119.

依田美行・黒石 修・根元謙次 (2000) 堆積シーケンスからみた三保半島及び半島沖大陸棚の形成. 海洋調査技術, 12 (2) , 31-47.

横山謙二・後藤仁敏・柴 正博 (2000) 掛川層群大日累層から産した板鰓類化石.「海・人・自然」(東海大博研報), 2, 37-52.

横山謙二・宮澤市郎・柴 正博・佐々木彰央 (2013a) 静岡県富士市南松野に分布する中期更新統庵原層群岩淵層から産したコノシロ亜科の魚類化石. 地球科学, 67, 37-41.

横山謙二・柴 正博 (2013) 静岡県富士宮市沼久保に分布する中部更新統沼久保礫シルト部層の堆積シーケンス.「東海自然誌」(静岡県自然史研究報告), 6, 1-17.

横山謙二・柴 正博・藤田和美・木下洋一 (2003) 掛川層群大日累層からの *Parotodus benedeni* (板鰓類) 歯化石の発見.「海・人・自然」(東海大博研報), 5, 31-35.

横山謙二・柴 正博・小泉勇貴・宮澤市郎 (2013b) 静岡県富士市南松野に分布する中部更新統庵原層群岩淵層から産したニシン科とカタクチイワシ科の魚類化石.「東海自然誌」(静岡県自然史研究報告), 6, 19-25.

横山謙二・柴 正博・新村龍也 (2001) 掛川市上西郷における掛川層群産鯨目化石発掘調査の成果-板鰓類化石.「海・人・自然」(東海大博研報), 3, 101-111.

Yoshida, K. and N. Niitsuma (1976) Magnetostratigraphy in the Kakegawa district. In: Tsuchi, R. ed., *Guidebook for Excursion 3, Kakegawa district*, 1-CPNS, 54-59.

吉川宏一・大野博之・稲垣秀輝・平田夏実 (2003) オムニスケープジオロジー――ネパールと四国の比較―. 応用地質, 44, 14-24.

吉川周作 (2012) 大阪堆積盆地第四系の層序学的研究. 第四紀研究, 51, 1-19.

Yoshikawa, S., Y. Kawamura and H. Taruno (2007) Landbridge formation and proboscidean immigration into the Japanese islands during the Quaternary. Jour. Geoscience, Osaka City University, 50, 1-6.

吉川虎雄 (1947) 地形の逆転について―遠州牧野原に於ける實例―. 地理評, 21, 10-12.

吉川虎雄 (1952) 牧ノ原及びその周縁地域の地形.「内田寛一先生還暦地理学論集」(下), 413-424.

索　引

著者紹介

柴　正博（しば　まさひろ）

1952 年生まれ
東海大学大学院海洋学研究科修士課程修了　理学博士
東海大学海洋学部博物館　学芸担当課長　学芸員
著書：『はじめての古生物学』（2016 年　東海大学出版部）
　　　『地質調査入門』（2015 年　東海大学出版部）
　　　『日本の地質 増補版』（2005 年　分担執筆　共立出版）
　　　『新版 静岡の自然をたずねて』（2005 年　分担執筆　築地書館）
　　　『新版 博物館学講座 6 』（2001 年　分担執筆　雄山閣出版）
　　　『しずおか自然図鑑』（2001 年　分担執筆　静岡新聞社）
　　　『化石の研究法』（2000 年　分担執筆　共立出版）
　　　『新版 地学事典』（1996 年　分担執筆　平凡社）
Web page: Dino Club（http://www.dino.or.jp/）

装丁　中野達彦

駿河湾の形成
するがわん　けいせい

島弧の大規模隆起と海水準上昇
とうこ　だいきぼりゅうき　かいすいじゅんじょうしょう

2017 年 11 月 5 日　第 1 版 第 1 刷 発行
2018 年 3 月 5 日　第 1 版 第 2 刷 発行

著　者　　柴　正博
発行者　　橋本敏明
発行所　　東海大学出版部
　　　　　〒 259-1292　神奈川県平塚市北金目 4-1-1
　　　　　TEL 0463-58-7811　FAX 0463-58-7833
　　　　　URL http://www.press.tokai.ac.jp/
　　　　　振替　00100-5-46614
印刷所　　港北出版印刷株式会社
製本所　　港北出版印刷株式会社